职业教育智能制造领域高素质技术技能人才培养系列教材

工业机器人系统集成

主　编　孙志平　郭俊杰　马宏林
副主编　石进水　张倩涵　孙守勇　孙晓峰
参　编　郭星妙　董晓博　杜爱春　窦雪莹
　　　　崔培雪　何智勇　常　挺
主　审　张　勇

机械工业出版社

本书以全国职业院校技能大赛高职组"机器人系统集成应用技术"赛项竞赛内容为主线，全书共分为4个教学模块，主要内容包括工业机器人系统集成概述、基于PQArt的工业机器人系统集成仿真、工业机器人集成系统程序开发、工业机器人集成系统案例分析。

本书可作为高等职业院校智能制造相关专业课程的教材，也可以作为企业工作岗位培训教材。

为方便教学，本书配有免费电子课件、模拟试卷及答案等，凡选用本书作为授课教材的教师可登录机械工业出版社教育服务网（www.cmpedu.com），注册后免费下载电子资源，本书咨询电话：010-88379564。

图书在版编目（CIP）数据

工业机器人系统集成 / 孙志平，郭俊杰，马宏林主编 . -- 北京：机械工业出版社，2025.2. --（职业教育智能制造领域高素质技术技能人才培养系列教材）.
ISBN 978-7-111-77772-4

Ⅰ . TP242.2

中国国家版本馆 CIP 数据核字第 20256SJ076 号

机械工业出版社（北京市百万庄大街 22 号　邮政编码 100037）
策划编辑：冯睿娟　　　　　责任编辑：冯睿娟　周海越
责任校对：郑　雪　陈　越　封面设计：王　旭
责任印制：常天培
北京机工印刷厂有限公司印刷
2025 年 3 月第 1 版第 1 次印刷
184mm×260mm・13 印张・337 千字
标准书号：ISBN 978-7-111-77772-4
定价：47.00 元

电话服务　　　　　　　　　网络服务
客服电话：010-88361066　　机 工 官 网：www.cmpbook.com
　　　　　010-88379833　　机 工 官 博：weibo.com/cmp1952
　　　　　010-68326294　　金 　书 　网：www.golden-book.com
封底无防伪标均为盗版　　　机工教育服务网：www.cmpedu.com

前 言

加快机器人系统集成技术在装备制造领域的应用,是实现制造业转型升级、实施制造强国战略的关键所在。本书是为面向《制造业人才发展规划指南》,对接装备制造业重点领域的人才需求,促进装备制造类专业教学改革,实现赛教融合、赛训融合而编写的。

本书是以全国职业院校技能大赛高职组"机器人系统集成应用技术"赛项竞赛内容为主线,依托北京华航唯实机器人科技股份有限公司的CHL-DS-18型竞赛平台,分模块编写相关知识和技能要点,以理实一体、工学结合为指导思想,校企共同开发的创新教材。

本书编写特色如下:

1)本书以竞赛内容为载体组织教学内容,有效促进了"工业机器人系统集成"课程在教学理念、教学方法方面的创新,使得该课程教学更具有实践性与实用性,以赛促教,有效提升该课程的教学质量水平。

2)实现以专业对接产业、职业岗位课程对接职业标准、教材对接教学方法的目的,以工业机器人典型工作站编程能力为核心,重点培养学生的自主学习能力。

3)党的二十大报告指出,深入实施科教兴国战略、人才强国战略、创新驱动发展战略,本书以培养学生创新力和实践能力为出发点,在保持传统教材风格的基础上,融入工匠精神、劳模精神和创新精神。

4)本书配备教学课件等数字化教学资源,便于学生掌握课程内容,提升学习效果。

本书由孙志平、郭俊杰、马宏林任主编,石进水、张倩涵、孙守勇、孙晓峰任副主编,郭星妙、董晓博、杜爱春、窦雪莹、崔培雪、何智勇、常挺参加了本书的编写工作。全书由孙志平负责统稿。

本书由张勇担任主审。在编写过程中,北京华航唯实机器人科技股份有限公司提供了企业案例素材及技术支持,在此表示衷心感谢!

由于编者水平有限,书中难免存在不妥之处,恳请专家和同行批评指正。

编 者

二维码清单

名称	图形	页码	名称	图形	页码
认识工作站		2	工业机器人的 I/O 配置及使用		99
认识 PQArt 虚拟仿真软件		49	视觉系统与机器人的组态设置		105
PQArt 中工具的基本操作		72	机器人与视觉系统颜色识别程序的编写与演示		115
PQArt 中轮毂的抓取和放置		76	机器人与视觉系统二维码识别程序的编写与演示		119
初识示教器		85	一个轮毂的分拣编程		168
机器人的备份与恢复		85	轮毂零件翻转程序的编写与演示		172
工业机器人的手动运行		86	PLC 轴工艺对象的配置		186
工业机器人的运动指令		88			

目　录

前言

二维码清单

模块 1　工业机器人系统集成概述 ………… 1

1.1　机器人系统集成应用技术工作站介绍 …… 1
　　1.1.1　总控单元与仓储单元 ……………… 2
　　1.1.2　打磨单元与加工单元 ……………… 8
　　1.1.3　检测单元与分拣单元 ……………… 12
　　1.1.4　执行单元与治具库单元 …………… 15
1.2　工业机器人系统集成基础 ……………… 18
　　1.2.1　相关术语与定义 …………………… 18
　　1.2.2　面向岗位及要求 …………………… 19
1.3　识读工作站技术文件 …………………… 20
　　1.3.1　识读方案说明书 …………………… 20
　　1.3.2　工作站图样识读 …………………… 21
　　1.3.3　工作站运行与维护规范 …………… 30
1.4　工作站方案适配 ………………………… 36
　　1.4.1　工装夹具的分类与适配 …………… 36
　　1.4.2　外部设备的分类与适配 …………… 39
　　1.4.3　传感系统的分类与适配 …………… 41
1.5　工作站系统说明文件编制 ……………… 44
　　1.5.1　操作手册的作用与编制流程 ……… 44
　　1.5.2　维护保养手册的作用与编制流程 … 45

模块 2　基于 PQArt 的工业机器人系统集成仿真 ……………………… 49

2.1　PQArt 软件界面介绍 …………………… 49
　　2.1.1　软件界面总体介绍 ………………… 49
　　2.1.2　机器人编程 ………………………… 51
　　2.1.3　工艺包 ……………………………… 55
　　2.1.4　自定义 ……………………………… 56
　　2.1.5　绘图区 ……………………………… 56
　　2.1.6　机器人加工管理面板 ……………… 57
　　2.1.7　机器人控制面板 …………………… 58
　　2.1.8　输出面板 …………………………… 59
　　2.1.9　调试面板 …………………………… 59
　　2.1.10　状态栏 …………………………… 62
2.2　机器人基本操作 ………………………… 62
　　2.2.1　导入官方机器人 …………………… 63
　　2.2.2　自定义机器人 ……………………… 64
　　2.2.3　导入自定义机器人 ………………… 64
　　2.2.4　回机械零点 ………………………… 64
　　2.2.5　保存和编辑 Home 点 ……………… 65
　　2.2.6　创建与解除外部轴链接 …………… 66
　　2.2.7　插入 POS 点 ………………………… 69
　　2.2.8　读取和保存关节值 ………………… 70
　　2.2.9　抓取 ………………………………… 70
　　2.2.10　放开 ……………………………… 70
　　2.2.11　替换机器人/自定义机器人 ……… 71
　　2.2.12　另存机器人 ……………………… 72
　　2.2.13　隐藏、显示、删除和重命名 …… 72
2.3　工具基本操作 …………………………… 72
　　2.3.1　导入工具 …………………………… 72

2.3.2 定义工具 …………………… 72
2.3.3 抓取和放开 ………………… 73
2.3.4 安装与卸载 ………………… 74
2.3.5 替换工具 …………………… 74
2.3.6 插入 POS 点 ……………… 74
2.3.7 TCP 设置 …………………… 75
2.4 零件基本操作 ……………………… 76
2.4.1 导入零件 …………………… 77
2.4.2 定义零件 …………………… 77
2.4.3 工件校准 …………………… 77
2.4.4 抓取 ………………………… 80
2.4.5 放开 ………………………… 83
2.4.6 插入 POS 点 ……………… 83
2.4.7 隐藏、显示、删除和重命名 … 83

模块 3　工业机器人集成系统程序开发 … 85

3.1 ABB 工业机器人操作与编程 …………… 85
3.1.1 工业机器人参数设置与手动运行 … 85
3.1.2 工业机器人基础示教与编程 …… 88
3.1.3 工业机器人与外部设备的
通信规划 ……………………… 92
3.1.4 工业机器人的通信配置 …… 94
3.2 机器视觉系统调整与设置 ……………… 101
3.2.1 机器视觉系统的硬件构成 … 101
3.2.2 机器视觉的调整与通信 …… 103
3.2.3 机器视觉系统操作界面的介绍 … 108
3.2.4 场景及场景组的编辑与设计 … 109
3.3 西门子 PLC 编程基础 ………………… 124

3.3.1 西门子博途软件编程基础 ……… 124
3.3.2 PLC 编程实例 ………………… 139
3.3.3 触摸屏软件界面功能介绍 ……… 144
3.3.4 工程文件的创建及应用 ………… 145
3.3.5 WinCC 任务实例 ……………… 153
3.4 单元任务集成与调试 …………………… 159
3.4.1 硬件组态 ……………………… 160
3.4.2 工业机器人工作站与仓储单元
任务调试 ……………………… 164
3.4.3 工业机器人工作站与分拣单元
任务调试 ……………………… 168
3.4.4 工业机器人工作站与打磨单元
任务调试 ……………………… 172
3.4.5 工业机器人工作站与加工单元
任务调试 ……………………… 175

模块 4　工业机器人集成系统案例分析 …… 178

4.1 轮毂加工产线集成系统 ………………… 178
4.1.1 轮毂集成系统方案 …………… 178
4.1.2 轮毂典型工艺流程的工业机器人
集成系统调试 ………………… 182
4.2 智能制造产线集成系统 ………………… 194
4.2.1 智能制造产线的构成与功用 … 194
4.2.2 集成系统方案 ………………… 195
4.2.3 典型件加工的工业机器人
集成系统调试 ………………… 196

参考文献 ……………………………………… 202

模块 1

工业机器人系统集成概述

当前,以工业机器人为代表的智能制造逐渐成为全球新一轮生产技术革新浪潮中澎湃的浪花,推动着全球经济发展的进程。工业机器人系统集成是一项复杂而关键的技术,它已成为适应多样化生产需求的必备利器。通过将工业机器人与各种设备、传感器和控制系统集成,能够实现自动化生产,提高生产效率,降低生产成本,并确保产品质量。随着技术的不断进步和创新,工业机器人系统集成将会有更加广阔的应用前景。未来,工业机器人将会更加智能化、自主化和协同化,能够更好地适应多样化的生产需求。同时,随着 5G、云计算、物联网等技术的不断发展,工业机器人系统集成将会实现更加高效、智能的生产管理和远程控制。

工业机器人系统集成已成为现代制造业中不可或缺的一部分。通过灵活的集成解决方案,企业可以更好地适应多样化的生产需求,提高生产效率和质量,降低成本,并确保生产安全。在未来,随着技术的不断进步和创新应用领域的拓展,工业机器人系统集成将会发挥更加重要的作用。

本模块主要认识机器人系统集成应用技术工作站、识读工作站技术文件、掌握工作站适配方案、编制工作站系统说明文件,以及了解机器人系统集成应用技术面向的岗位和具体工作要求等。

1.1 机器人系统集成应用技术工作站介绍

教学目标

1)了解机器人系统集成应用技术工作站的组成结构。
2)掌握机器人系统集成应用技术工作站各个组成单元的结构和功能。

机器人系统集成应用技术工作站以典型机械零件为加工对象,通过机器人系统集成及应用技术,实现仓库取料、制造加工、打磨抛光、检测识别、分拣入位等生产工艺环节,以未来智能制造工厂的定位和需求为参考,通过工业以太网完成数据的快速交换和流程控制,采用 PLC 实现灵活的现场控制结构和总控设计逻辑,利用制造执行系统(Manufacturing Execution System,MES)采集所有设备的运行信息和工作状态,融合大数据实现工艺过程的实时调配和智能控制,借助云网络体现系统运行状态的远程监控。

机器人系统集成应用技术工作站采用模块化设计,每个模块单元可自由移动,远程 I/O 模块通过工业以太网实现信号通信和协调控制,用以满足不同的工艺流程要求和功能实现,充分体现系统集成的功耗、效率及成本特性。每个模块单元均可与其他单元进行拼接,根据工序顺序,自由组合成适合不同功能要求的布局形式,各模块单元如图1-1所示。

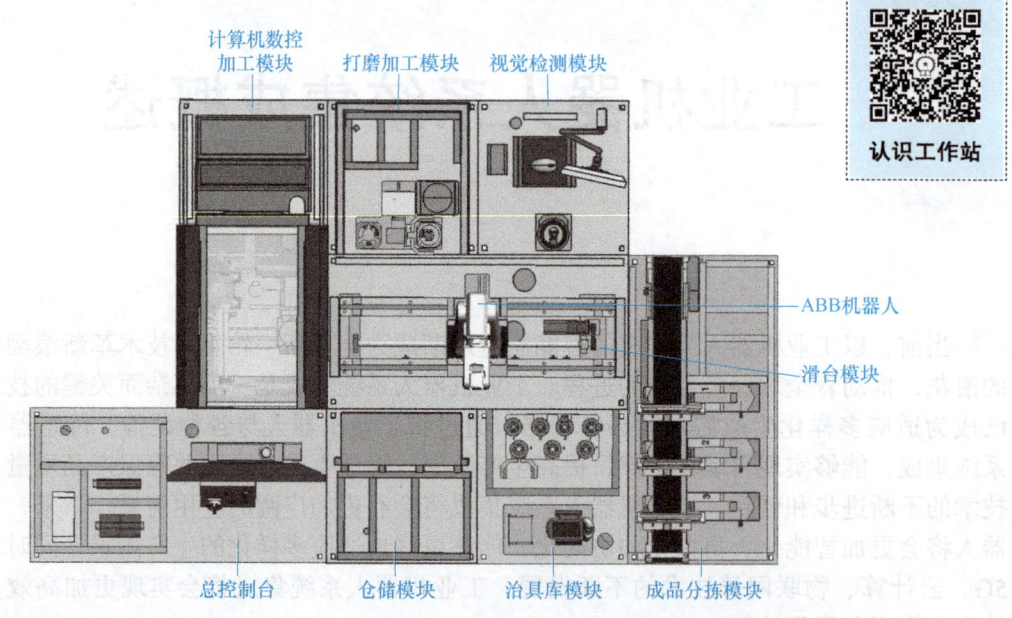

图1-1 机器人系统集成应用技术工作站各模块单元

1.1.1 总控单元与仓储单元

1. 总控单元

总控单元是各单元程序执行和动作流程的总控制端,是应用平台的核心单元,由工作台、控制模块、操作面板、电源模块、气源模块、显示终端等组件构成,如图1-2所示。控制模块由两个PLC和工业交换机构成,PLC通过工业以太网与各单元控制器和远程I/O模块实现信息交互,用户可根据需求自行编制程序实现流程功能。

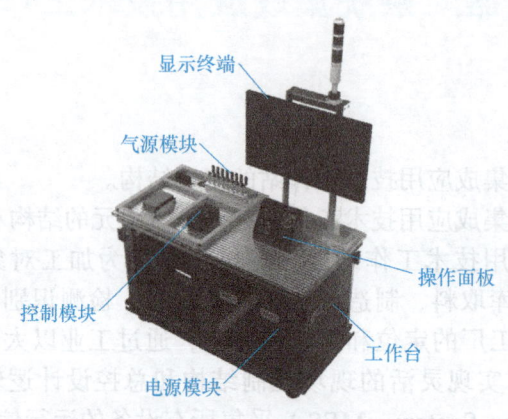

图1-2 总控单元

在工作台桌面上放置了一个操作面板,分别分配了4个自定义按钮和一个急停按钮,还有一个电源总开关,其中4个自定义按钮可用于控制整个工作站的自动运行,也可以自定义编程，操作面板按钮功能见表1-1。

表1-1 操作面板按钮功能

序号	按钮名称	数量	功能	图示
1	电源总开关	1	应用平台输入电源的接通和断开	
2	急停按钮	1	按下后除总控单元以外切断所有单元电源，防止发生危险	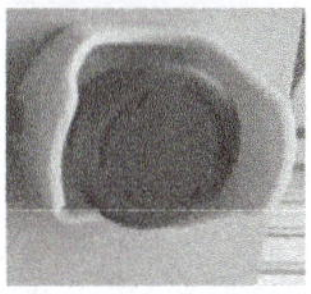
3	自定义按钮	4	1个自复位绿色按钮 1个自复位红色按钮 1个自锁绿色按钮 1个自锁红色按钮 信号接入控制模块，可自定义功能使用	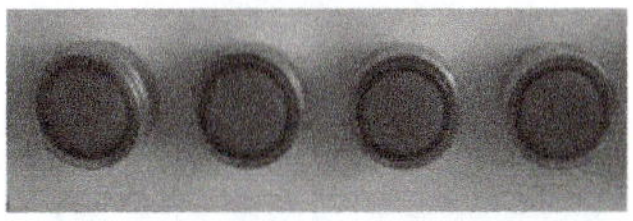

总控单元桌面电气元器件安装位置如图1-3所示，其主要电气元器件清单见表1-2，总控单元信号分配如图1-4所示。

表1-2 总控单元主要电气元器件清单

序号	名称	规格参数	数量	备注
1	断路器	4P 40A	1	
2		3P 32A	1	
3		2P 25A	1	
4		2P 10A	7	
5	转换开关	3P	1	
6	接触器	AC 32A	1	
7	电源总开关	14.6A	1	
8	急停按钮		1	
9	PLC	CPU 1212C	2	
10	按钮	自复位绿色	1	带指示灯
11		自复位红色	1	
12		自锁绿色	1	
13		自锁红色	1	
14	指示灯	黄色	1	
15		绿色	1	
16		红色	1	
17	蜂鸣器	直流	1	

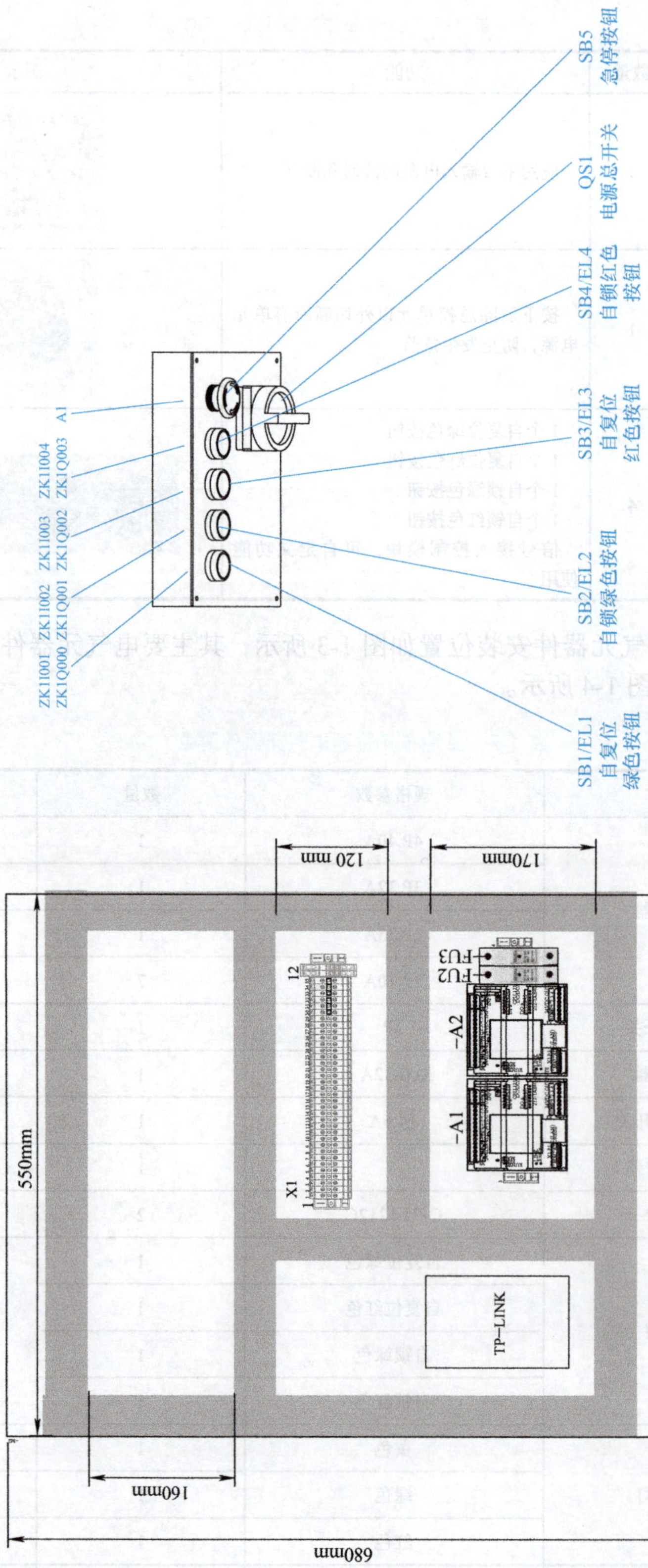

4 工业机器人系统集成

图 1-3 总控单元桌面电气元器件安装位置图

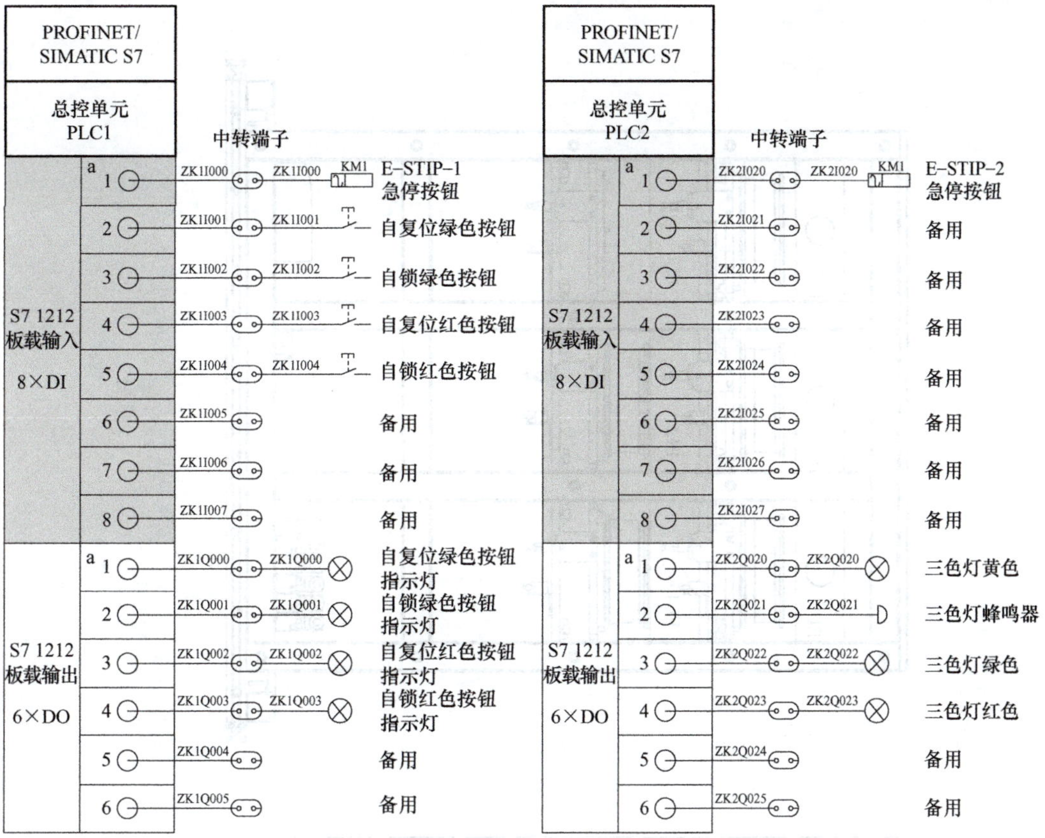

模块 1　工业机器人系统集成概述

PROFINET/SIMATIC S7 总控单元 PLC1	中转端子			
a 1	ZK1I000　ZK1I000　KM1	E-STIP-1 急停按钮		
2	ZK1I001　ZK1I001	自复位绿色按钮		
3	ZK1I002　ZK1I002	自锁绿色按钮		
S7 1212 板载输入 4	ZK1I003　ZK1I003	自复位红色按钮		
8×DI 5	ZK1I004　ZK1I004	自锁红色按钮		
6	ZK1I005	备用		
7	ZK1I006	备用		
8	ZK1I007	备用		
a 1	ZK1Q000　ZK1Q000	自复位绿色按钮指示灯		
2	ZK1Q001　ZK1Q001	自锁绿色按钮指示灯		
S7 1212 板载输出 3	ZK1Q002　ZK1Q002	自复位红色按钮指示灯		
6×DO 4	ZK1Q003　ZK1Q003	自锁红色按钮指示灯		
5	ZK1Q004	备用		
6	ZK1Q005	备用		

PROFINET/SIMATIC S7 总控单元 PLC2	中转端子			
a 1	ZK2I020　ZK2I020　KM1	E-STIP-2 急停按钮		
2	ZK2I021	备用		
3	ZK2I022	备用		
S7 1212 板载输入 4	ZK2I023	备用		
8×DI 5	ZK2I024	备用		
6	ZK2I025	备用		
7	ZK2I026	备用		
8	ZK2I027	备用		
a 1	ZK2Q020　ZK2Q020	三色灯黄色		
2	ZK2Q021　ZK2Q021	三色灯蜂鸣器		
S7 1212 板载输出 3	ZK2Q022　ZK2Q022	三色灯绿色		
6×DO 4	ZK2Q023　ZK2Q023	三色灯红色		
5	ZK2Q024	备用		
6	ZK2Q025	备用		

图 1-4　总控单元信号分配图

2. 仓储单元

仓储单元用于临时存放零件，是应用平台的功能单元，由工作台、立体仓库、远程 I/O 模块等组件构成，如图 1-5 所示。立体仓库为多仓位结构，每个仓位可存放一个零件。仓位托板可推出，方便工业机器人以不同方式取放零件。每个仓位均设置有传感器和指示灯，可检测当前仓位是否存放有零件并将状态显示出来。仓储单元所有气缸动作和传感器信号均由远程 I/O 模块通过工业以太网传输到总控单元。

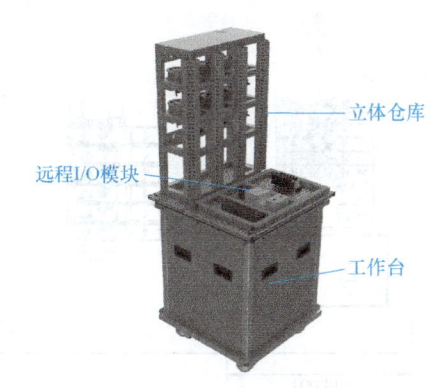

图 1-5　仓储单元

仓储单元桌面电气元器件安装位置如图 1-6 所示，其主要电气元器件清单见表 1-3，仓储单元信号分配如图 1-7 所示。

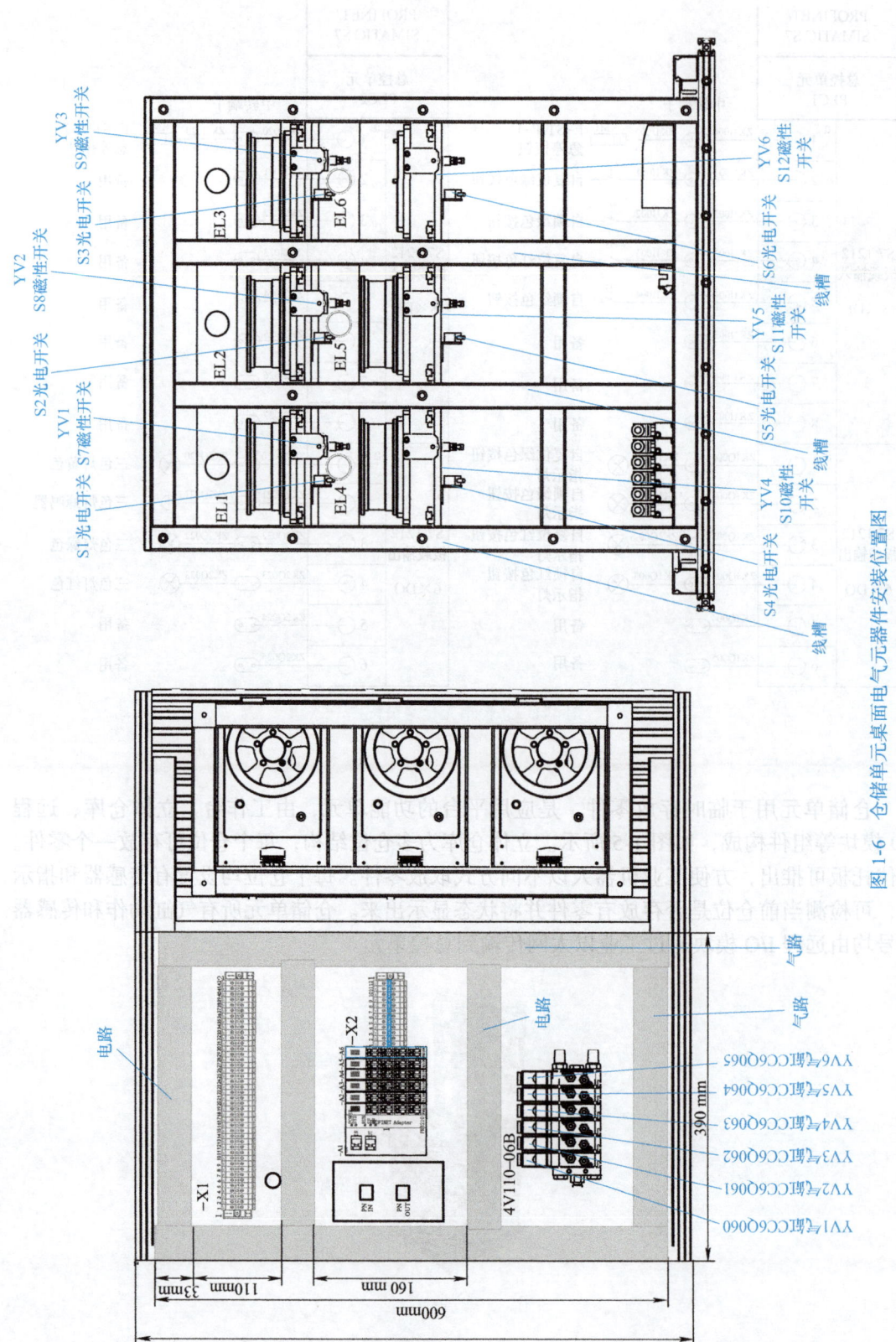

图1-6 仓储单元桌面电气元器件安装位置图

表 1-3 仓储单元主要电气元器件清单

序号	名称	规格参数	数量	备注
1	断路器	2P 10A	1	带漏电保护
2	断路器	2P 10A	2	
3	开关电源	14.6A	1	
4	光电开关	PNP	6	
5	磁性开关	CS1-M020	6	
6	指示灯	22SS	6	双色
7	气缸电磁阀	DC 24V	6	
8	PROFINET 适配器	FR8210	1	
9	PNP 输入模块	FR1108	2	
10	源型输出模块	FR2108	3	

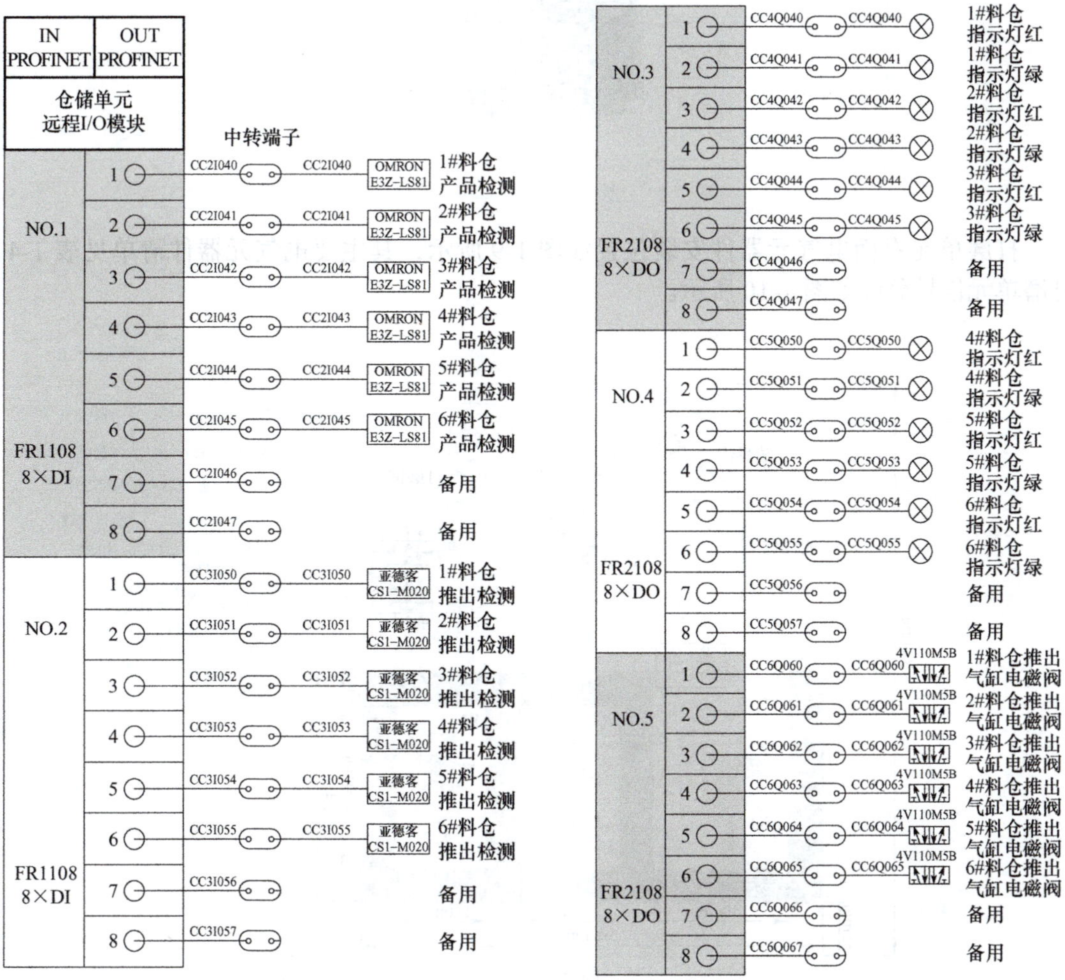

图 1-7 仓储单元信号分配图

1.1.2 打磨单元与加工单元

1. 打磨单元

打磨单元完成零件表面的打磨,是应用平台的功能单元,由工作台、打磨工位、旋转工位、翻转工装、吹屑工位、防护罩、远程I/O模块等组件构成,如图1-8所示。打磨工位可准确定位零件并稳定夹持,是实现打磨加工的主要工位。旋转工位可在准确固定零件的同时带动零件实现沿其轴线旋转180°,方便切换打磨加工区域。翻转工装在无需执行单元的参与下,实现零件在打磨工位和旋转工位间的转移,并完成零件的翻面。吹屑工位可以在零件完成打磨工序后吹除碎屑。打磨单元所有气缸动作和传感器信号均由远程I/O模块通过工业以太网传输到总控单元。

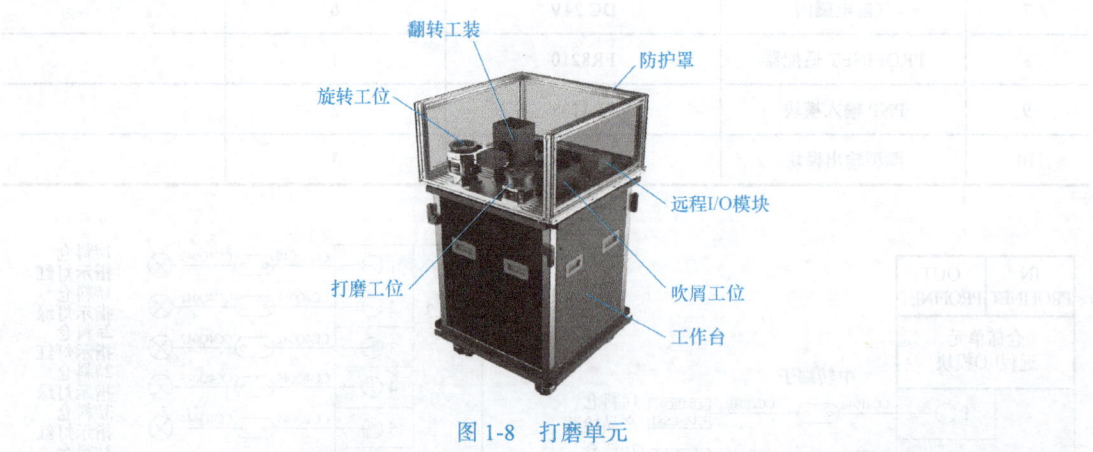

图1-8 打磨单元

打磨单元桌面电气元器件安装位置如图1-9所示,其主要电气元器件清单见表1-4,打磨单元信号分配如图1-10所示。

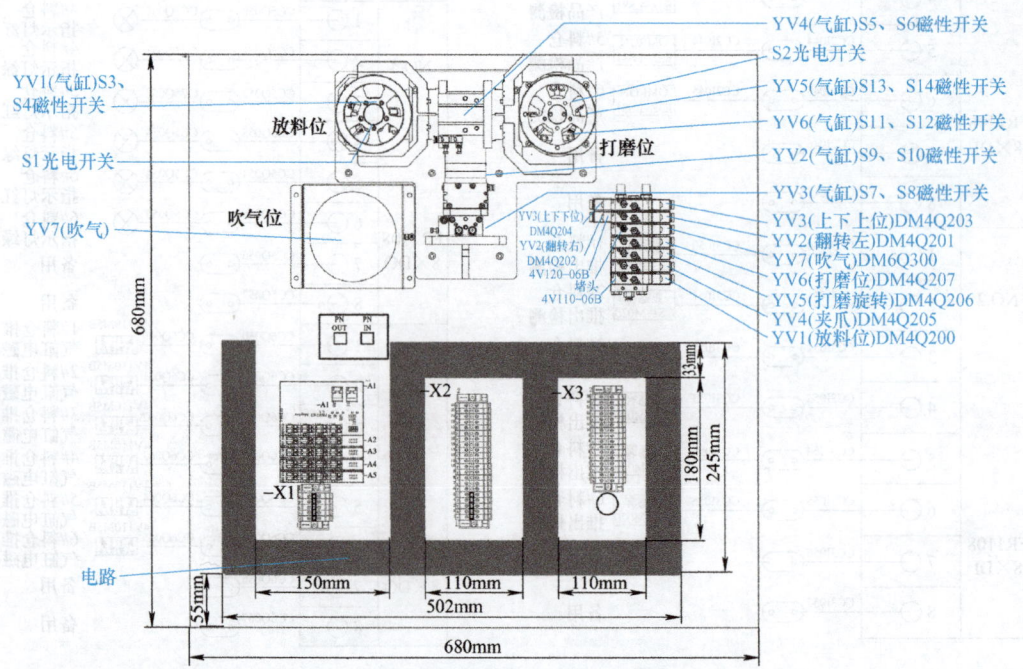

图1-9 打磨单元桌面电气元器件安装位置图

表 1-4 打磨单元主要电气元器件清单

序号	名称	规格参数	数量	备注
1	断路器	2P 10A	1	带漏电保护
2	断路器	2P 10A	2	
3	开关电源	14.6A	1	
4	PROFINET 适配器	FR8210	1	
5	PNP 输入模块	FR1108	2	
6	源型输出模块	FR2108	2	
7	磁性开关	CS1-H020	12	
8	光电开关	PNP	2	
9	气缸电磁阀	DC 24V	9	

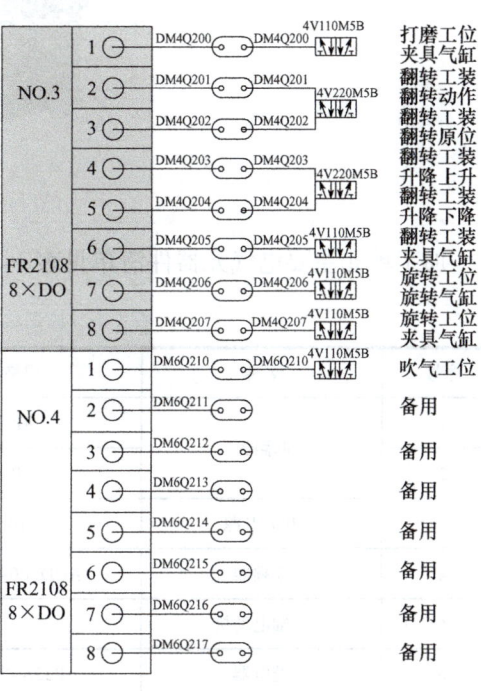

图 1-10 打磨单元信号分配图

2. 加工单元

加工单元可对零件表面指定位置进行加工,是应用平台的功能单元,由工作台、数控机床、数控系统等组件构成,如图 1-11 所示。数控机床为典型三轴铣床形式,采用轻量化设计,可实现小范围高精度加工,加工动作由数控系统控制。数控系统为SINUMERIK 828D紧凑型数控系统,可实现最佳表面质量和高速、高精加工的和谐统一,是面向中高档数控机床配套的数控产品。数控系统集计算机数控(Computer Numerical Control, CNC)、PLC、操作界面以及轴控制功能于一体。刀库采用虚拟化设计,利用屏幕显示模拟换刀动作和当前刀具信息,刀库控制信号由数控系统提供,与真实刀库完全相同。加工单元的流程控制信号由远程I/O模块通过工业以太网传输到总控单元。

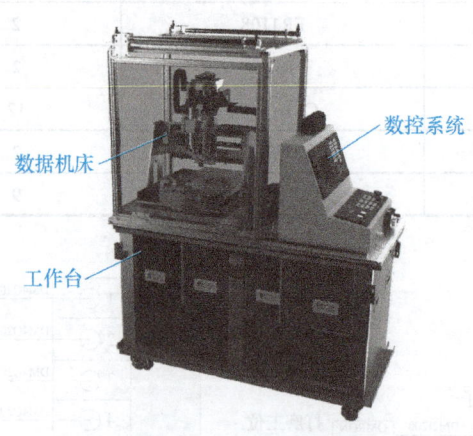

图1-11 加工单元

加工单元主要电气元器件清单见表1-5,加工单元信号分配如图1-12所示。

表1-5 加工单元主要电气元器件清单

序号	名称	规格参数	数量	备注
1	断路器	4P 32A	1	带漏电保护
2		2P 10A	3	
3	开关电源	14.6A	1	
4	变频器	ACD200-2S1.5GB	1	
5	主轴电动机		1	
6	继电器	RJ2S-CL-D24	3	
7	PROFINET适配器	FR8210	1	
8	PNP输入模块	FR1108	1	
9	源型输出模块	FR2108	1	
10	磁性开关	CSA-G020	2	
11	光电开关	PNP	12	
12	电磁阀	DC 24V	5	
13	西门子数控系统	828D	1	
14	蜂鸣器	DC 24V	1	
15	指示灯	DC 24V	3	

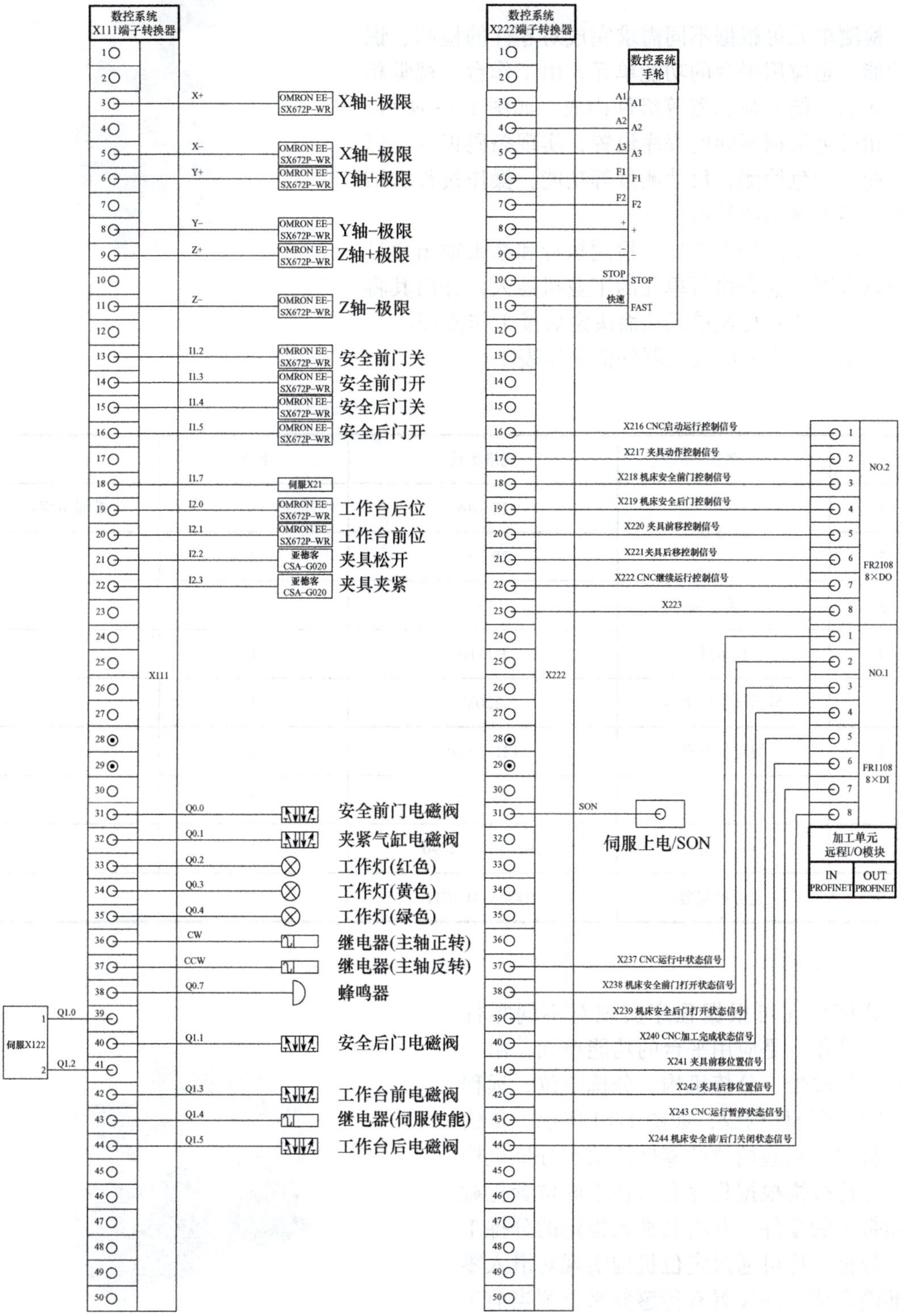

图 1-12 加工单元信号分配图

1.1.3 检测单元与分拣单元

1. 检测单元

检测单元可根据不同需求完成对零件的检测、识别功能，是应用平台的功能单元，由工作台、视觉相机、光源、结果显示器等组件构成，如图1-13所示。视觉相机可根据不同的程序设置，实现条码识别、形状匹配、颜色检测、尺寸测量等功能，操作过程和结果通过结果显示器显示。

检测单元的程序选择、检测执行和结果输出通过工业以太网传输到执行单元的工业机器人，并由其将结果信息传递到总控单元从而决定后续工作流程。

检测单元主要电气元器件清单见表1-6。

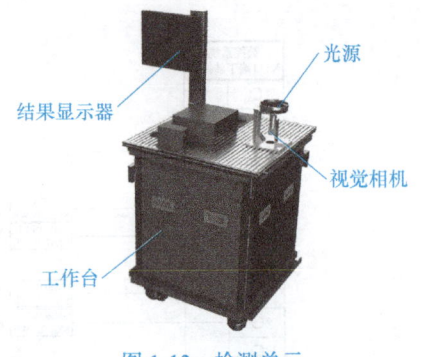

图1-13 检测单元

表1-6 检测单元主要电气元器件清单

序号	名称	规格参数	数量	备注
1	断路器	2P 10A	1	带漏电保护
2	断路器	2P 10A	2	
3	开关电源	14.6A	1	
4	显示屏	H1116	1	
5	显示屏供电电源	220V	1	
6	视觉控制器	FH-L550	1	
7	相机	FZ-SC	1	
8	环形光源	HK-120-90-90	1	
9	光源控制器	HK-APIUICH	1	

2. 分拣单元

分拣单元可根据程序实现对不同零件的分拣动作，是应用平台的功能单元，由工作台、传输带、分拣机构、分拣工位、远程I/O模块等组件构成，如图1-14所示。传输带可将放置到起始位的零件传输到分拣机构前。分拣机构根据程序要求在不同位置拦截传输带上的零件，并将其推入指定的分拣工位。分拣工位可通过定位机构实现对滑入零件准确定位，并设置有传感器来检测当前工位是否存有零件。

分拣单元共有3个分拣工位，每个工位

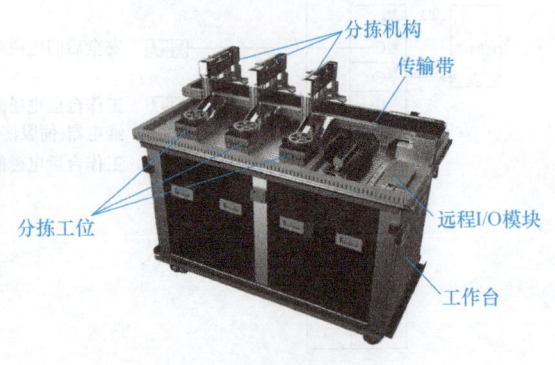

图1-14 分拣单元

可存放一个零件。分拣单元所有气缸动作和传感器信号均由远程 I/O 模块通过工业以太网传输到总控单元。

分拣单元桌面电气元器件安装位置如图 1-15 所示,其主要电气元器件清单见表 1-7,分拣单元信号分配如图 1-16 所示。

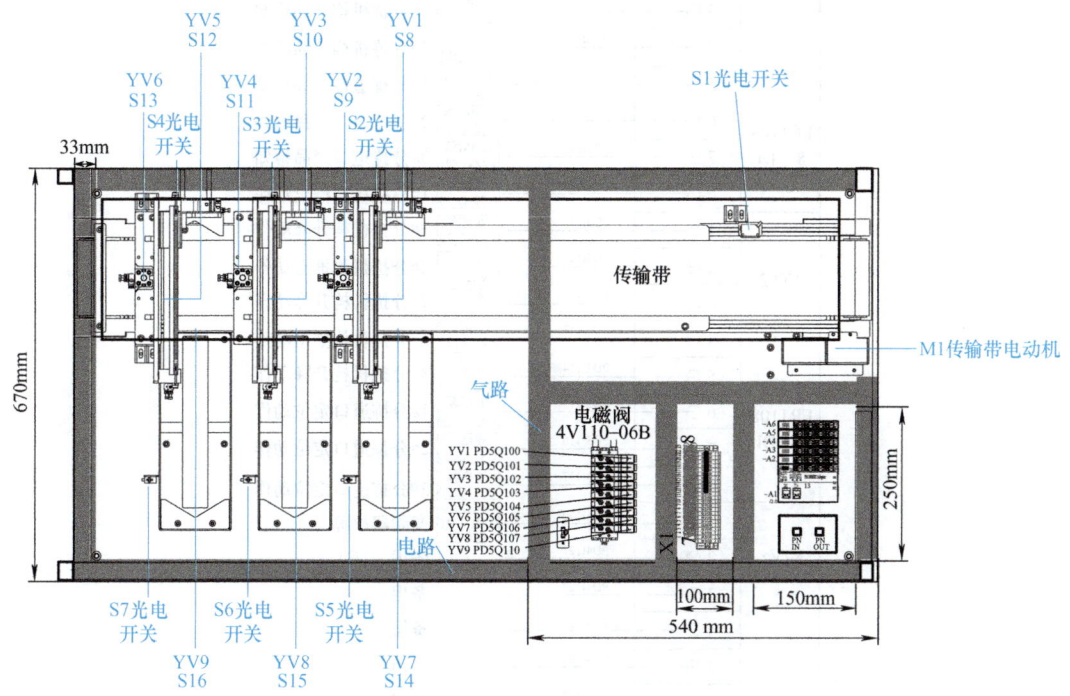

图 1-15　分拣单元桌面电气元器件安装位置图

表 1-7　分拣单元主要电气元器件清单

序号	名称	规格参数	数量	备注
1	断路器	2P 10A	1	带漏电保护
2	断路器	2P 10A	3	
3	开关电源	14.6A	1	
4	变频器	FR-D720S-0.4K-CHT	1	
5	三相异步电动机	90YS120GY22	1	
6	继电器	RJ2S-CL-D24	1	
7	PROFINET 适配器	FR8210	1	
8	PNP 输入模块	FR1108	3	
9	源型输出模块	FR2108	2	
10	磁性开关	CS1-G020	9	
11	光电开关	PNP	7	
12	电磁阀	DC 24V	9	

IN PROFINET	OUT PROFINET	信号地址	元件型号	功能说明
分拣单元 远程I/O模块				
NO.1 FR1108 8×DI	1	PD2I100	OMRON E3Z-LS81	传送起始产品检知
	2	PD2I101	OMRON E3Z-LS81	1#分拣机构产品检知
	3	PD2I102	OMRON E3Z-LS81	2#分拣机构产品检知
	4	PD2I103	OMRON E3Z-LS81	3#分拣机构产品检知
	5	PD2I104	OMRON E3Z-LS81	1#分拣道口产品检知
	6	PD2I105	OMRON E3Z-LS81	2#分拣道口产品检知
	7	PD2I106	OMRON E3Z-LS81	3#分拣道口产品检知
	8	PD2I107	亚德客 CS1-G020	1#分拣机构推出动作
NO.2 FR1108 8×DI	1	PD3I110	亚德客 CS1-E020	1#分拣机构升降动作
	2	PD3I111	亚德客 CS1-G020	2#分拣机构推出动作
	3	PD3I112	亚德客 CS1-E020	2#分拣机构升降动作
	4	PD3I113	亚德客 CS1-G020	3#分拣机构推出动作
	5	PD3I114	亚德客 CS1-E020	3#分拣机构升降动作
	6	PD3I115	亚德客 CS1-G020	1#分拣道口定位动作
	7	PD3I116	亚德客 CS1-G020	2#分拣道口定位动作
	8	PD3I117	亚德客 CS1-G020	3#分拣道口定位动作
NO.3 FR1108 8×DI	1	PD4I120	FR-D720S-0.4K-CHT 变频器	变频器故障
	2	PD4I121		备用
	3	PD4I122		备用
	4	PD4I123		备用
	5	PD4I124		备用
	6	PD4I125		备用
	7	PD4I126		备用
	8	PD4I127		备用
NO.4 FR2108 8×DO	1	PD5Q100	4V110M5B	1#分拣机构推出气缸
	2	PD5Q101	4V110M5B	1#分拣机构升降气缸
	3	PD5Q102	4V110M5B	2#分拣机构推出气缸
	4	PD5Q103	4V110M5B	2#分拣机构升降气缸
	5	PD5Q104	4V110M5B	3#分拣机构推出气缸
	6	PD5Q105	4V110M5B	3#分拣机构升降气缸
	7	PD5Q106	4V110M5B	1#分拣道口定位气缸
	8	PD5Q107	4V110M5B	2#分拣道口定位气缸
NO.5 FR2108 8×DO	1	PD6Q110	4V110M5B	3#分拣道口定位气缸
	2	PD6Q111	K1	传输带驱动电动机
	3	PD6Q112		备用
	4	PD6Q113		备用
	5	PD6Q114		备用
	6	PD6Q115		备用
	7	PD6Q116		备用
	8	PD6Q117		备用

图 1-16 分拣单元信号分配图

1.1.4 执行单元与治具库单元

1. 执行单元

执行单元是产品在各个单元间转换和定制加工的执行终端,是应用平台的核心单元,由工作台、工业机器人、平移滑台、快换模块法兰端、远程I/O模块等组件构成,如图1-17所示。

工业机器人选用知名品牌的桌面级小型工业机器人,六自由度可使其在工作空间内自由活动,完成以不同姿态拾取零件或加工。平移

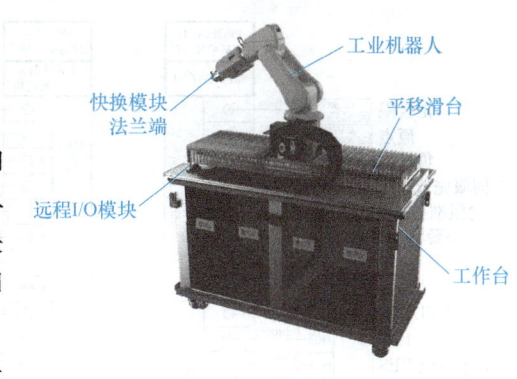

图1-17 执行单元

滑台作为工业机器人扩展轴,扩大了工业机器人的可达工作空间,可以配合更多的功能单元完成复杂的工艺流程。平移滑台的运动参数信息如速度、位置等,由工业机器人控制器通过现场I/O信号传输给PLC,从而控制伺服电动机实现线性运动。快换模块法兰端安装在工业机器人末端法兰上,可与快换模块工具端匹配,实现工业机器人工具的自动更换。执行单元的流程控制信号由远程I/O模块通过工业以太网与总控单元实现交互。

执行单元主要电气元器件清单见表1-8,执行单元信号分配如图1-18所示。

表1-8 执行单元主要电气元器件清单

序号	名称	规格参数	数量	备注
1	断路器	2P 25A	1	带漏电保护
2	断路器	2P 10A	4	
3	开关电源	14.6A	1	
4	伺服驱动器	MR-JE-40A	1	
5	伺服电动机	0.4kW	1	
6	机器人控制器	RB120	1	
7	打磨电动机	12~24V	1	
8	PLC	CPU 1212C	1	
9	数字量输入模块	SM1221	1	
10	光电开关	PNP	3	
11	PROFINET适配器	FR8210	1	
12	PNP输入模块	FR1108	6	
13	源型输出模块	FR2108	6	
14	模拟量输入	FR3004	1	
15	模拟量输出	FR4004	1	
16	继电器	RJ2S-CL-D24	2	
17	DeviceNet适配器	FR8030	1	
18	按钮	自复位	1	带指示灯
19	按钮	转换	1	
20	电磁阀	DC 24V	3	

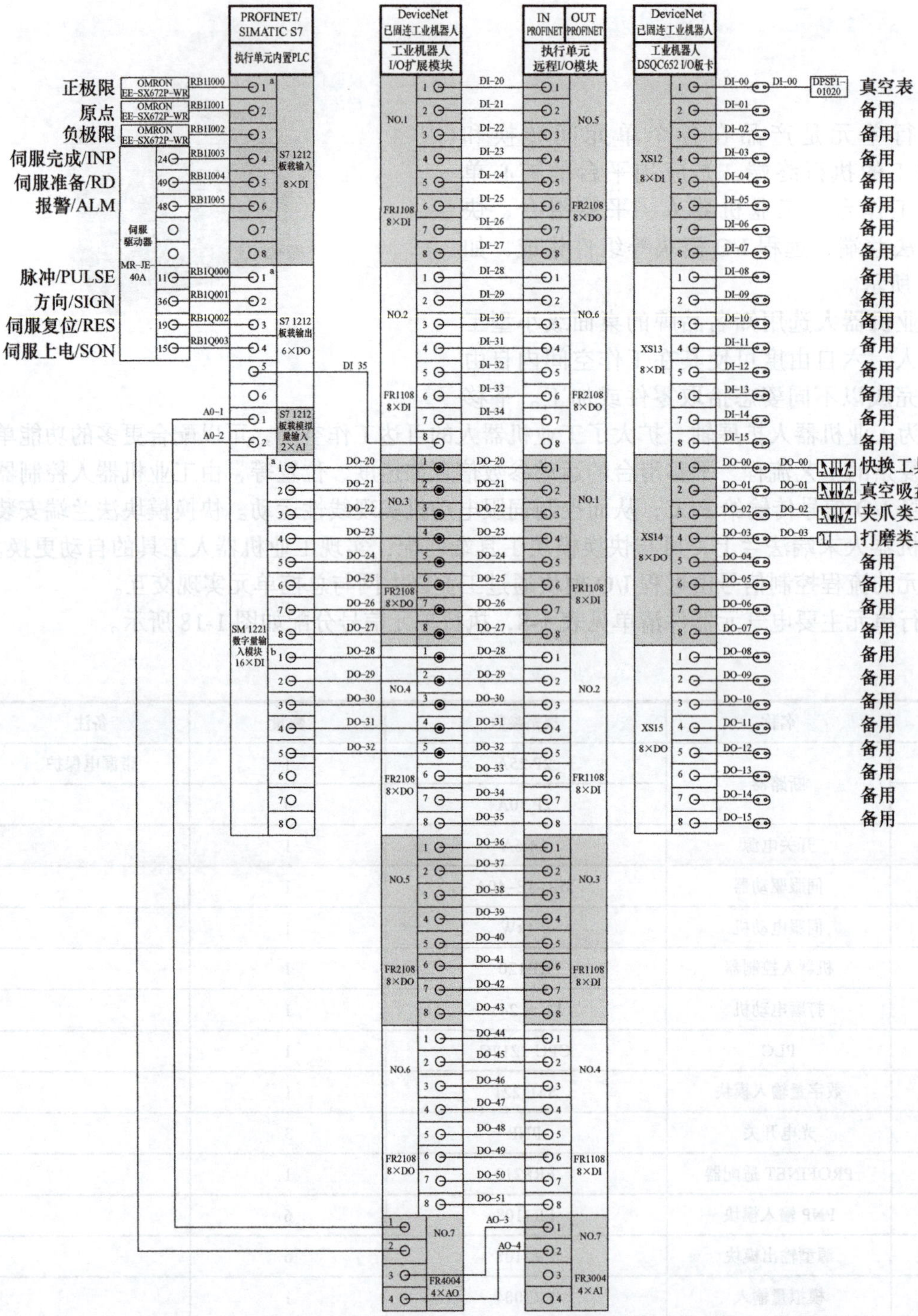

16 工业机器人系统集成

图 1-18　执行单元信号分配图

2. 治具库单元

治具库单元用于存放不同功能的工具,是执行单元的附属单元,由工作台、工具架、工具、示教器支架等组件构成,如图 1-19 所示。工业机器人可通过程序控制移动到指定位置安装或释放工具。工具模块提供满足加工工艺要求的必需工具,每种工具均配置了快换模块工具端,可以与快换模块法兰端匹配。工具模块由 7 个不同的工具组成,分别是真空吸盘工具、轮辐夹爪工具、轮毂夹爪工具、轮辋内圈夹爪工具、轮辋外圈夹爪工具、端面/侧面打磨工具和去毛刺/校准工具。

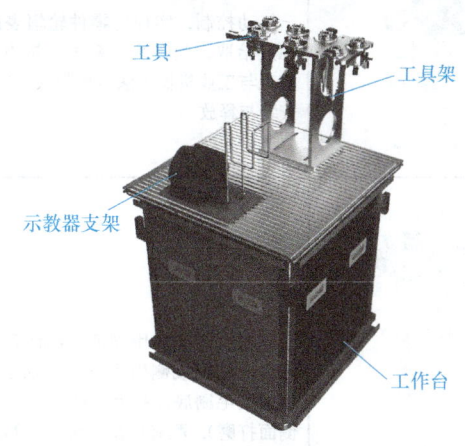

图 1-19 治具库单元

治具库单元工具模块功能见表 1-9。

表 1-9 治具库单元工具模块功能

序号	工具名称	工具模型图	功能描述	功能示意图
1	轮辋外圈夹爪工具		气动控制,实现对零件轮辋外圈的稳定拾取,配有快换系统工业机器人法兰侧,可实现与工具侧的快速匹配、安装与释放	
2	轮辐夹爪工具		气动控制,实现对零件轮辐外侧的稳定拾取,配有快换系统工具侧,可实现与工业机器人法兰侧的快速匹配、安装与释放	
3	轮毂夹爪工具		气动控制,实现对零件轮毂外圈的稳定拾取,配有快换系统工具侧,可实现与工业机器人法兰侧的快速匹配、安装与释放	
4	轮辋内圈夹爪工具		气动控制,实现对零件轮辋内圈的稳定拾取,配有快换系统工具侧,可实现与工业机器人法兰侧的快速匹配、安装与释放	

(续)

序号	工具名称	工具模型图	功能描述	功能示意图
5	真空吸盘工具		气动控制，实现对零件轮辐表面的稳定拾取，配有快换系统工具侧，可实现与工业机器人法兰侧的快速匹配、安装与释放	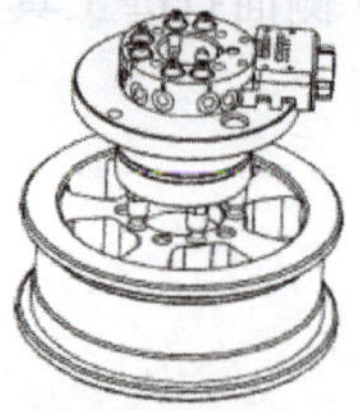
6	端面/侧面打磨工具	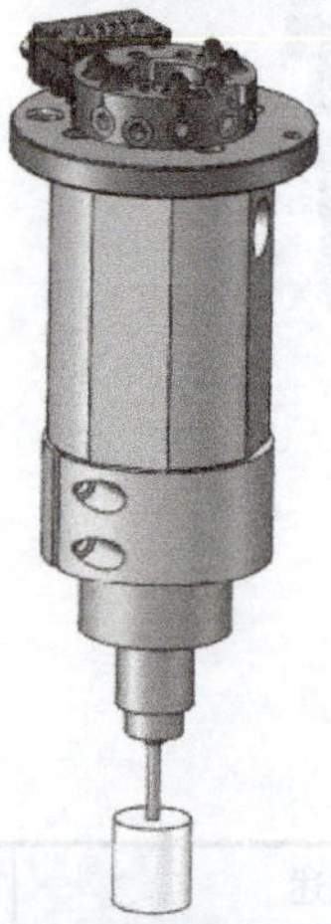	电动控制，利用端面/侧面毛刷对轮毂的端面或侧面进行打磨加工（端面采用毛刷底部打磨，侧面采用毛刷侧面打磨），配有快换系统工具侧，可实现与工业机器人法兰侧的快速匹配、安装与释放	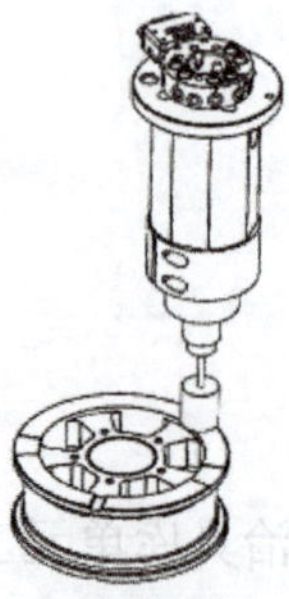 端面打磨
7	去毛刺/校准工具	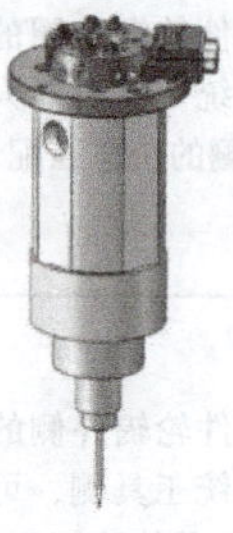	电动控制，利用所安装的尖点校准工具对机器人实施引导，进而实现工具中心点（Tool Centre Point，TCP）校准；也可模拟完成去毛刺功能；配有快换系统工具侧，可实现与工业机器人法兰侧的快速匹配、安装与释放	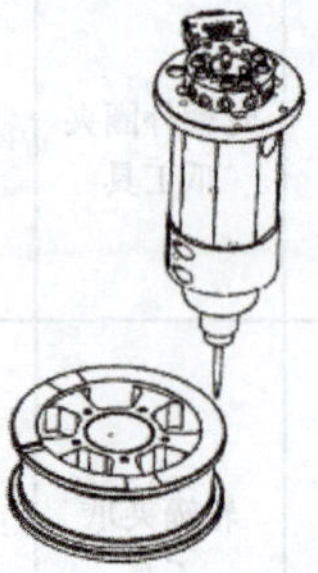

1.2 工业机器人系统集成基础

教学目标

1）了解工业机器人系统集成相关术语与定义。
2）了解工业机器人系统集成应用技术面向的岗位和具体要求。

1.2.1 相关术语与定义

1. 工业机器人

工业机器人（Industrial Robot）是广泛用于工业领域的多关节机械手或多自由度的机器装置，具有一定的自动性，可依靠自身的动力能源和控制能力实现各种工业加工制造功能。工业机器人广泛应用于电子、物流、化工等工业领域。

2. 工业机器人工作站

工业机器人工作站（Industial Robot Work Station）简称工作站，是指以一台或多台机器人为主，配以相应的周边设备如变位机、输送机、工装夹具等，或借助人工的辅助操作，一起完成相对独立的一种作业或工序的一组设备组合。

3. 工业机器人生产线

工业机器人生产线（Industrial Robot Line）由在单独或相连的安全防护空间内执行相同或不同功能的多个机器人单元和相关设备构成。

4. 集成

集成（Integration）是将机器人和其他设备或另一个机器（含其他机器人）组合成能完成如零部件生产的有益工作的机器系统。

5. 设备点检

设备点检（Equipment Check）简称点检。它是为了提高、维持生产设备的原有性能，通过人的五感（视、听、嗅、味、触）或者借助工具、仪器，按照预先设定的周期和方法，对设备上的规定部位（点）进行有无异常的预防性周密检查的过程，以使设备的隐患和缺陷能够得到早期发现、早期预防、早期处理。

6. 末端执行器

末端执行器（End Effector）是为使机器人完成其任务而专门设计并安装在机械接口处的装置，如夹持器、扳手、焊枪、喷枪等。

7. 工具坐标系

工具坐标系（Tool Coordinate System）是参照安装在机械接口上的工具或末端执行器的坐标系。

8. 工件坐标系

工件坐标系（Workpiece Coordinate System）由工件原点与坐标轴方位构成。

9. 离线编程

离线编程（Off-line Programming）是在与机器人分离的装置上编制任务程序后再输入到机器人中的编程方法。

10. 计算机辅助设计

计算机辅助设计（Computer Aided Design，CAD）利用计算机及其图形设备帮助设计人员进行设计工作。

11. 射频识别

射频识别（Radio Frequency Identification，RFID）是在频谱的射频部分，利用电磁耦合或感应耦合，通过各种调制和编码方案，与射频标签交互通信唯一读取射频标签身份的技术。

以上列举的术语为主要术语，并不是全部术语。

1.2.2 面向岗位及要求

工业机器人系统操作员/运维员可分为初级、中级、高级三个等级。

1. 初级

（1）面向岗位 主要面向系统集成企业安装调试、操作编程、技术服务、电气工程等岗位；应用企业操作维护、设备管理、电气工程等岗位；本体制造企业安装调试、技术服务、电气工程等岗位。

（2）技能要求 能理解系统方案说明书、操作手册和维护保养手册，能构建虚拟集成系统，能根据机械装配图、气动原理图和电气原理图完成系统安装，能遵循规范进行安全操作与维护，能完成机器人及周边设备简单编程，能进行集成系统基础调试。

2. 中级

（1）面向岗位 主要面向系统集成企业安装调试、技术服务、电气工程、系统集成等岗位；应用企业操作维护、设备管理、电气工程等岗位；本体制造企业安装调试、技术服务、电气工程、系统集成、销售管理等岗位。

（2）技能要求 能根据应用需求进行集成方案适配、原理图绘制以及操作手册和维护保养手册编制，能在离线编程软件中搭建并仿真工作站应用，能根据典型工作任务完成示教编程，能根据工艺要求对集成系统进行联机调试与优化，能遵循规范对集成系统进行维护、备份及异常处理，能根据维护保养手册查找机械、电气故障并维修。

3. 高级

（1）面向岗位 主要面向系统集成企业安装调试、技术服务、电气工程、系统集成、方案设计等岗位；应用企业操作维护、设备管理、电气工程、工艺规划等岗位；本体制造企业安装调试、技术服务、电气工程、销售管理、系统集成、方案设计等岗位。

（2）技能要求 能根据生产任务进行系统集成方案制定和设备选型，能根据产品设计方案进行三维建模，能对机器人、周边设备、视觉系统等进行高级编程，能根据产品特性进行加工制造、视觉集成、搬运装配等多种应用集成开发。能进行机器人生产线的工艺流程规划、虚拟调试和节拍优化，能编制工业机器人生产线方案说明书、操作手册和维护保养手册，能进行工业机器人生产线的维护维修。

1.3 识读工作站技术文件

教学目标

1）能识读工作站的方案说明书。
2）能识读工作站的机械装配图、气动原理图及电气原理图。
3）掌握工作站的运行与维护规范。

1.3.1 识读方案说明书

方案说明书是根据终端用户提出的产品需求而制定的。一般情况下，会根据客户提供的产品图样、产品工艺、现场情况以及客户需求，了解产品的精度要求、产量要求、工艺需求、现场环境等信息资料，并到现场工厂车间进行实地考察，进一步了解、交流、核实具体情况，进行项目可行性及可操作性论证。

以 CHL-KH11 设备方案说明书目录为例，如图 1-20 所示，从目录可以看出方案说明书的主要作用：

1）说明工作站的功能——功能总体介绍。
2）说明工作站的构成——设备单元介绍。
3）说明工作站的适用范围。

目录

一、CHL-KH11 工业机器人集成应用工作站方案介绍 1
   1.1 设备总体介绍 1
   1.2 设备单元介绍 6
      1.2.1   仓储单元 6
      1.2.2   执行单元 7
      1.2.3   打磨单元 8
      1.2.4   视觉检测单元 9
      1.2.5   工具单元 10
      1.2.6   分拣单元 11
      1.2.7   压装单元 11
      1.2.8   激光打标模块 12
      1.2.9   数控加工单元 13
      1.2.10 SCARA 机器人单元 14
      1.2.11 总控单元 15
      1.2.12 工业机器人离线编程软件 16
      1.2.13 数字孪生虚拟调试软件 17
   1.3 能够完成的考核项目 18

图 1-20　CHL-KH11 设备方案说明书目录

1.3.2　工作站图样识读

以 CHL-KH11 设备为背景介绍工作站图样识读。

1. 机械装配图

表示产品及其组成部分的连接、装配关系的图样称为装配图。
机械装配图通常在机器或部件的设计阶段用到，具备以下几点作用：
1）表达机器或部件的结构和零件间装配关系。
2）在零件制成后，装配图是把零件装配成机器（或部件）的技术依据。
3）使用者通过装配图能了解机器性能、工作状况、安装尺寸等。
4）装配图是正确使用、维护、保养机器不可缺少的技术资料。
如图 1-21 所示，该机械装配图中包含了以下几点内容：
1）一组视图：用一组图形（视图、剖视图、剖面图等）表达机器或部件的工作状况、整体结构、零部件之间的装配连接关系及主要零件的结构形状。
2）必要尺寸：反映机器的性能、规格、零件之间的定位及配合要求、安装情况等必需的一些尺寸。
3）零件编号及明细栏：按生产和管理的要求，按一定的方式和格式，将所有零件编号并列成表格，以说明各零件的名称、材料、数量、规格等内容。
4）技术要求：用文字或代号说明机器或部件在装配和检验、使用等方面的技术要求。

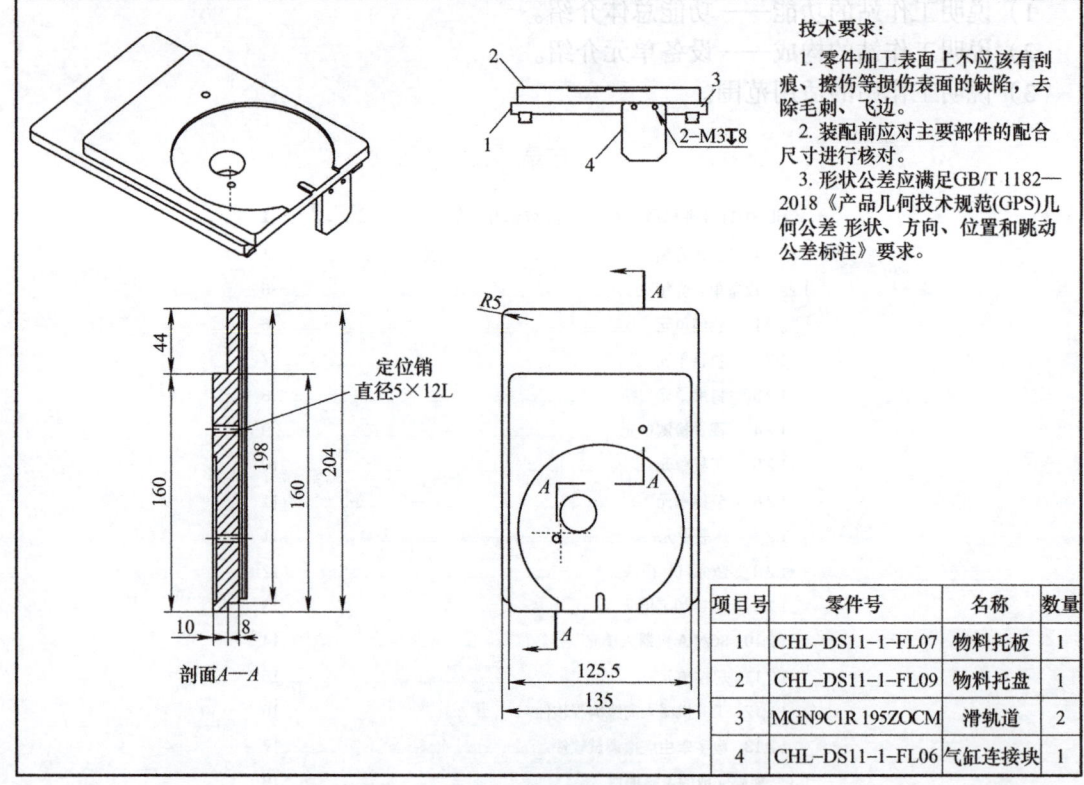

图 1-21 机械装配图

5）标题栏：说明机器或部件的名称、规格、作图比例和图号以及设计、审核人员等（图 1-21 省略标题栏）。

在识读该装配图时大致需要以下几个步骤：

1）装配图全面了解。由装配图 1-21 可以看出，轮毂受子台由 4 个零部件组成，其中物料托板、物料托盘、气缸连接块是非标准件，定位销是标准件。

2）视图分析。了解零件组成后，进一步分析视图。装配图采用了主视图和俯视图两个视图来表达装配体的结构组成，并且对俯视图进行剖切，用剖面视图来表达零部件内部的尺寸、孔位、装配要求。

3）设备装配关系。零件 1 和 2 的装配，是使用 2 个直径 5mm、长度 12mm 的定位销进行定位配合的。零件 4 通过 2 个 M3 的螺钉固定在零件 1 上。

4）零件的主要结构和形状。零件 1 的长×宽×高为 198mm×135mm×8mm，零件 2 的长×宽×高为 125.5mm×66mm×9.5mm。

2. 气动原理图

一般气动原理图具有以下几点作用：

1）充分表达工作站中包含的气动设备和气动元件。
2）是气路安装、调试和维修的理论依据。
3）在自动化集成气路的设计阶段用到。
4）使用者通过气动原理图能了解元器件连接关系。

如图 1-22 所示，该气动原理图中包含以下几点内容：

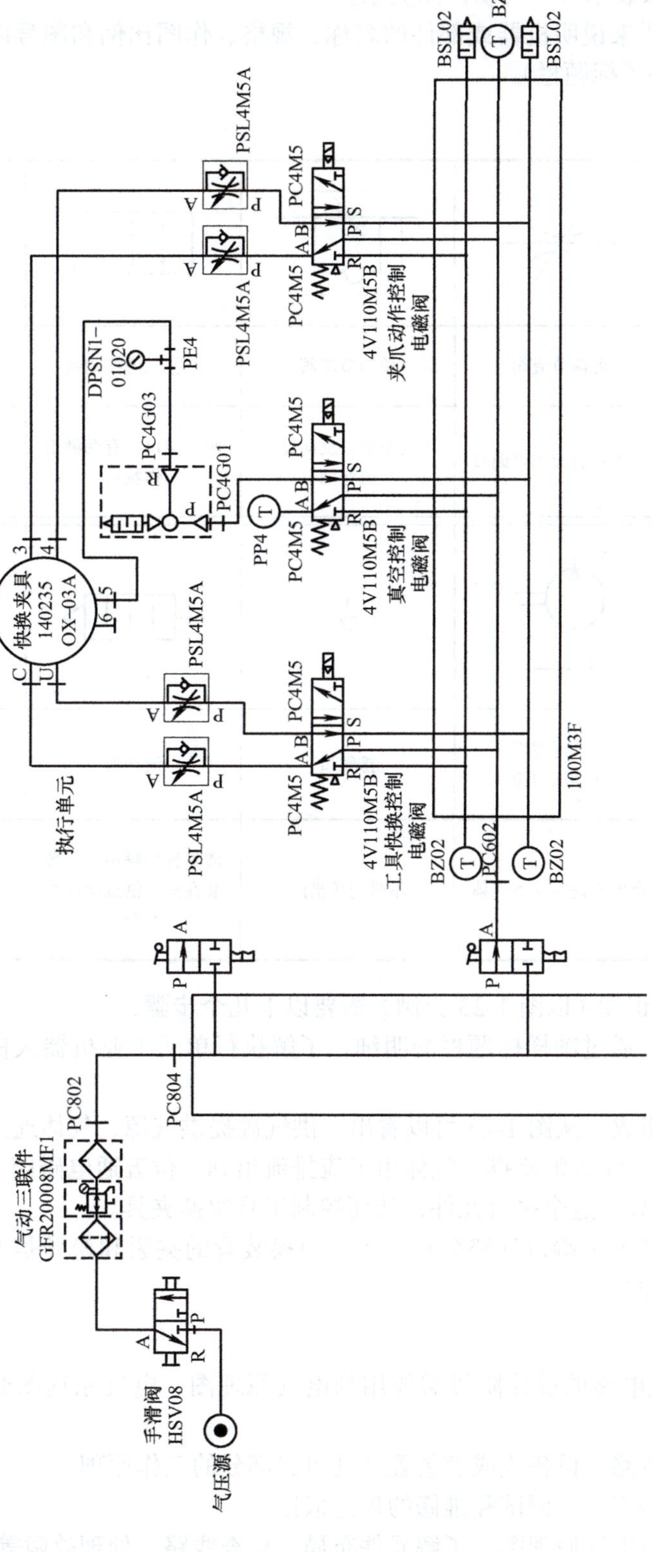

模块 1　工业机器人系统集成概述

图 1-22　气动原理图

1)供气装置原理图。
2)使用标准气动符号表示的气动元件(常用气动符号见表1-10)。
3)通过连线来表示各个气动回路关系。
4)使用标题栏来说明机器或部件的名称、规格、作图比例和图号以及设计、审核人员等(图1-22省略了标题栏)。

表1-10 常用气动符号

符号				
名称	可调节流阀	单向节流阀	二位二通换向阀	二位三通换向阀
功能	节流孔的大小可调节	单向节流,反向无节流作用	两个接口,有两种工作状态	三个接口,有两种工作状态
符号				
名称	空气压缩机气动压力源	排气口	消声器	双作用气缸
功能	产生或提供压力气体	不带连接措施	清除排气噪声,一般装在阀、缸或电动机的排气口	活塞杆两个方向移动均有压力气作用

气动原理图的识读(以图1-23为例)需要以下几个步骤:
1)看标题栏。通过图样标题栏的明细,了解执行单元工业机器人快换工具的气动原理图。
2)气动元件组成。从图1-23可以看出,供气源提供气源,气体通过手滑阀和气动三联件这些辅助元件,流入汇流排。气体由汇流排流出到二位五通电磁阀、单向节流阀等调节元件,进入快换夹具这个执行元件,从而控制工具快换夹具。
3)工具快换装置主端口气路分析。工具快换装置的夹紧和松开是由内部钢珠弹出卡紧和缩回松开实现的。

3. 电气原理图

在自动化集成电路的设计阶段需要用到电气原理图,电气原理图通常具有以下几点作用:
1)可以表示电路、设备或成套装置及其组成部分的工作原理。
2)是电气线路安装、调试和维修的理论依据。
3)使用者通过电气原理图能了解元件布局、检查线路、处理故障等。

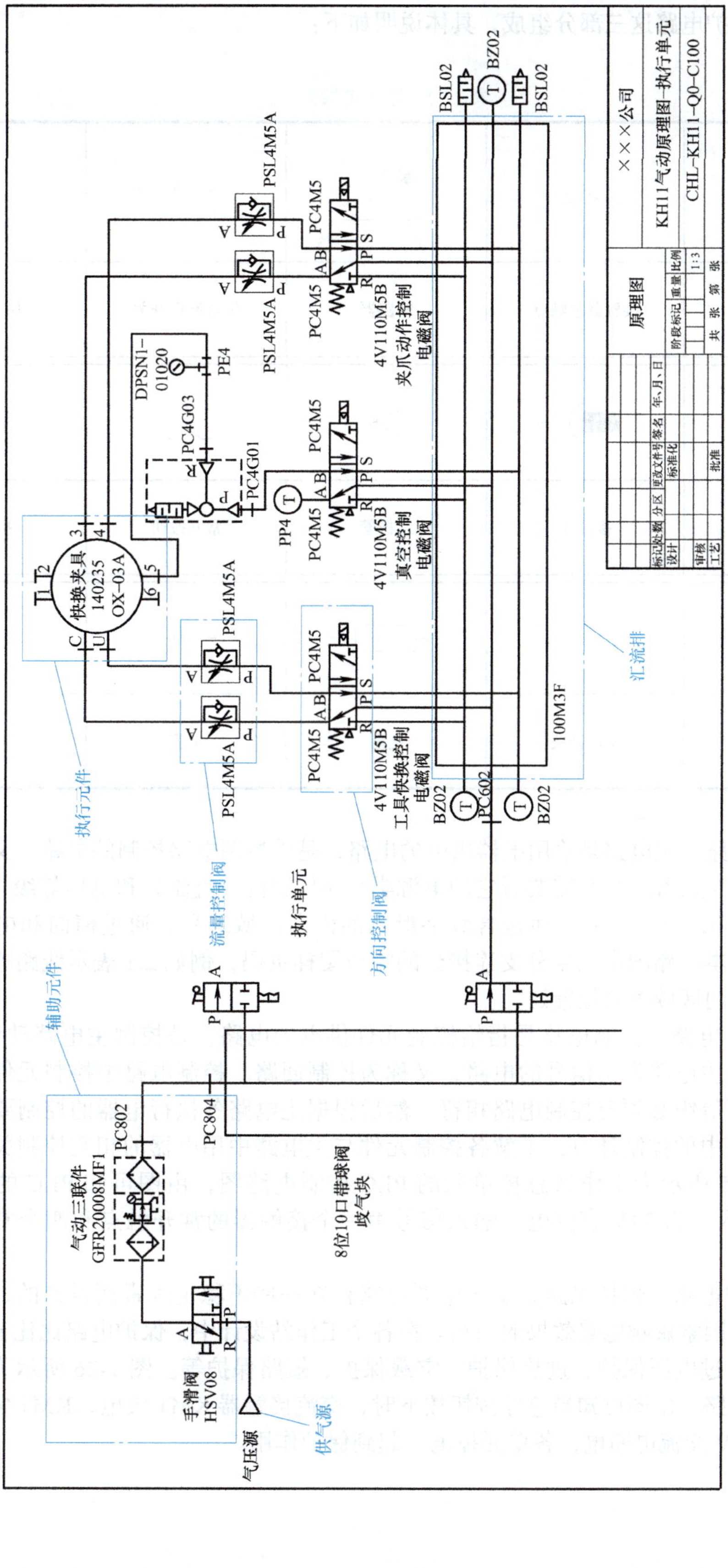

图 1-23 气动原理图明细

在了解电气原理图时应了解常用电气符号，见表 1-11，电气原理图一般由主电路、控制电路、保护电路这三部分组成，具体说明如下：

表 1-11 常用电气符号

电气符号			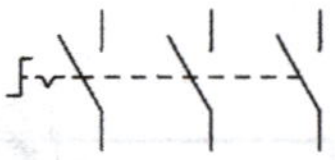	
名称	接触器主触点	断路器	组合旋钮开关	保护接地
电气符号			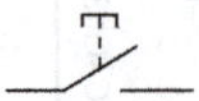	
名称	接插件	二极管	常开按钮	指示灯
电气符号	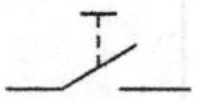		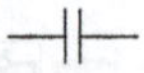	
名称	手动开关	电阻	电容	熔断器

（1）主电路　主电路是给用电器供电的电路，是受控制电路控制的电路，又称为主回路。看主电路（见图 1-24）需要看它的电源类型（如交流、直流）和电压等级（如 380V、220V、24V 等），电路图的上面包含数字形式的横向区域编号，通过横向和电路图的页码，可以查找本电路图中电路分支连接到的相应图样页码，例如 2.1 表示线路连接到电路图第 2 页中横向区域 1 的位置处。

（2）控制电路　控制电路是指给控制元件供电的电路，是控制主电路动作的电路，也可以说是给主电路发出信号的电路，又称为控制回路。控制电路中控制元件所需的电源类型和电压等级必须与控制电路相符，然后根据主电路各执行电器的控制要求，逐一找出控制电路中的控制环节，了解各控制元件与主电路中用电器的相互控制关系和制约关系。图 1-25 所示为工作站总控单元的 PLC 控制电路图，由图可知 PLC 的输入触点是 PNP 型输入，为 24V 直流电，输入信号由一个接触器的常开触点和四个常开按钮来控制。

（3）保护电路　保护电路是鉴于电源电路存在一些不稳定因素而设计的，是用来防止此类不稳定因素影响电路效果的回路。在各个工作站设计中，保护电路比比皆是，例如过电流保护、过电压保护、过热保护、空载保护、短路保护等。图 1-26 所示为工作站急停按钮保护电路，由图可知当急停按钮按下时，交流接触器 KM1 失电，KM1 常闭触点断开，三相 380V 交流电断电，各单元掉电，起到保护作用。

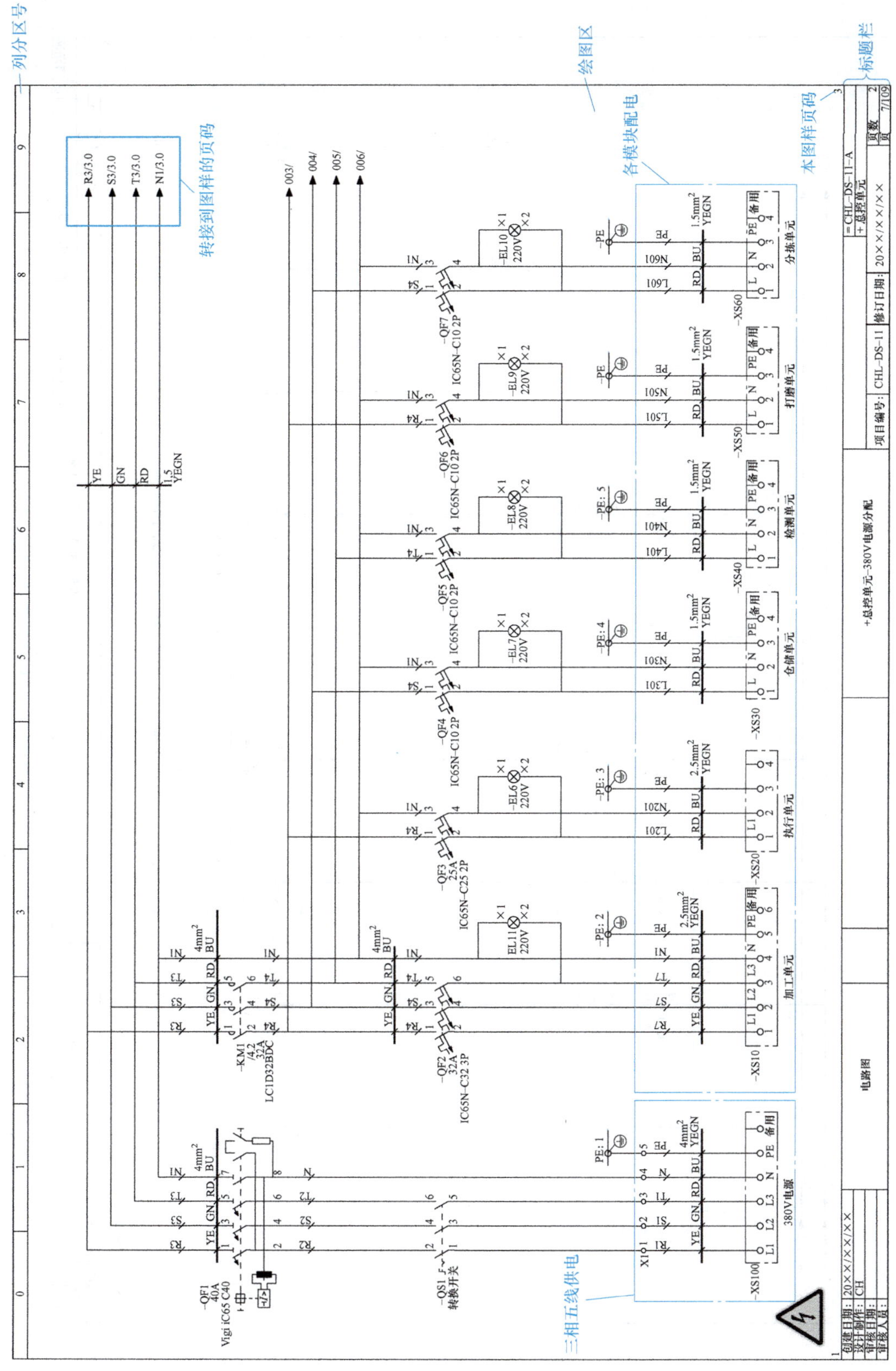

图 1-24 主电路

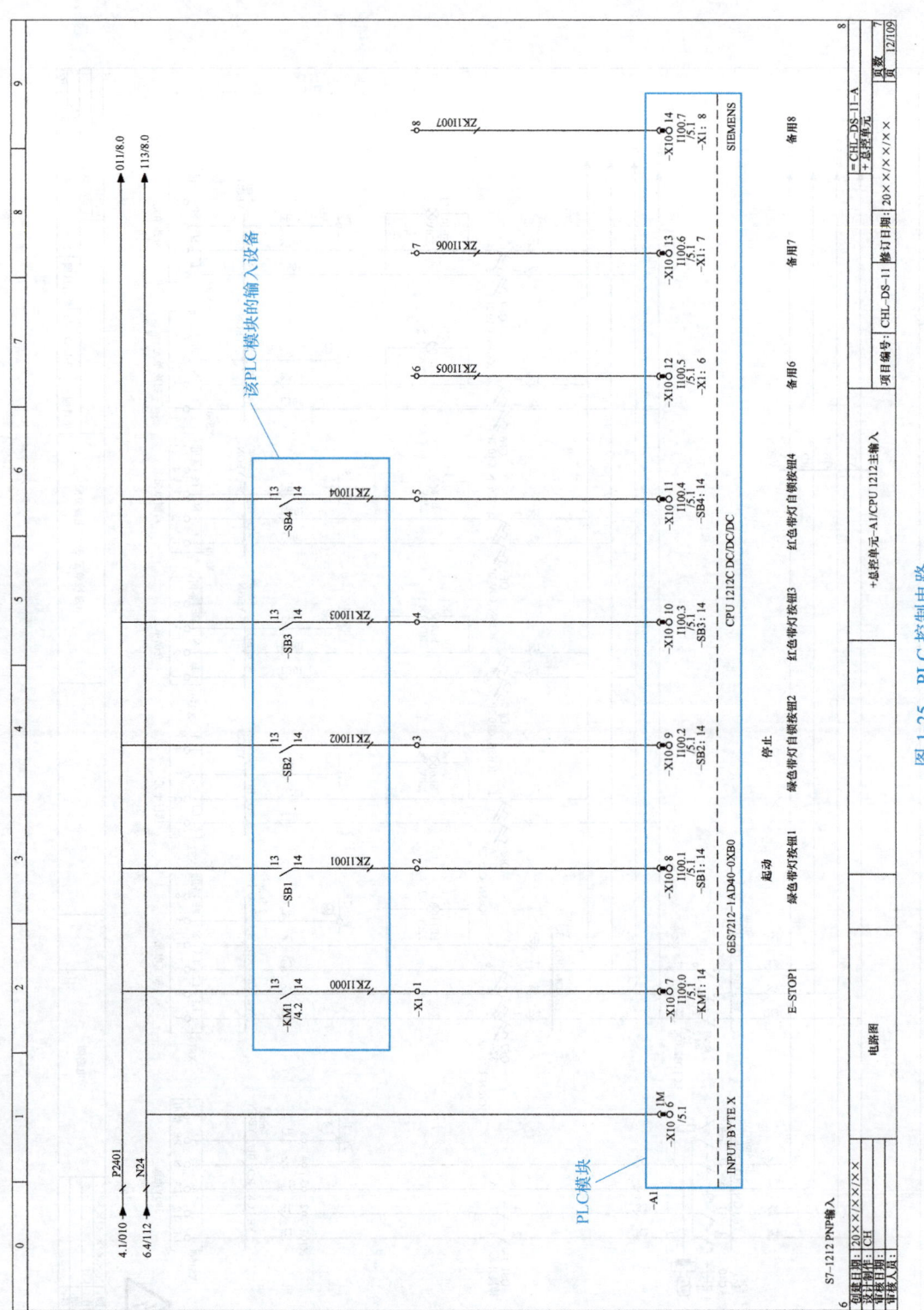

图 1-25 PLC 控制电路

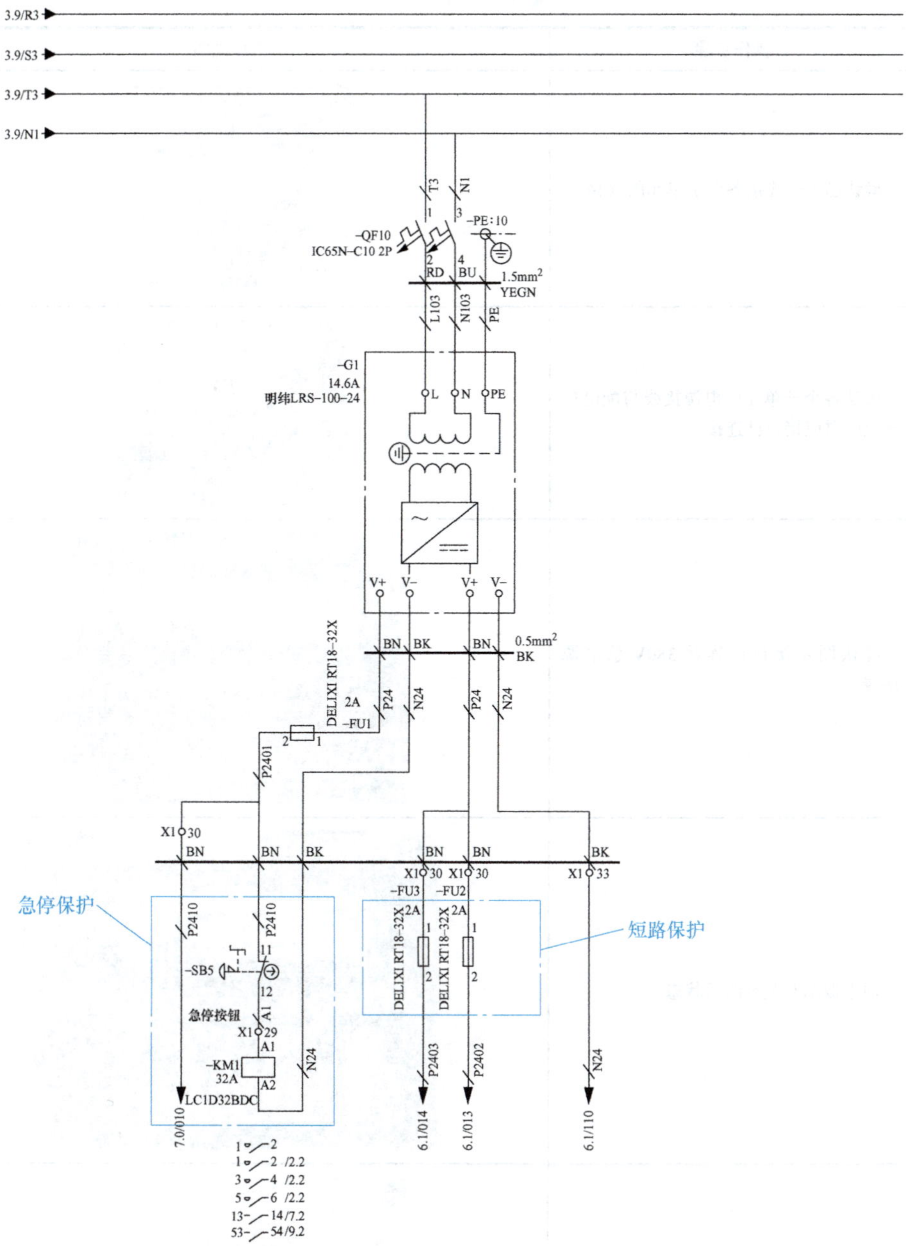

图 1-26 保护电路

1.3.3 工作站运行与维护规范

1. 起动/关闭流程

（1）起动流程（见表1-12）

表1-12 起动流程

序号	操作步骤	图片说明
1	确认已正确连接各个子单元的气路	
2	确认各个子单元的电源接线与配电单元上的对应接口已连接	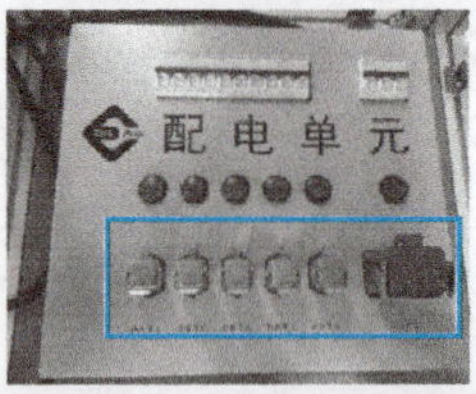
3	确认图示接口已连接380V总电源接线	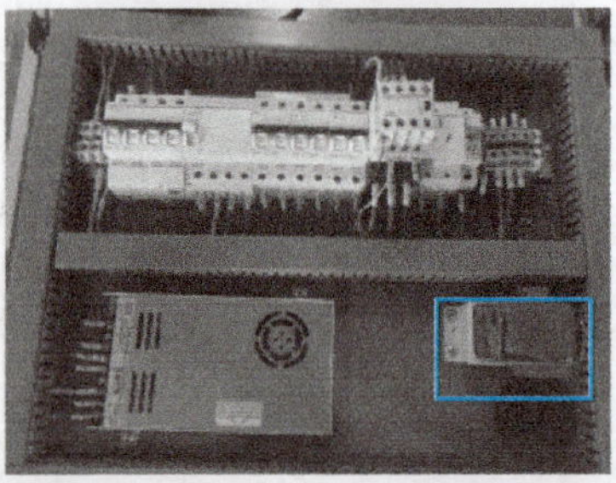
4	向上拨动开关至图示状态	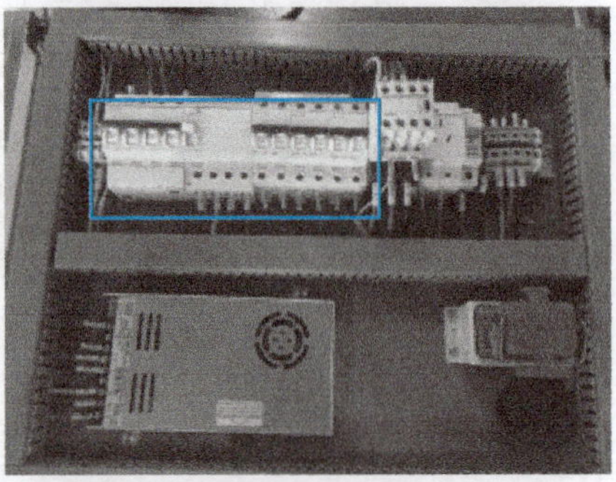
5	图示开关顺时针旋转90°，开启设备总电源	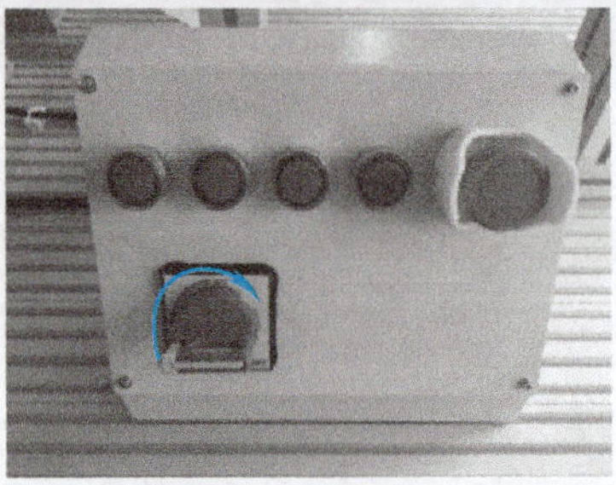

(续)

序号	操作步骤	图片说明
6	将开关把手旋转至图示状态，打开各子单元气路	
7	旋转机器人电源开关至"ON"	

（2）关闭流程（见表1-13）

表1-13　关闭流程

序号	操作步骤	图片说明
1	调整机器人姿态回到机械原点，机器人移动到行走轴原点	
2	单击示教器界面左上角的主菜单按钮，然后单击"重新启动"	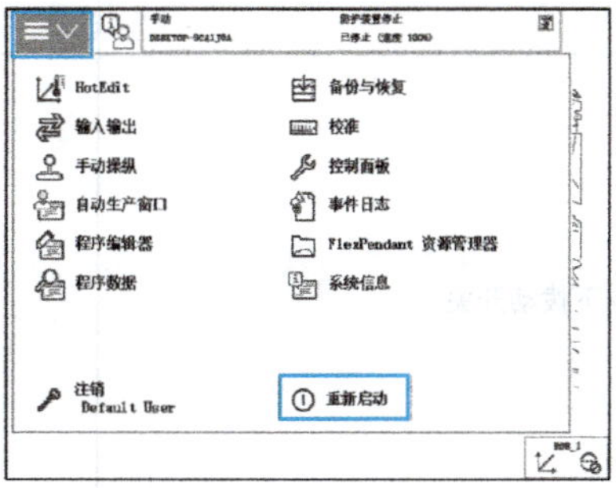

(续)

序号	操作步骤	图片说明
3	示教器弹出图示的界面，单击左下角的"高级"	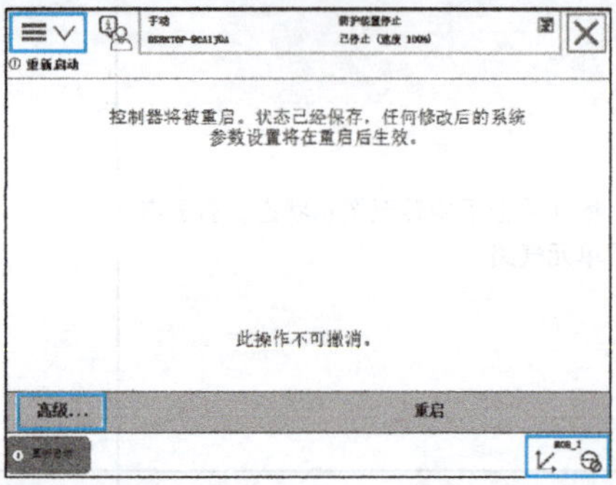
4	在弹出的"高级重启"界面中，选择"关闭主计算机"，然后单击"下一个"	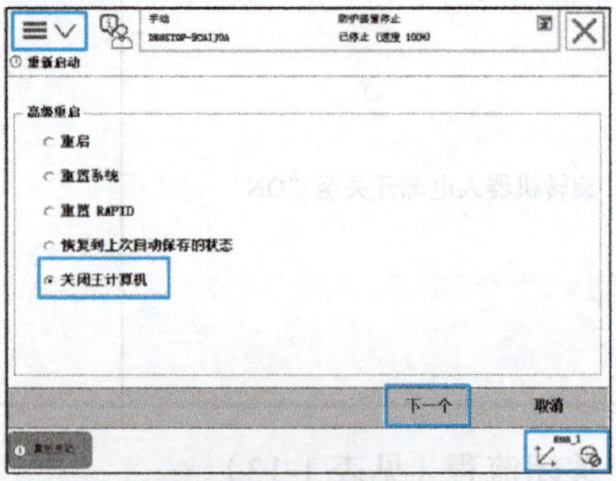
5	待示教器界面显示系统已关闭后，逆时针旋转开关，关闭机器人控制器	
6	逆时针旋转开关至图示位置，关闭设备总电源	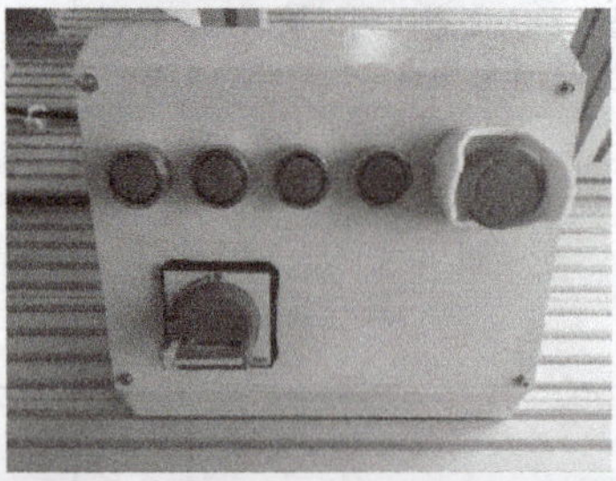
7	向下拨动开关	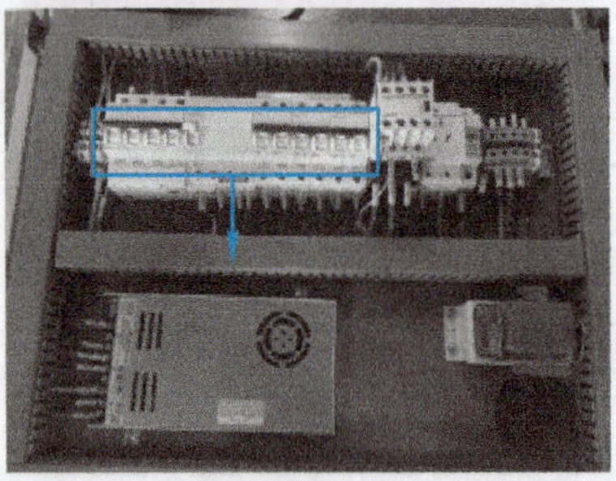

(续)

序号	操作步骤	图片说明
8	将开关把手由图示状态顺时针旋转90°,关闭各子单元气路	

2. 设备状态检查

（1）外观检查　目测检查工业机器人外观是否发生磨损，检查设备易损坏的地方如加工单元的安全门及防护罩，检查气管是否有挤压或折弯现象。

（2）紧固件检查　应检查设备的地脚是否落下，各个独立的单元中是否存在滑动不牢固现象，相邻单元中的紧固件是否固定牢固，如工业机器人是否安装牢固，有无松动现象，各个模块是否安装牢固。

（3）干涉、碰撞检查　在设备运行之前应检查工作台面上是否存在影响设备运行的无关物品或工具，在初次运行程序时应降低速度单步运行，防止在运动过程中出现点位的碰撞。

（4）工业机器人的日常维护事项

1）机器人清洁状况。为保证较长的正常运行时间，请务必定期清洁机器人。清洁之前请关闭机器人的所有电源，然后进入机器人的工作空间。

清洁的时间间隔取决于机器人工作的环境。根据机器人的不同防护类型，可采用不同的清洁方法，见表1-14。

表1-14　机器人（IRB120）清洁方法

工业机器人防护类型	清洁方法			
	真空吸尘器	用布擦拭	用水冲洗	高压水或高压蒸汽
Standard IP30	可以	可以，使用少量清洁剂	不可	不可
Clean room	可以	可以，使用少量清洁剂、酒精或异丙醇酒精	不可	不可

2）机器人线缆检查。机器人布线包含机器人与控制器机柜之间的线缆，主要是电动机动力电缆、转数计数器电缆、示教器电缆和用户电缆（选配），如图1-27所示。

3）机械限位检查。轴1～3的运动极限位置有机械限位，用于限制轴运动范围，满足应用中的需要，如图1-28所示。为了安全，要定期点检所有机械限位是否完好，功能是否正常，在检查时参照表1-15。

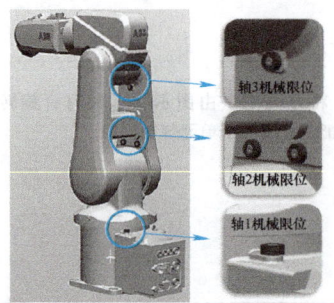

图 1-27 机器人线缆　　　　　　图 1-28 机器人机械限位

表 1-15 机器人机械限位参考

序号	操作
1	进入机器人工作区域之前,关闭连接到机器人的: 1)电源 2)液压源 3)气源
2	检查机械限位
3	机械限位出现以下情况时,请马上进行更换: 1)弯曲变形 2)松动 3)损坏

注:与机械限位的碰撞会导致齿轮箱的预期使用寿命缩短,在示教与调试工业机器人的时候要特别小心。

4)阻尼器检查。工业机器人 IBR 120 的轴 1、轴 2、轴 3 关节处均设有阻尼器,按照表 1-16 所示步骤,检查轴 1、轴 2、轴 3 处的阻尼器,如图 1-29、图 1-30 所示。

表 1-16 阻尼器检查步骤

序号	操作
1	进入机器人工作区域之前,关闭连接到工业机器人的: 1)电源 2)液压源 3)气源
2	检查所有阻尼器是否出现以下类型的损坏: 1)裂纹 2)现有印痕超过 1mm 3)检查所有连接螺钉是否变形 如果检测到任何损坏,则必须更换新的阻尼器

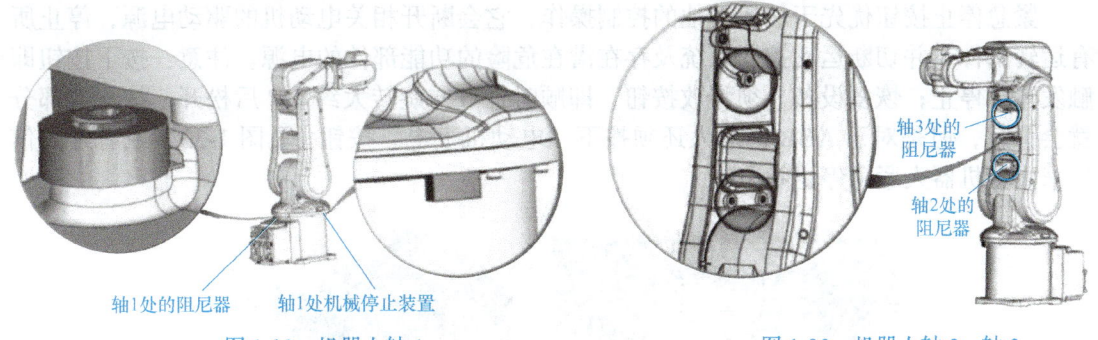

图 1-29　机器人轴 1　　　　　　　　　图 1-30　机器人轴 2、轴 3

5）控制器状态检查。控制器正常上电后，示教器上无报警，控制器背面的散热风扇运行正常，机器人控制柜如图 1-31 所示。

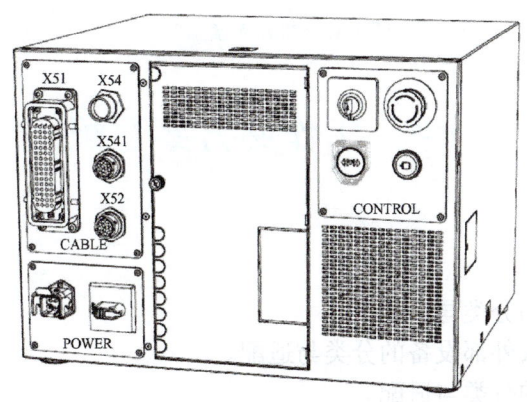

图 1-31　机器人控制柜

3. 电源环境检查

工作站中的电源包括强电和弱电。强电包括三相电和 220V 交流电源，弱电包括 24V 直流电源，完成电气安装后应先检查线路是否存在裸露在外部的端子，是否存在虚接及松动现象，在通电之前通过万用表对线路进行检查，检查是否存在短路情况等。

对线路进行检查的前提：

1）打开万用表，将旋钮转到蜂鸣器档位。

2）工作站总电源开关旋钮处于 OFF 状态，并且工作站控制柜低压断路器未打开。

对线路的检查内容有：

1）接线端子松动、虚接的检查。

2）工作站主电路短路的检查。

3）工作站控制电路短路的检查。

4. 设备工作状态检查

在完成设备物理检查、设备电源环境检查后，方可起动工作站，打开设备总开关电源，弹起急停按钮，闭合各个单元的低压断路器后查看各个设备是否正常起动、指示灯显示是否正常。

5. 紧急停止按钮

紧急停止按钮优先于任何其他的控制操作,它会断开相关电动机的驱动电源,停止所有运转部件,并切断运动控制系统及存在潜在危险的功能部件的电源。注意:按下按钮即触发紧急停止;恢复设备,须释放按钮,即顺时针方向旋转大约 45° 后松开,按下的部分就会弹起,但是对于 ABB 机器人还须按下 "电动机上电" 按钮(见图 1-32)或有外界信号来重置机器人紧急停止状态。

图 1-32 机器人紧急停止

1.4 工作站方案适配

教学目标

1)了解工装夹具的分类与适配。
2)了解工业机器人外部设备的分类与适配。
3)了解传感系统的分类与适配。

1.4.1 工装夹具的分类与适配

1. 工装夹具的分类

工装夹具一般按以下几种方法进行分类:

1)按夹具所适用的工艺过程分为机床夹具、装配夹具、焊接夹具、检测夹具等。机床夹具按所适用的机床类型又可分为车床夹具、铣床夹具、钻模、磨床夹具、拉床夹具等。

2)按夹具的通用程度和特点分为通用夹具、一次性使用夹具、多次重复使用夹具、独立的传动装置等。

3)按夹具的结构特点分为专用夹具、组合夹具、可调整夹具等。

4)按夹紧装置的动力源分为手动夹具、气动夹具、液压夹具、电磁夹具、电动夹具、真空夹具等。

工装夹具各种分类之间的关系如图 1-33 所示。

2. 工装夹具的适配

此处将以安装在工业机器人末端的工装夹具即起到工装夹具功能的拾取工具为例,讲解工装夹具的适配方法,工装夹具选择准则及步骤见表 1-17。

模块1 工业机器人系统集成概述

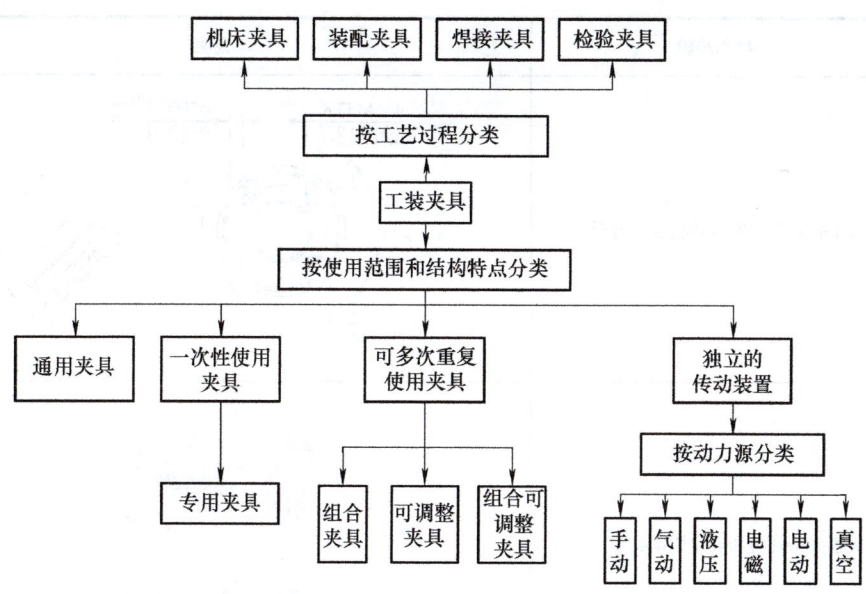

图1-33 工装夹具各种分类之间的关系

表1-17 工装夹具选择准则及步骤

工装夹具选择准则	工装夹具选择步骤
在进行工装夹具的选择时，一般需要按照以下的几个原则进行选择： 1）满足零件的工艺过程要求和相应的技术条件，同时保证时限 2）所选用的夹具系统符合通用化、典型化、组合化、标准化的原则 3）当批量界限不够明确而量产、批量不小时，对夹具的工艺工序费用分析 4）尽量采用商品化的夹具系统和夹具零部件	在进行夹具选择时，可按以下的步骤： 1）了解和熟悉待设计夹具的工件 2）决定此夹具的原始技术要求 3）根据选择夹具的准则，确定适合于工艺要求的夹具系统 4）尽量选用及采购现有商品化夹具及零部件，力求减少企业自制夹具的数量 5）决定设计和制造自制夹具的原始数据 6）编制自制夹具的设计任务书

(1) 分析步骤（见表1-18）

表1-18 分析步骤

序号	操作步骤	说明
1	对夹持工件进行分析	轮毂正面　　轮毂反面

(续)

序号	操作步骤	说明
2	对工装夹具的安装环境进行分析	
3	观察夹持环境和确定驱动类型	

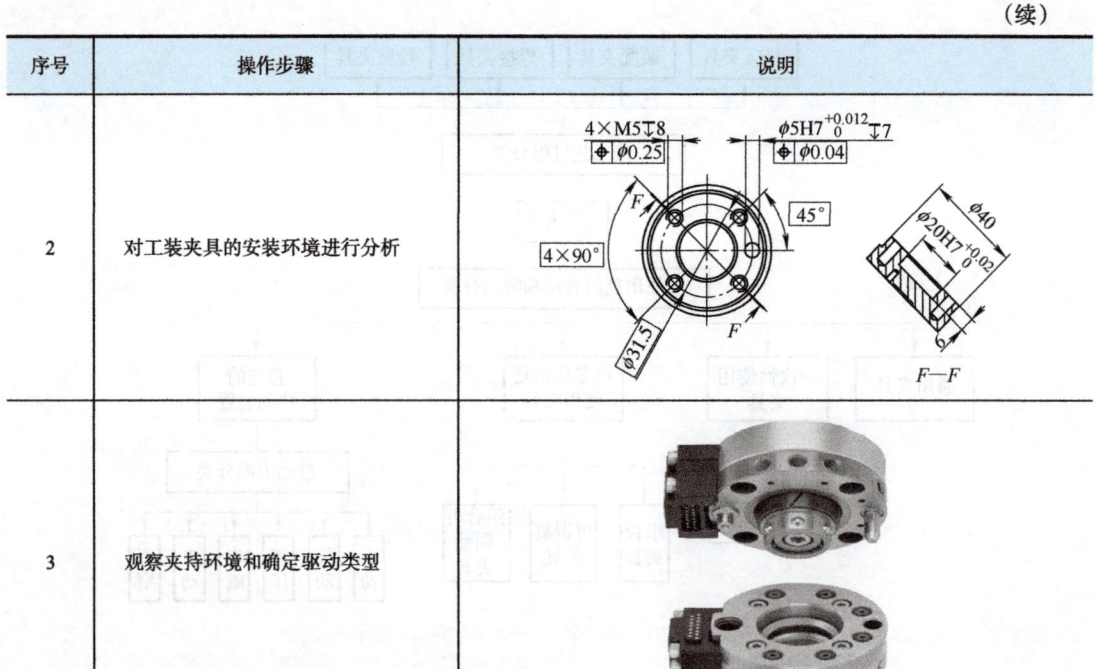

(2) 工装夹具的选用 分析工作站的工艺流程,对于不同的工序,工装夹具需要对轮毂有不同的夹持要求,见表1-19。

表1-19 工装夹具的选用

序号	名称	图样
1	夹爪工装-轮辐夹爪	
2	夹爪工装-轮圈夹爪	
3	夹爪工装-轮辋内圈夹爪	
4	夹爪工装-轮辋外圈夹爪	
5	吸盘工装	

1.4.2 外部设备的分类与适配

1. PLC 设备的需求

PLC 设备作为系统控制方案中控制的重要一环，在选择时，需要重点考虑以下几个要素：

1）输入输出信号。
2）特殊功能需求。
3）网络通信模式。
4）在选择硬件模块时要留有适当的余量。

PLC 设备须满足以下几个要求：

1）PLC 输出口带有高速脉冲输出。
2）PLC 要控制各单元信号，需通过远程控制，PLC 需具备现场总线通信接口，还要有可添加不同通信模块的接口。
3）PLC 要求响应及时、高效稳定，最好具备报警监控功能。
4）PLC 要选用主流厂商的产品，要求使用面广，更利于调试人员调试和学校教师、学生学习使用。

所以，在对 PLC 设备进行适配时选择使用西门子 S7-1200 系列的 PLC（见图 1-34）较为合适。

2. 触摸屏设备的需求

1）在进行触摸屏的适配时，一般需要结合应用场合，对触摸屏的以下几点进行综合考虑：

① 触摸屏需要多大尺寸。

图 1-34 西门子 S7-1200 系列的 PLC

② 是否有以太网通信接口或者 USB 接口。
③ 是否有通用协议，这样才能和不同品牌的 PLC 通用。
④ 有无外部保护，例如是否能在高粉尘和电磁干扰的环境下正常工作。
⑤ 对于不同品牌的触摸屏，还要考虑供货期、厂商售后服务等。

2）触摸屏须满足以下几个要求：

① 支持以太网通信接口。
② 通用性强，能与不同品牌的 PLC 及仪器使用。
③ 集成度高、稳定性高、质量有保证。
④ 使用面广，编程操作简单，便于调试人员调试和学校教师、学生学习使用。

综上所述，在进行触摸屏的适配时，可以使用西门子精简面板的触摸屏，如图 1-35 所示。

3. 电动机设备的需求

工作站的多个场合中需用到电动机，各个场合对电动机的需求各不相同。

1）工业机器人的外部轴动作是使用电动机带动丝杆滑台运动来实现的（见图 1-36），用到的电动机要求如下：

① 要带动工业机器人运动，需要电动机的负载大。
② 运动速度可控、可驱动工业机器人外部轴精确到达行程范围内的任一位置。
③ 结合以上情况选用伺服电动机较为合适。

图1-35 西门子精简面板的触摸屏

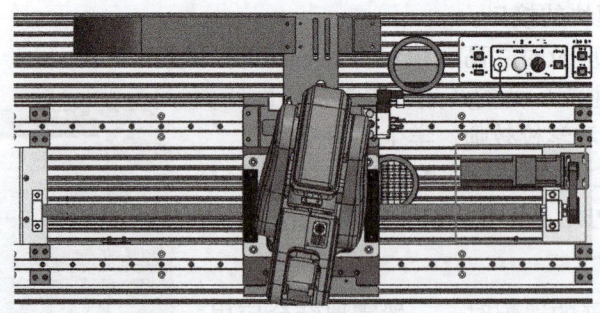

图1-36 电动机带动丝杆滑台

2）直线运动机构要实现压装工位的移动，需要电动机进行带动（见图1-37），选用的电动机要求如下：

① 电动机要实现带动压装工位的托盘精确到达4个定点工位。
② 压装工位负载较小。
③ 对于运行速度无严格要求。
④ 结合以上情况选用步进电动机较为合适。

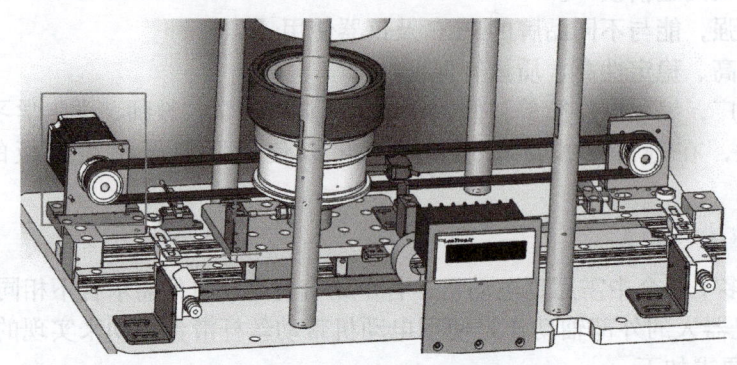

图1-37 电动机带动工位的移动

3）使用传送带线运输轮毂，需要电动机带动传送带轮旋转（见图1-38），选用的电动机要求如下：

① 传送带能实现多段速运行。

图 1-38　电动机带动传送带轮旋转

② 传送带不需要精准的位置定位停留。

③ 结合以上情况选用变频电动机较为合适。

1.4.3　传感系统的分类与适配

在实际工程中,有的传感器可以用来测量多种参数。如电阻应变式传感器,既可用于测量压力,又可用于测量重量等;而对同一种被测量也可采用多种不同原理的传感器,如测量转速,既可用电容式传感器,又可用电感式传感器,还可用光电式传感器等。所以,在具体称呼时常将两者结合起来,如应变式压力传感器、电容式液面传感器、光电转速传感器、压力加速度传感器等,如图 1-39 所示。

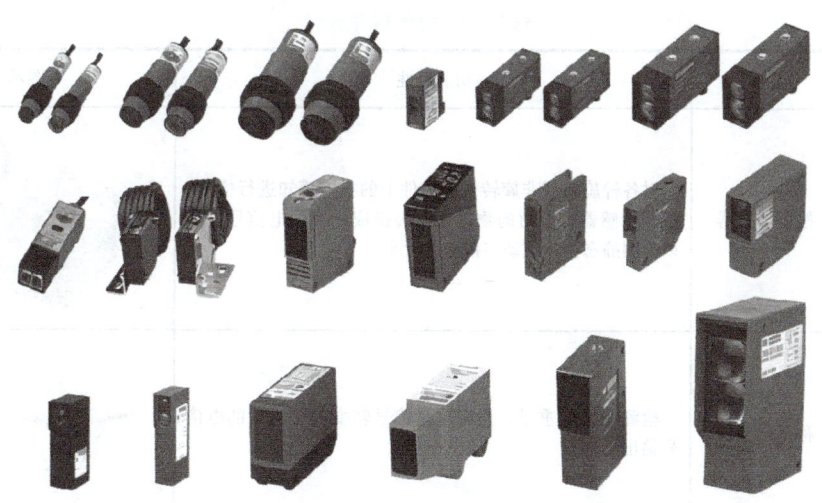

图 1-39　各类传感器

结合工业机器人集成系统中的实际应用,这里将重点讲解视觉传感器、力传感器和光电传感器这 3 种类型的传感器,并针对它们讲解适配的方法。

1. 视觉传感器

一个完整的机器视觉系统一般由照明光源、工业镜头、工业相机、图像采集卡、机器视觉软件组成,如图 1-40 所示。

在工作站中,对于不同的检测工艺,涉及需要检测的内容有:

1)检测激光打标的汽车车标图案是否正确。

2)检测轮毂二维码编号信息。

3)检测轮毂外形尺寸。
4)车标安装定位检测。

检测要求可以快速识别不同的检测特征,且响应快、灵敏度高,还要能与外部 PLC 设备或机器人设备进行并行、串行通信,实现检测结果的反馈。视觉软件操作简单,以图形化编程方式为主,代码编程为辅。

视觉传感器需要满足以下几点:
1)能实现预期功能。
2)精度高。
3)性价比高。
4)使用操作简单。

图 1-40 视觉传感器

所以,在进行视觉传感器适配时,我们选择欧姆龙有限公司的视觉软件。

2. 力传感器

力传感器通常由一个或多个能在受力后产生形变的弹性体,能感应这个形变量的由电阻应变片组成的电桥电路(如惠斯登电桥),以及能把电阻应变片固定粘贴在弹性体上并能传导应变量的黏合剂和保护电子电路的密封胶三大部分组成。

常用的力传感器按功能区分的类型见表 1-20。

表 1-20 力传感器分类

序号	名称	功能特性	图示
1	扭矩传感器	对各种旋转或非旋转机械部件上的扭矩感知进行检测。扭矩传感器将扭力的物理变化转换成精确的电信号。可以检测静态扭矩或动态扭矩的大小	
2	称重传感器	检测物体的重量,是将重量信号转变为可测量的电信号输出的装置	
3	柱式传感器	采用仿真与实验方法,探讨了不同高度柱式应变测力传感器在各种偏心和斜载条件下,电桥直接输出值的百分比误差和利用神经网络进行应变数据融合后输出的百分比误差	
4	张力传感器	在张力控制过程中,用于测量卷材张力值大小的仪器	

根据需要实现的功能选择力传感器：

1）需要测量扭矩时选用扭矩传感器。

2）需要测量物体重量时选用称重传感器。

3）需要对冲压力的大小进行检测，对于冲压力超过量程要求的，会进行报错检知时，选用柱式传感器。

4）需要测量张力时选用张力传感器。

常规力传感器安装如图 1-41 所示。

3. 光电传感器

光电传感器是将光信号转换为电信号的一种器件。其工作原理基于光电效应。根据光电效应现象的不同将光电效应分为三类：外光电效应、内光电效应及光生伏特效应。光电器件有光电管、光电倍增管、光敏电阻、光电二极管、光电晶体管、光电池等。

图 1-41　常规力传感器安装

常用的传感器有漫反射传感器、槽型传感器、对射型传感器和光纤传感器，如图 1-42 所示。

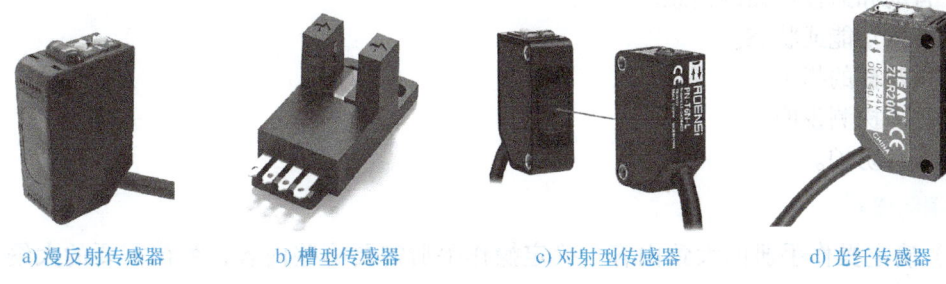

a) 漫反射传感器　　b) 槽型传感器　　c) 对射型传感器　　d) 光纤传感器

图 1-42　常用传感器

根据需要实现的功能选择光电传感器：

1）需要高速检测，检测精度要求高，能做限位、原点检测时，选用槽型传感器，其安装如图 1-43 所示。

2）检测静态物体，不需要灵敏高速，只需要检测状态的变化时，选用漫反射传感器，其安装如图 1-44 所示。

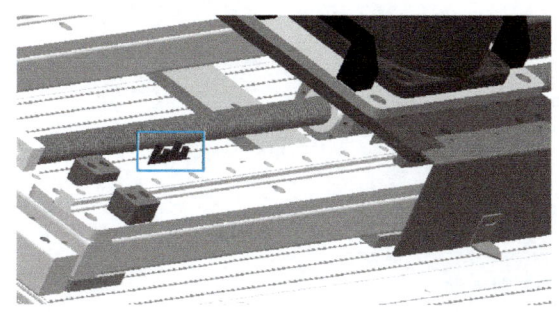

图 1-43　槽型传感器安装

图 1-44　漫反射传感器安装

1.5 工作站系统说明文件编制

教学目标

1）了解操作手册的作用与编制流程。

2）了解维护保养手册的作用与编制流程。

1.5.1 操作手册的作用与编制流程

1. 操作手册的作用

一份完整的操作手册是给现场操作、调试、维护等技术人员使用的参考依据，操作手册提供了如何使用工作站的各项操作方法和流程，可以减少不必要的误操作。对于工作站的操作手册，一般会提供正常安全使用的操作方法，提供工作站状态的补充信息，提供工作站特殊情况的解决方法，并且会列出告警指示等。

完整的操作手册，根据实际需要，应尽可能包含以下几点内容：

1）正常安全使用的相关信息。

2）自动和遥控产品的信息。

3）特殊功能或状态。

4）供观察的指示。

5）故障探测说明。

6）人身防护。

2. 编制流程

（1）确定操作手册的大致内容　确定操作手册需要哪些内容，列出需要的大纲，如图 1-45 所示。

目录

文章摘要……

第一章 ABB 机器人的设备组成……

1 示教器介绍……

1.1 示教器介绍……

1.2 示教器的主要组成部分……

1.3 示教器上的硬件按钮……

2 IRC5 控制器介绍……

2.1 IRC5 控制器介绍……

3 控制器上的按钮和接口……

3.1 控制器上的按钮和接口……

4 本体……

4.1 机器人本体介绍……

第二章 ABB 机器人的坐标系……

1 大地坐标系……

1.1 什么是坐标系……

图 1-45　操作手册大纲

（2）编写文档摘要　文档摘要描述操作手册的使用对象、版本等，如图 1-46 所示。

文档摘要

　　本操作手册为CHL-KH11工业机器人集成应用工作站的操作手册，主要介绍工作站的各个重点部件的使用操作。通过本手册，可以对ABB工业机器人6.0以上操作系统、欧姆龙FH系列视觉、西门子S7-1200PLC编程操作等功能有一定的熟知，更详细的操作可参考相关的官方产品手册。本手册的使用对象是系统集成操作人员、现场操作人员、售后人员。

图 1-46　操作手册文档摘要

（3）明确系统使用需要　明确系统使用需用到的集成软件及版本等信息，见表1-21。

表 1-21　操作手册相关软件清单

序号	软件名称	版本	备注
1	RobotStudio	6.07	
2	博途软件	V15	
3	PQArt	7.00	待定
4	FZ_FH_FJ SimulationTool	V571	
5	LuaEditor	6.30	

（4）讲解工作站的常用操作　例如讲解按钮的功能及使用方法，可在讲解过程中图文并茂。

（5）讲解操作过程中可能出现的问题及解决方法　例如伺服电动机报错的解决方法如图1-47所示。

说明

　　如果因出错而停止轴，那么在清除并确认错误之后，会再次自动启用轴。这要求输入参数"Enable"的值在该过程中保持为TRUE。

启用带有已组态驱动器接口的轴

　　要启用轴，请按下列步骤操作：

　　1) 首先检查是否满足上述要求。

　　2) 使用所需值初始化输入参数"StartMode"和"StopMode"。将输入参数"Enable"设置为TRUE。将"启用驱动器"的使能输出更改为TRUE，以接通驱动器的电源。CPU将等待驱动器的"驱动器就绪"信号。当CPU组态完且输入端出现"驱动器就绪"信号时，将启用轴。输出参数"Status"和工艺对象变量<轴名称>.StatusBits.Enable的值为TRUE。

启用不带已组态驱动器接口的轴

图 1-47　操作手册说明文档

1.5.2　维护保养手册的作用与编制流程

1. 维护保养手册的作用

　　正确使用设备、维护保养好设备对保证设备正常运行、防止设备故障和事故发生、延长设备使用寿命、充分发挥设备经济效益起着重要作用。维护保养手册按照提供给非熟练人员自行维修的说明书与熟练人员的说明书严格分开，维护保养包含内容见表1-22。

表 1-22 维护保养包含内容

针对非熟练人员包含内容	针对熟练人员包含内容
1）维修作业的性质和频率 2）预防维修、维修一览表和必要的安全检查 3）用户可否尝试维修或自行排除故障，或应请专业维修人员的明确信息 4）安全警告 5）告警器件的日常检查 6）根据需要详尽地给出清洁方法或标明清洁所用的材料 7）供应方或可能得到技术帮助的其他单位的名称、地址、电话号码等	1）检测的性质和频率 2）对正在运转或带电设备进行维修的安全提示和告警 3）故障诊断和鉴别的信息 4）修理和调整的说明 5）使用时，辅助故障寻找的内部诊断系统的说明 6）使维修人员能合理履行任务的图和简图 7）告警设备的日常检查 8）根据需要详尽地给出清洁方法 9）维修计划表，如有必要，以主要计划形式汇总的在特定时限内进行的所有可预知任务的说明 10）供应方或可获得技术帮助的其他单位的名称、地址、电话号码等

供熟练人员用的维修说明书，涉及专门技术知识、操作或特殊技能的维修作业，只应由熟练人员来完成。

供非熟练人员用的维修说明书，如果使用产品的用户可以进行某些维护作业而不损伤用户、他人或产品，则说明资料应提供可能的维修作业并带有适当的图解。

2. 维护保养手册的编制流程

1）说明维护保养手册的编写目的及适用范围，如图1-48所示。

```
1. 目的
   为确保工作站完好，满足生产要求，使设备处于良好状态并保持整齐、清洁、润滑、安全，同时在出现故障时，能有据可循，进行故障排除，特编制本维护保养手册。

2. 适用范围
   本手册对CHL-KH11工作站设备适用。
   本手册对技术人员、现场操作人员与售后维护人员适用。
```

图 1-48 维护保养手册的编写目的及适用范围

2）对维护保养进行简要的安全操作说明，如图1-49所示。

```
3. 安全
   安全注意事项  为了安全、正确地使用CHL-KH-11工业机器人集成应用工作站(简称工作站)，使用前务必认真阅读本手册，在熟记设备知识安全信息及注意事项后进行使用。阅读后，请务必常备以便查询。当出现紧急事件时，立即按下操作面板的急停按钮或工业机器人示教器的急停按钮，避免发生危险。

   使用规范

   ⚠ 危险    操作错误会导致危险，可能造成设备损坏及人身危险。

   1）严禁对工业机器人本体及控制柜的任何部件进行拆装。
   2）非专业人员不得对设备组件进行拆解和改装，否则影响售后保修。
   3）工作站运行过程中不得直接接触任何带电设备，湿手不得进行设备的操作。
   4）工业机器人正在运动时，不得在工作台面上进行任何操作。
```

图 1-49 维护保养手册编制安全操作说明

3）对需要维护保养的部件按类别区分，统计列出大纲，维护保养手册编制分类如图 1-50 所示。

```
第一章   输送带和同步带的维护保养
第二章   滚珠丝杠副的维护保养
第三章   直线导轨的维护保养
第四章   气动元件的维护保养
第五章   电气元器件维护保养
第六章   ABB IRB 120六轴机器人的维护保养
▷ 第七章  众为兴AR4215四轴机器人的维护保养
```

图 1-50 维护保养手册编制分类

4）根据需要，在进行维修的地方附上安全提示和告警描述。例如伺服电动机维护过程的触电风险告警如下：

① 由于有触电的危险，因此请在进行维护及检查时，先关闭电源，等待 15min 以上，确认充电灯熄灭之后再进行操作。此外，确认充电指示灯是否熄灭时，请务必在伺服放大器的正面进行。
② 有触电的危险，专业技术者以外请勿进行点检。
③ 此外，在进行维修以及更换部件时，请联系附近相关电动机系统服务中心。
注意：
① 请不要对伺服放大器进行绝缘电阻测量（绝缘电阻表测试），否则可能会造成故障。
② 请勿自行分解和修理。

5）对清洁过程有要求的设备，详细描述清洁方法。例如，变频器的清洁方法如下：

① 始终保持变频器在清洁状态。
② 清洁变频器时，请用柔软布料浸蘸中性洗涤剂或乙醇轻轻擦去脏污的地方。
注意：
① 请勿使用丙酮、苯、甲苯和酒精等溶剂，它们会造成变频器表面涂料剥落。
② 操作面板、参数单元（FR-PU04-CH/FR-PU07）的显示部分等忌接触洗涤剂或酒精等，在清洁时不可使用这类化学物质。

6）对需要维护的设备，可使用维修计划表进行定期检查和维护。
例如 ABB 机器人的维护计划见表 1-23。

表 1-23 ABB 机器人的维护计划

维护活动	设备	间隔	备注
检查	机器人	定期 i 对于 Clean Room 机器人：i 为每日	检查异常磨损或污染
检查	阻尼器，轴1、轴2和轴3	定期 i	检查阻尼器
检查	电缆线束	定期 i	检查机器人布线
检查	同步带	定期 ii（36 个月）	检查同步带

（续）

维护活动	设备	间隔	备注
检查	塑料盖	定期 i	检查塑料盖
检查	机械停止销	定期 i	检查机械停止
更换	电池组，RMU101 或计数型测量系统 RMU102（3 电极电池触点）	iii（36 个月或电池低电量警告）	更换电池组
更换	电池组，2 电极电池触点测量系统，例如 DSQC633A	iv（低电量警告时维修）	更换电池组
清洁	完整机器人	定期 i	清洁 IRB 120

7）附上维护需要的工具、备件清单及机、电气图样，清单列举如图 1-51 所示。

| 1 | CHL-KH11-1-EL01 | 轮毂 | 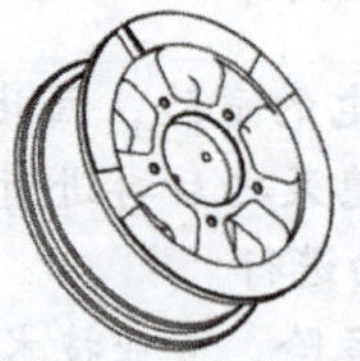 |

图 1-51 维护保养手册编制清单列举

模块 2

基于 PQArt 的工业机器人系统集成仿真

近年来，我国的生产制造业发展迅猛，但由于部分技术尚处于不成熟阶段，生产中难免存在工艺欠佳、产品返工等问题，从而严重制约了生产效率的进一步提高。虚拟现实技术与虚拟仿真技术的发展，为生产制造过程中遇到的问题带来了新的解决方案。伴随着信息时代的到来，3C（Computer、Communication、Control）技术在制造业不断被广泛应用，传统的制造方式正在不断地发生变革。生产线建模和仿真的出现使得生产组织模式得到了彻底改变。制造业的竞争优势已经从大规模生产模式转向以快速反应和灵活多变为基础的生产模式。在快速多变的市场需求下，快速响应、迅速配置制造业资源、规划产线布局、适应瞬息万变的市场需要是企业生产的必然发展趋势。企业在生产设备、加工设备等制造资源恒定的情况下，可以通过优化生产线调度，改变加工工艺的顺序，重新进行生产线布局规划，极大程度地提高设备利用率，从而实现生产能力的提高。

通过本模块，可以了解和认识工业机器人虚拟仿真软件 PQArt。

2.1 PQArt 软件界面介绍

认识 PQArt 虚拟仿真软件

教学目标

1）了解 PQArt 软件界面。

2）掌握 PQArt 软件的机器人编程、工艺包、自定义、绘图区、机器人加工管理面板、机器人控制面板、调试面板、输出面板和状态栏的功能。

2.1.1 软件界面总体介绍

软件界面主要分为八大部分：标题栏、菜单栏（机器人编程、工艺包、自定义）、绘图区、机器人加工管理面板、调试面板、状态栏、机器人控制面板和输出面板，如图 2-1 和图 2-2 所示。

1）标题栏：显示软件名称、版本号和当前文件名。

2）菜单栏：涵盖了 PQArt 的基本功能，如场景搭建、生成轨迹、仿真、后置、自定义等，是最常用的功能栏。

3）绘图区：用于场景搭建、轨迹的添加和编辑等。

50 工业机器人系统集成

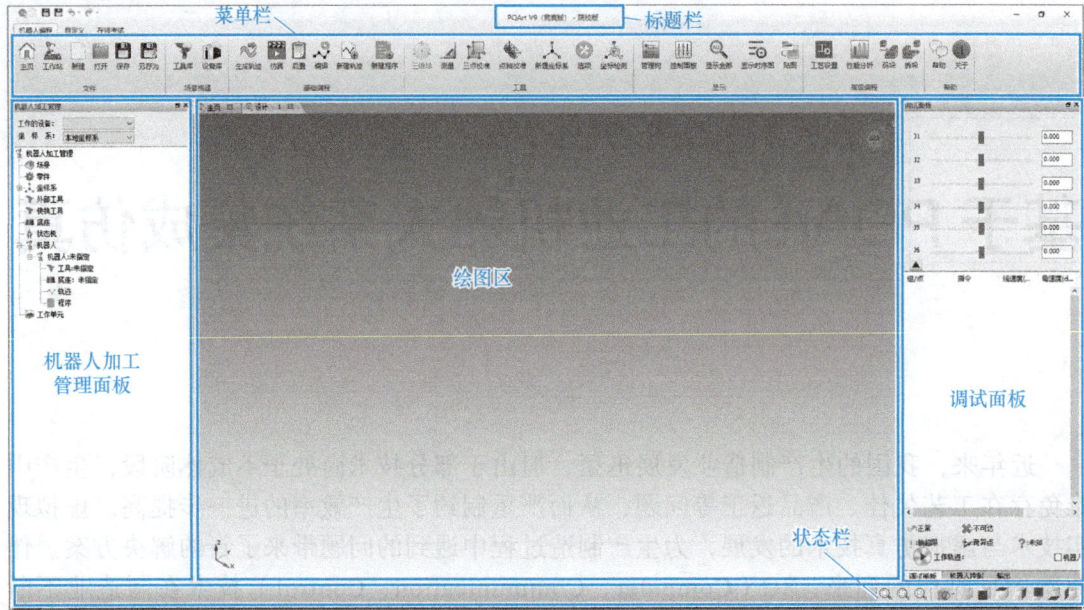

图 2-1 软件界面 1

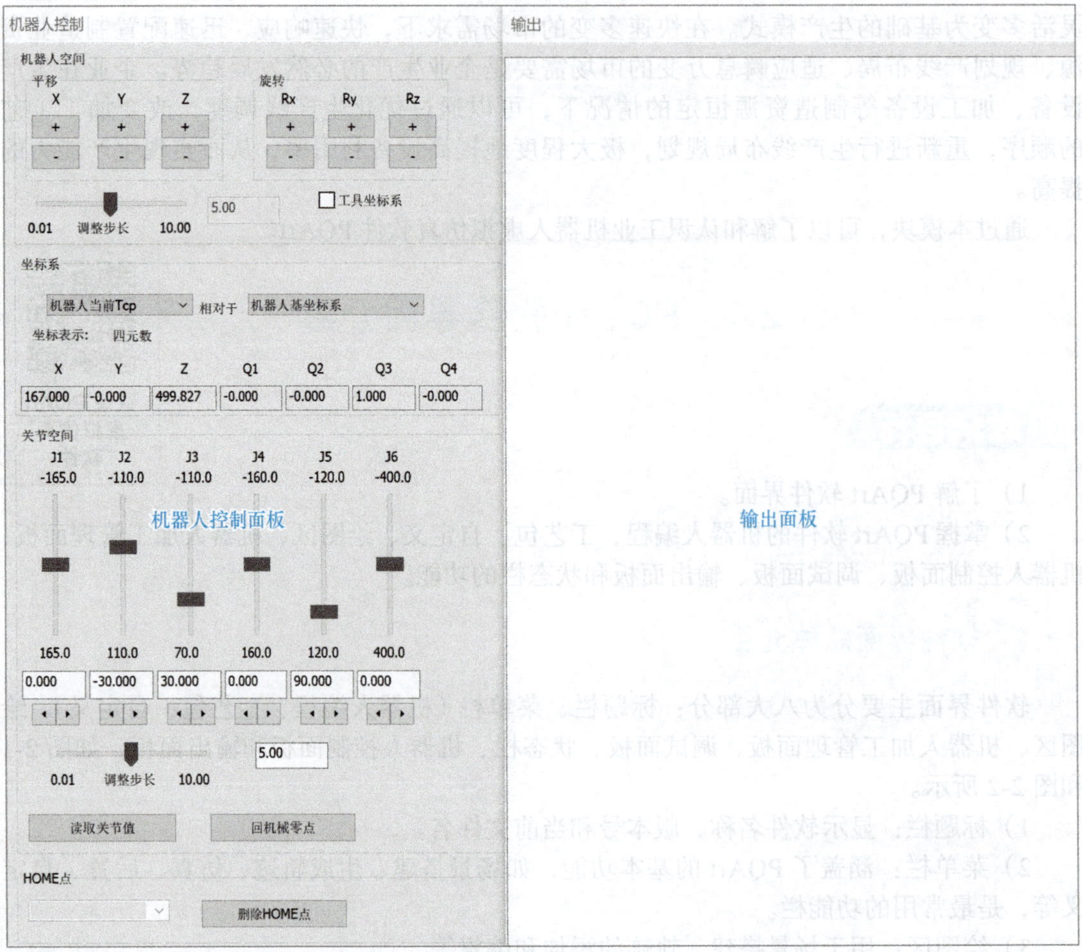

图 2-2 软件界面 2

4）机器人加工管理面板：由六大元素节点组成，包括场景、零件、坐标系、外部工具、快换工具以及机器人，通过面板中的树形结构可以轻松查看并管理机器人、工具和零件等对象的各种操作。

5）调试面板：方便查看并调整机器人姿态、编辑轨迹点特征。

6）状态栏：包括功能提示、模型绘制样式等功能。

7）机器人控制面板：控制机器人六个轴和关节的运动，调整其姿态，显示坐标信息，读取机器人的关节值，以及使机器人回到机械零点等。

8）输出面板：显示机器人执行的动作、指令、事件和轨迹点的状态。

2.1.2 机器人编程

选择"机器人编程"菜单栏可进行场景搭建、轨迹设计、模拟仿真和后置生成代码等操作，包括"文件""场景搭建""基础编程""工具""显示""高级编程"和"帮助"七个功能分栏。

1. 文件

"文件"功能为文件的新建、打开和保存，如图2-3所示。PQArt打开和保存的文件均为工程文件robx。

1）主页：单击该按钮可回到软件的主页面；主页功能包括新建文档、打开文档、PQArt应用领域介绍和Art帮助资料等。

2）工作站：包括20个教学工作站在线资源，可从库内直接下载工作站文件。

3）新建：创建空白工程文档。

4）打开：打开已存在的工程文件。

5）保存：保存当前工程文件到指定位置。若是已有保存记录的文件，默认保存到原位置。若是新建文件，保存时则会弹出对话框，选择保存位置。

6）另存为：将当前文件另存到指定位置。

2. 场景搭建

一般情况下绘图区为空，需要先导入工作设备和执行对象，包括机器人、工具、零件、底座、状态机等，即进行场景搭建，如图2-4所示。

图2-3 "文件"菜单

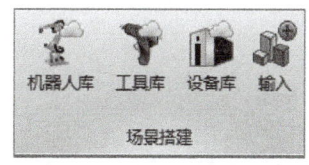

图2-4 "场景搭建"菜单

1）机器人库：用于导入机器人模型。单击"下载→插入"按钮即可导入机器人模型（见图2-5）。单击机器人图片，可查看机器人的具体参数，包括轴数、负载、工作域等。列表中涵盖了众多市场上流行的机器人品牌，如ABB、KUKA等。

注意：本界面采用网页形式，支持机器人品牌、型号的筛选、搜索和排序。

2）工具库：用于导入官方提供的工具（见图2-6）。导入工具之前，必须先导入机器人，否则会弹出警告。

注意：工具的格式为robt。与机器人库相似，工具库支持筛选、搜索和排序。

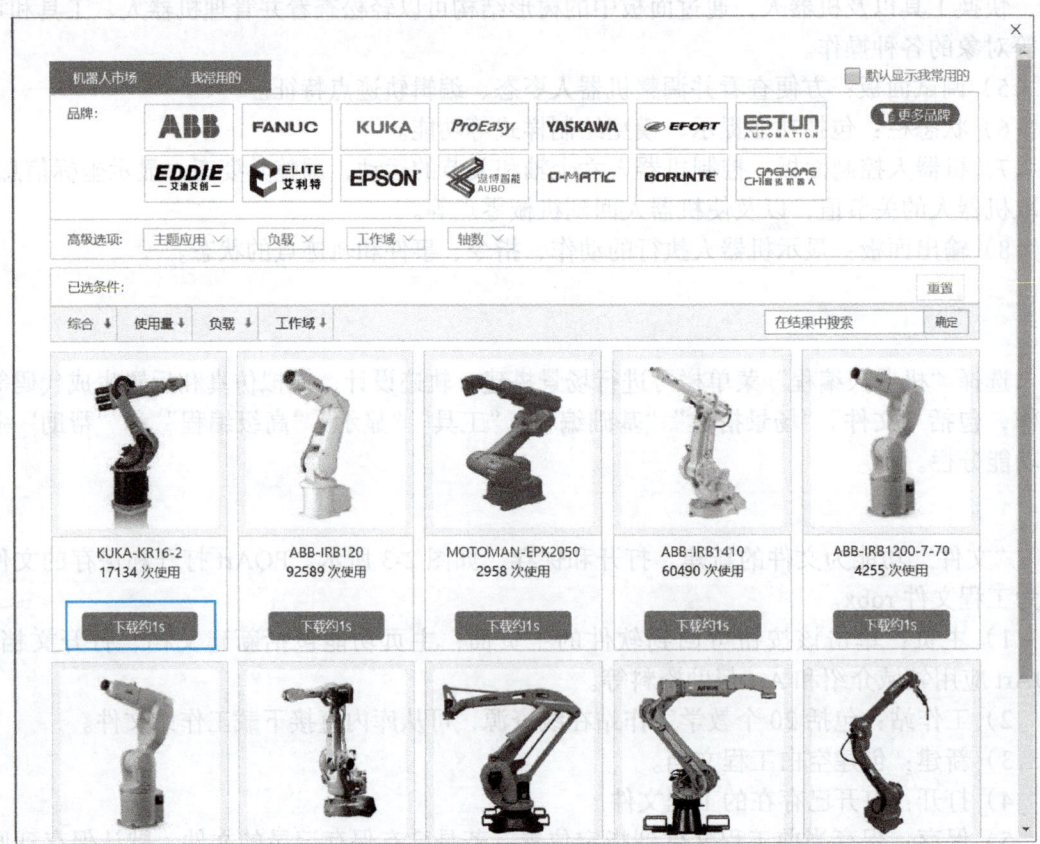

图 2-5 选择机器人

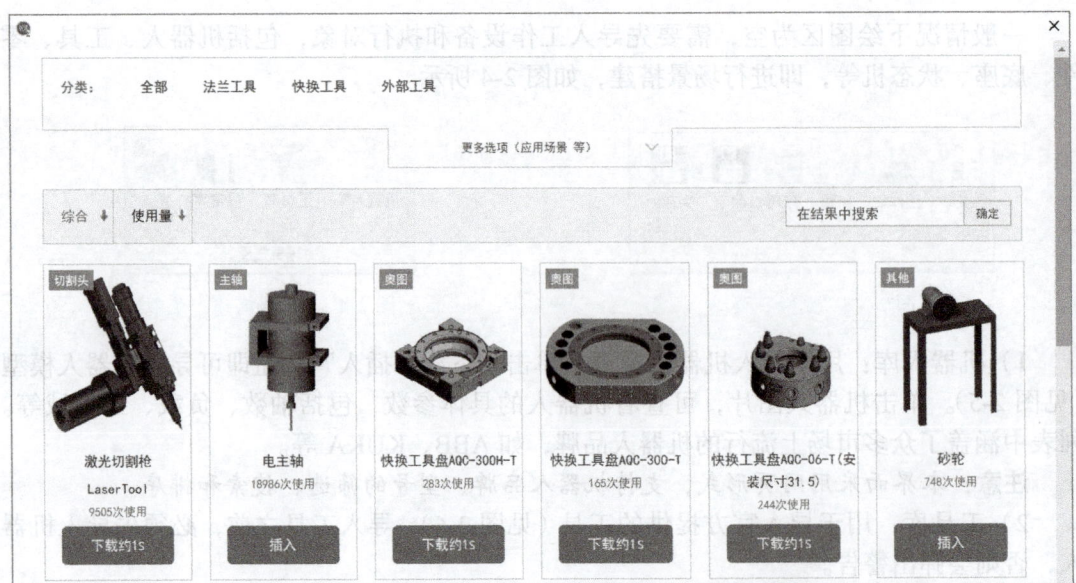

图 2-6 选择工具

3）设备库：用于导入官方提供的零件、底座、状态机等（见图2-7）。其中，零件包括场景零件和加工零件。场景零件用来搭建工作环境，加工零件是机器人加工的对象。

注意：设备库同样支持筛选、搜索和排序。

图 2-7　选择设备库

4）输入：支持多种格式的文件导入 PQArt 环境中。目前支持的格式如图 2-8 所示。图中列表涵盖了众多市场上流行的 3D 绘图软件所制作的模型格式，如 CATIA、Solidworks 等。

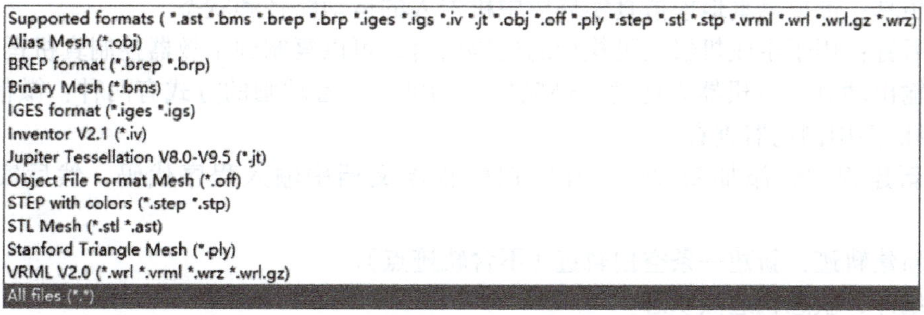

图 2-8　PQArt 支持的模型格式

3. 基础编程

"基础编程"菜单用于初步生成机器人运行的路径和程序，包括进行机器人的路径规划、模拟仿真机器人运动过程和状态、Web 动画观看机器人运行、生成后置代码等，如图 2-9 所示。

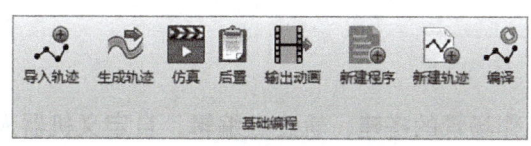

图 2-9　"基础编程"菜单

1）导入轨迹：导入其他软件或 PQArt 中生成的轨迹，如图 2-10 所示。

注：导入轨迹之前先导入机器人。软件目前支持的轨迹文件格式有 aptsource、nc 和 robpath。

图 2-10　导入轨迹

2）生成轨迹：用于生成机器人工作的轨迹，即机器人运动的路径。

轨迹生成的方式如图 2-11 所示，6 种常用的生成轨迹的方式为沿着一个面的一条边、面的环、一个面的一个环、曲线特征、边和打孔。

3）仿真：形象逼真地模拟真实环境中机器人的运动路径和状态。

4）后置：用于生成机器人可执行的代码语言，可以复制到示教器控制真机运行。

5）输出动画：将机器人运动轨迹输出为动画。查看动画的方式有两种：微信扫码查看和复制链接用浏览器查看。

6）新建程序：添加新程序，在空白的程序文档中输入程序代码，然后实现真机运行。

7）新建轨迹：新建一条空白轨迹（不含轨迹点）。

8）编译：获悉轨迹点状态。

4. 工具

"工具"菜单是辅助轨迹设计的实用工具，如图 2-12 所示。

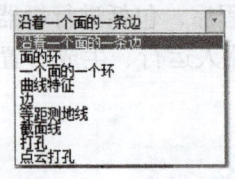

图 2-11　轨迹生成的方式

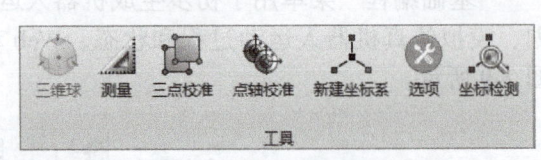

图 2-12　"工具"菜单

1）三维球：用于工作场景的搭建，轨迹点编辑，自定义机器人、零件工具等的定位，如图 2-13 所示。

2）测量：对场景内模型的点、线、面进行有关间距、口径和角度等的测量。

3）校准：调整虚拟环境中零件和机器人的相对位置关系，使模拟环境中零件和机器人的相对位置与真实环境中一致；另外还可校准外部工具与机器人/零件的相对位置。

4）新建坐标系：用于自定义新的工件坐标系。

5）选项：控制轨迹点、轨迹点姿态和序号、轨迹线、轨迹间连接线、TCP等的显示和隐藏。

5. 显示

"显示"菜单的功能为控制场景中所有设备、机器人加工管理面板、机器人控制面板、调试面板和输出面板等的显示和隐藏，控制时序图的显示与隐藏，为模型贴图等，如图2-14所示。

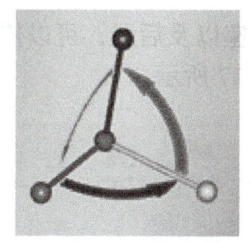

图2-13 三维球

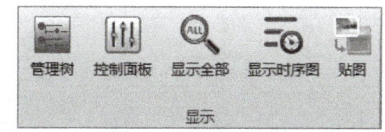

图2-14 "显示"菜单

1）管理树：控制机器人加工管理面板的显示或隐藏。

2）控制面板：控制调试面板、输出面板和机器人控制面板的显示或隐藏。

3）显示全部：将绘图区中隐藏的模型对象全部显示出来。

4）显示时序图：显示所有机构的时序顺序。

5）贴图：将所选图片以指定的角度粘贴到目标模型上。

6. 高级编程

"高级编程"菜单的功能为进一步规划编辑机器人运动路径，并查看机器人的运动数据，如图2-15所示。

1）工艺设置：设置工艺参数，包括工艺模板、事件信息、动作定义、变量管理，自定义和事件模板等。

2）性能分析：显示机器人运动数据（机器人名称、运动的平均速度、总轨迹数、总点数、总时间以及运动节拍等）。

2.1.3 工艺包

"工艺包"菜单栏中包含每个工艺的具体参数，可非常简便地实现切孔和码垛工艺，并进行仿真，如图2-16所示。

图2-15 "高级编程"菜单

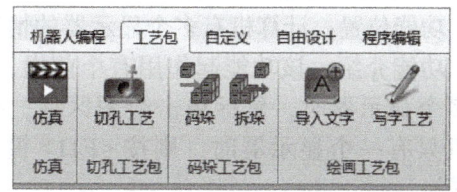

图2-16 "工艺包"菜单

1）仿真：与"基础编程"菜单栏中的"仿真"是同一个功能，可以在上真机前，对做好的轨迹进行仿真模拟，找出机器人运动时的碰撞、不可达、奇异点等问题，为进一步编辑、完善、优化轨迹提供参考依据。

2）切孔工艺：可以做类似于计算机辅助制造软件（Computer Aided Manufacturing，CAM）内的铣圆孔，让机器人手持铣刀（末端执行器）进行铣孔洞或铣外圆操作。

3）码垛工艺：可以通过码垛和拆垛工艺快速生成码垛和拆垛的轨迹。

注意：需要事先做好抓取物块和放置物块的轨迹，并对抓取和放开物块的轨迹进行合并后，码垛轨迹才能使用；拆垛轨迹一旦生成，和码垛轨迹就无关联（可以删除它，或调整它们的次序），这样变通可以实现先拆垛再码垛。

2.1.4 自定义

PQArt 支持但不限于自定义机器人、工具、零件、底座以及后置，可以依据用户的需求开发其他自定义功能，基本可以满足各种需求，如图 2-17 所示。

图 2-17 "自定义"菜单栏

1）输入：软件支持多种不同格式的模型文件。
2）导入机器人：导入自定义的机器人，支持的文件格式为 robrd。
3）定义机器人：定义通用六轴机器人、非球型机器人、SCARA 四轴机器人。
4）定义连续机构：定义 $1 \sim N$ 轴的运动机构。
5）定义工具：定义法兰工具、快换工具、外部工具。
6）定义零件：将各种格式的 CAD 模型定义为 robp 格式的零件。
7）定义底座：将各种格式的 CAD 模型定义为 robs 格式的底座。
8）后置：用户自定义机器人的后置格式。
9）定义状态机：将各种格式的 CAD 模型定义为 robm 格式的状态机。

2.1.5 绘图区

绘图区为软件界面中心的蓝色区域，用于场景搭建和轨迹的添加、显示和编辑等。导入的对象和对对象的各种操作，只要没有选择隐藏的，都会显示在绘图区中，如图 2-18 所示。

绘图区左下角的坐标系为绝对坐标系（世界坐标系的方位指示器），它的 X、Y、Z 三个轴的朝向与世界坐标系保持一致。

按 \<F11\> 键全屏时选择屏幕：

功能位置：计算机有多个显示器的情况下，鼠标单击绘图区后，按 \<F11\> 键。

功能介绍：该功能起作用有个前提，计算机必须处于多显示器显示状态。当计算机有多个显示器时，鼠标单击绘图区后，按 \<F11\> 键才会弹出"全屏"的对话框；当计算机只有一个显示器时，则按 \<F11\> 键后，直接全屏（全屏后再次按 \<F11\> 键，退出全屏）。

注：全屏显示时，右下角会显示"PQ Art"字样，如图 2-19 所示。

图 2-18 绘图区

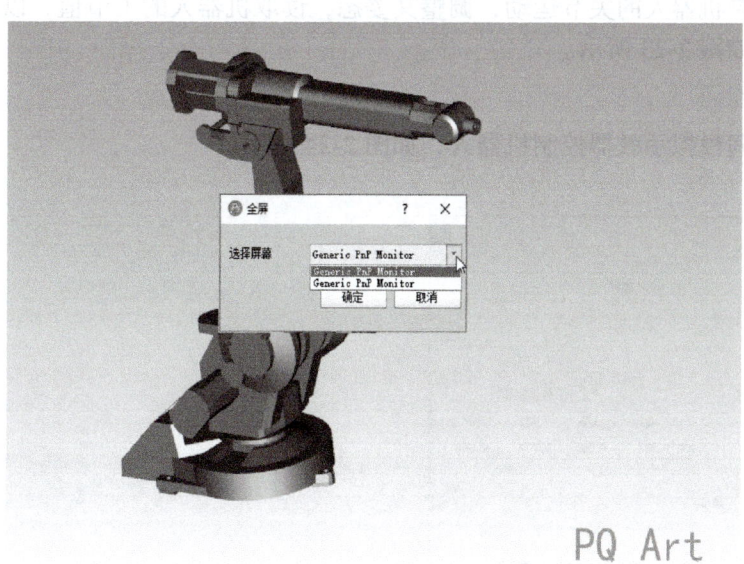

图 2-19 "全屏"的对话框

2.1.6 机器人加工管理面板

机器人加工管理面板主要作用是全局浏览软件中所有模型和操作，使所有目标对象方便管理、简便操作以及直观清晰地查看，如图 2-20 所示。面板下挂有 8 个节点，包括场景、零件、工件坐标系、外部工具、快换工具、状态机、机器人以及工作单元。机器人下有工具、底座、轨迹和程序子节点。单击 ⊞ 查看该节点下的子节点；单击 ⊟ 收起子节点列表。

一般来说，每个子节点的右键菜单中包括了该对象的所有操作，可快捷方便地执行多种指令。例如"程序"下的子节点"PQArtMain"，其右键菜单中包含了多种功能指令，如图 2-21 所示。

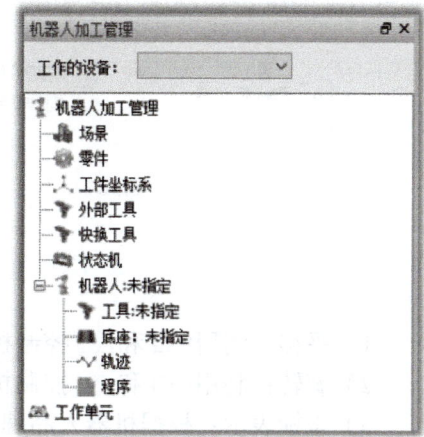

图 2-20 机器人加工管理面板

通过"工作的设备"选择处于工作状态的设备（机器人），如图2-22所示。

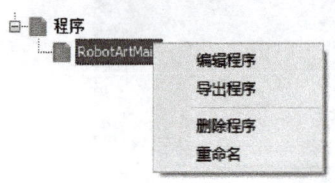

图2-21 "程序"子节点右键菜单

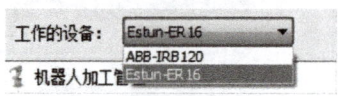

图2-22 选择当前工作设备

2.1.7 机器人控制面板

此面板控制机器人的关节运动，调整其姿态，读取机器人的关节值，以及使机器人回到机械零点，如图2-23所示。

1. 机器人空间

机器人空间模拟示教器控制机器人，如图2-24所示。

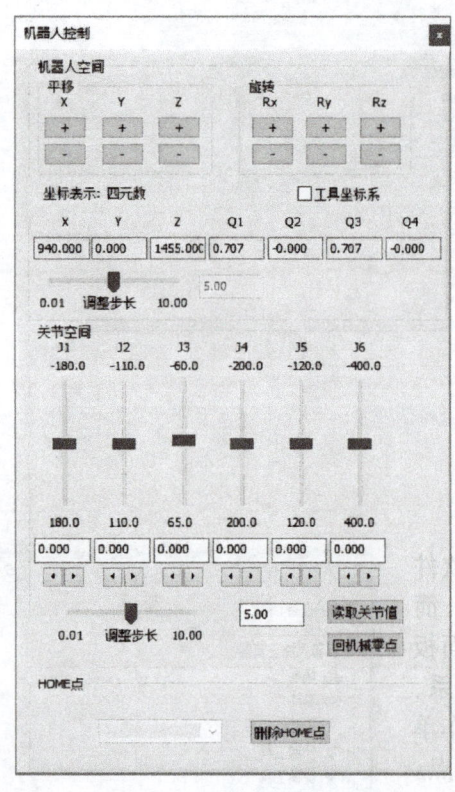

图2-23 机器人控制面板

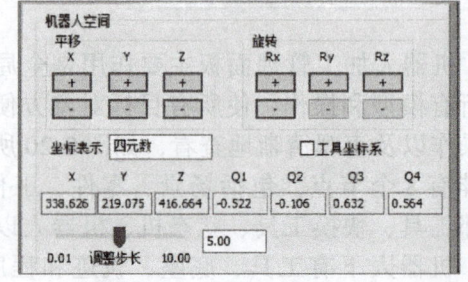

图2-24 机器人空间

1）平移：利用 + 和 − 控制机器人向 X（前后）、Y（左右）、Z（上下）方向平移。
2）旋转：利用 + 和 − 控制机器人以 X、Y、Z 三个方向为中心旋转。
3）坐标表示：根据机器人品牌来确定坐标用四元数还是欧拉角来表示。
4）工具坐标系：以工具坐标系的原点来确定机器人的位置。

5）调整步长：这里的步长指的是机器人平移/旋转运动幅度的大小，从0.01～10.00幅度依次加大。

注：坐标用四元数来表示的机器人有ABB。其他品牌机器人一般用欧拉角来表示。

2. 关节空间

利用图2-25中的小滑块上下移动调整机器人的关节角度值，具体数值显示在对应方框中。

其中，–165.0～165.0、–110.0～70.0等为6个轴的活动范围。用来减小或增大某个轴的关节角，数值改变间隔即为步长。如设定步长为5.00，J1的关节角度初始值为90。单击增加关节角，则数值会变为95。

3. HOME点

此空间用来显示已保存的Home点，还可以删除Home点，如图2-26所示。

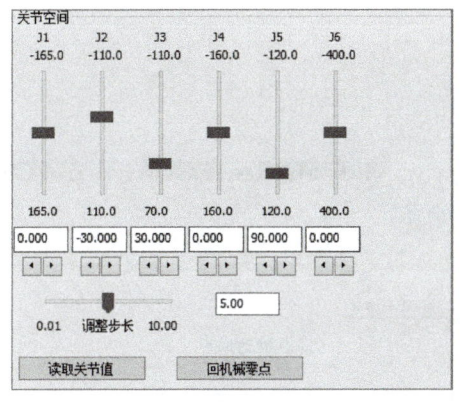

图2-25 关节空间

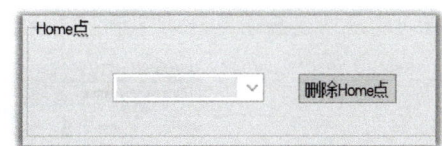

图2-26 Home点操作

2.1.8 输出面板

仿真功能模拟的是机器人在实际环境中的运动路径和状态。仿真时，输出面板会显示出机器人执行的事件和命令，以及有问题的轨迹点。双击输出面板中的提示事件，机器人姿态会更改到事件被执行时的状态。同时，面板会输出有问题的轨迹点，如图2-27所示为轴超限的轨迹点。出现这种情况后，需要对轨迹点的姿态进行调整，详细的调整方式详见常见轨迹编辑方式和高级轨迹编辑方式。

2.1.9 调试面板

调试面板与机器人姿态和轨迹点特征紧密联系。该面板用于调试机器人的关节角，改变机器人的姿态，如图2-28所示。

1）如图2-29所示，J1～J6分别代表机器人的一轴～六轴。其中，–170.0～170.0、–70.0～70.0、–65.0～70.0、–150.0～150.0、–115.0～115.0、–300.0～300.0分别表示每个关节的旋转角范围，通过小滑块左右移动，在这6个范围内改变6个轴的关节角度值。

2）更改轨迹点的运动指令、速度和轨迹逼近值，并且显示出机器人在该轨迹点执行的事件，如图2-30所示。

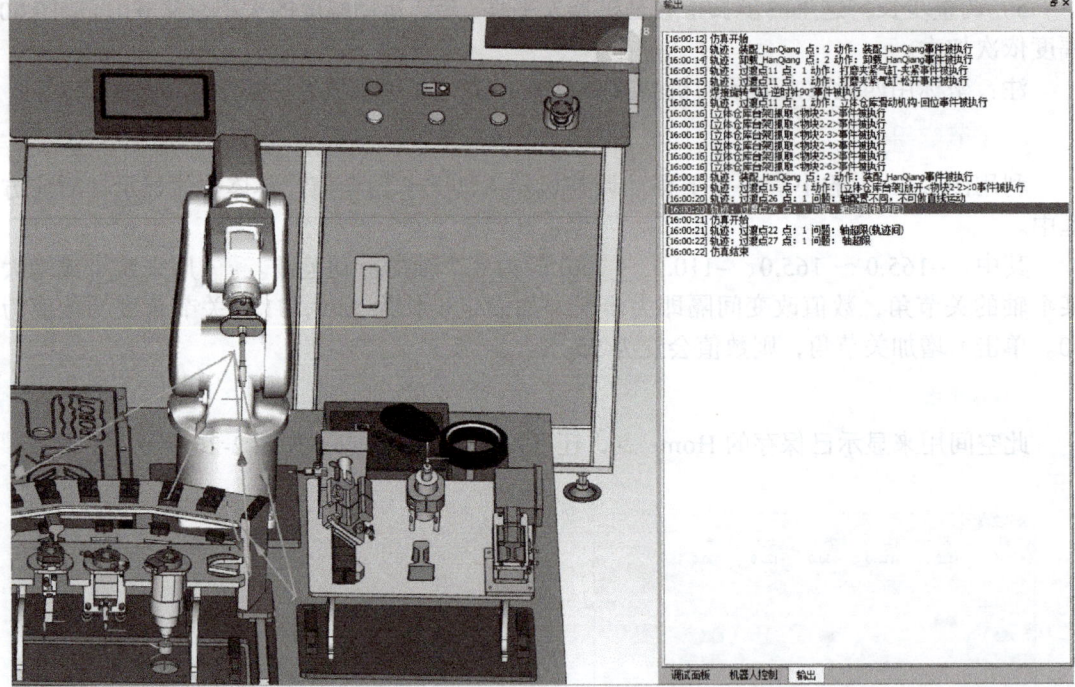

图 2-27 输出面板示意图

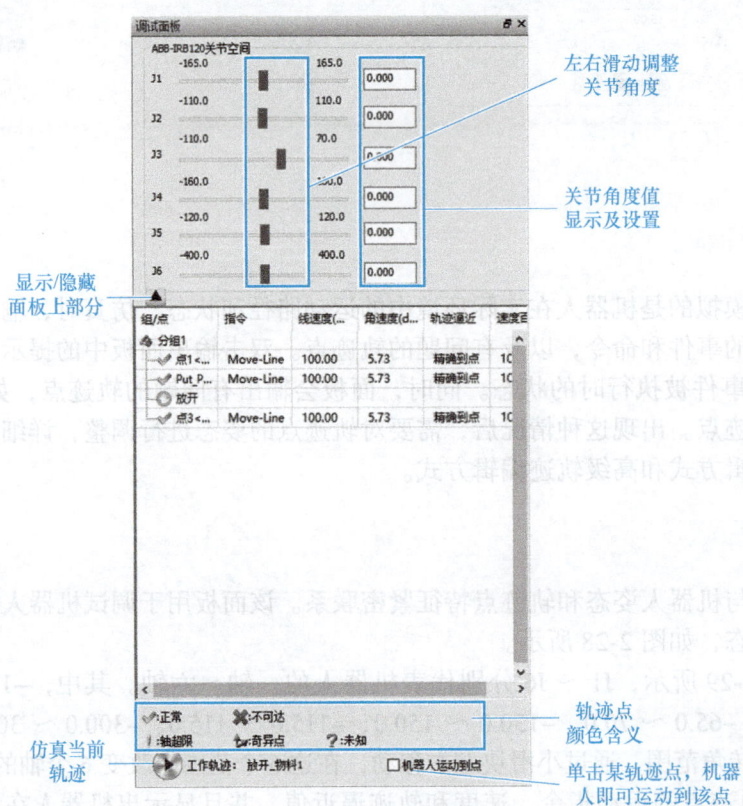

图 2-28 调试面板

模块 2　基于 PQArt 的工业机器人系统集成仿真

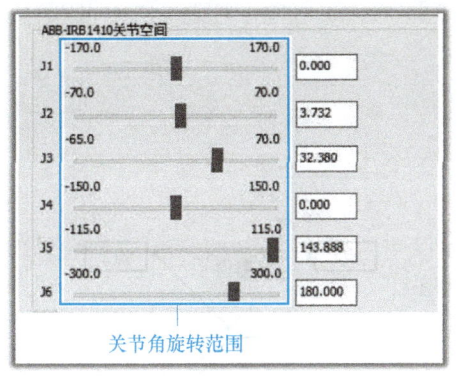

图 2-29　调试机器人关节角　　　　　图 2-30　调试面板示意图

> 轨迹点的指令包括 Move-Line、Move-Joint、Move-Circle 和 Move-AbsJoint 4 种。
> ① Move-Line：机器人以线性移动方式运动至目标点，当前点与目标点两点为一条直线，机器人运动状态可控，运动路径保持唯一。
> ② Move-Joint：关节运动指令，表示的是机器人做关节运动，按照关节角度值来达到指定的点。机器人以最快捷的方式运动到目标点，机器人运动状态不完全可控，但运动路径保持唯一，常用于机器人在空间大范围移动。
> ③ Move-Circle：简称 MoveC，为圆弧运动指令，机器人通过中间点以圆弧移动方式运动至目标点，当前点、中间点与目标点三点决定一段圆弧，机器人运动状态可控，运动路径保持唯一。
> ④ Move-AbsJoint：绝对运动指令，按照角度指令来移动。

轨迹点的速度：即轨迹点（轨迹/机器人）在真机环境中的运动速度，单位为 mm/s，可生成后置代码导入示教器中。

轨迹逼近：轨迹的平滑圆弧过渡。有时机器人运动到某个轨迹点时会暂停，即速度为 0。该指令可以防止机器人在该点出现精确暂停，让其形成一个抛物线的轨迹，即实现圆弧过渡。

如图 2-31 所示，机器人从 p1 运动到 p2，再到 p3，最后到 p4。

以图 2-31 为例，轨迹逼近值上限为 p2 到 p3 距离的一半。

机器人运动到 p2、p3 时速度为 0。这时设定"轨迹逼近"的数值为 8mm，那么机器人的运动路径为黑色曲线，绕过了 p2 和 p3。

注意：若要求机器人必须运动到 p2 或者 p3，就不能用该指令。

另外，如图 2-32 所示，若原轨迹是从点 1 到点 2，但两点之间有障碍物，可以插入一个点 3，然后使用轨迹逼近，可使机器人连续运动。

3) 对当前选中的轨迹直接仿真。单击 显示仿真管理面板，执行仿真操作。同时面板上还显示出了该条轨迹的名称。

4) 勾选面板中的"机器人运动到点"后，只需单击目标点即可让机器人运动到该点。

5) 用来查看 5 种不同轨迹点颜色的含义。绿色表示该轨迹点是完全正常的；黄色表示轴超限，机器人的运动超过了某个关节的运动范围；红色表示不可达点，机器人距离目标太远，此时需要调整机器人与工件或外部工具的距离；灰色表示不知道该轨迹点的当前状态；紫色表示奇异点。

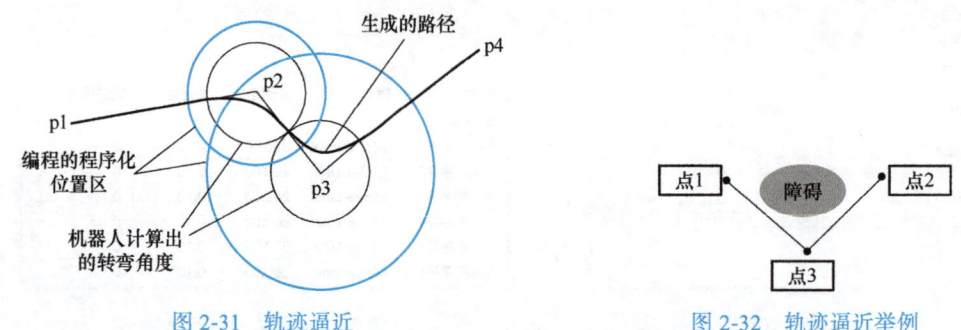

图 2-31 轨迹逼近　　　　　　　图 2-32 轨迹逼近举例

注意：奇异点状态一般指工业机器人机器手臂出现的运动故障，指的是在该状态下失去了一些运动自由。就像人的手一样，如果手臂完全伸直就不能让手再伸向手臂所指的方向。而没有伸直时，手是可以往各个方向运动的，这就是一种奇异状态。而奇异点就是造成机器人出现奇异状态的点。

2.1.10 状态栏

状态栏包括视向、模型绘制样式等功能（见图 2-33），配有功能提示。其包括以下按钮：

图 2-33 状态栏

1) ▣表示显示全部。单击该按钮后，所有导入的模型都会显示在绘图区。
2) ▣将选中的模型放大到视野中心。
3) ▣包含 5 种模型的绘制样式，不同样式会有不同的模型绘制效果。
4) ▣▣▣▣▣▣▣ 7 个按钮分别为 7 个不同的视向：轴侧图、前视图、顶视图、右视图、后视图、底视图、左视图，对应 0～6 数字键。

2.2　机器人基本操作

教学目标

1) 能导入官方机器人、自定义机器人等。
2) 掌握回机械零点、保存和编辑 Home 点、创建与解除外部轴链接、插入 POS 点、读取和保存关节值等方法。
3) 掌握机器人的抓取和放开、替换、另存、隐藏、显示、删除和重命名等具体操作。

2.2.1 导入官方机器人

位置：该功能位于"机器人编程"选项卡下的"场景搭建"菜单中，如图 2-34 所示。

图 2-34 机器人库

作用：用于导入官方提供的机器人。

插入官方机器人模型：通过机器人的"品牌""主要应用""负载""工作域"和"轴数"等条件来筛选所需机器人的型号，或通过搜索来直接插入目标机器人。

"选择机器人"界面中涵盖了众多市场上流行的机器人品牌，如 ABB、KUKA 等，如图 2-35 所示。

图 2-35 "选择机器人"界面

单击界面中的机器人图片，会显示出机器人的相关参数（见图 2-36），如轴数、负载、工作区域、主要应用等；"看了又看"中提供的是与所选机器人参数相似的机器人型号。

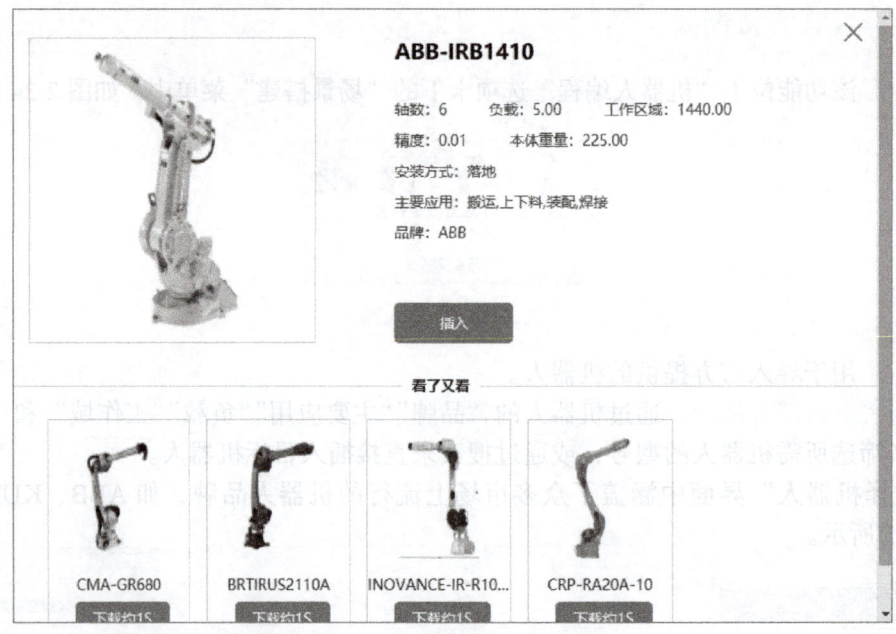

图 2-36 插入机器人

2.2.2 自定义机器人

位置：位于"自定义"选项卡下的"机器人"菜单中，如图 2-37 所示。

说明：PQArt 支持但不限于自定义通用六轴机器人、非球型六轴机器人以及 SCARA（四轴）机器人，也可以依据用户需求开发其他轴数机器人的自定义功能。

注：需定义的机器人模型来源有两种，一是该品牌机器人官网，二是用绘图软件画出。

2.2.3 导入自定义机器人

"导入机器人"用于导入自定义的机器人（见图 2-38），支持的文件格式为 robrd。

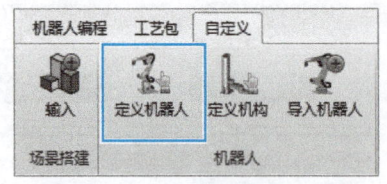

图 2-37 自定义机器人位置

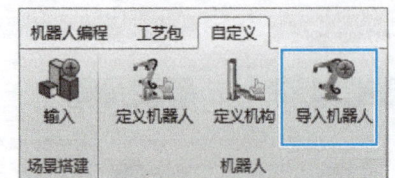

图 2-38 "导入机器人"位置

2.2.4 回机械零点

位置：位于机器人右键菜单内。

概念：机械零点即机器人出厂时的初始姿态。

说明：对机器人进行一系列操作后，机器人各轴和初始姿态相差甚大，这时让机器人回到机械零点，比较容易进行新的操作。

图 2-39 所示的机器人，部分轴已经经过旋转，不是初始状态，要使其回到机械零点

状态有 3 种不同的操作：

1）右击选中的机器人，选择下拉菜单中的"回到机械零点"。

2）选中机器人，单击右侧机器人控制面板上的"回机械零点"。

3）将调试面板中机器人的关节角数值全部改为机器人出厂时的初始值（不一定都是 0）。

回到机械零点后机器人如图 2-40 所示。

图 2-39 ABB 机器人的非零点状态

图 2-40 ABB 机器人机械零点状态

2.2.5 保存和编辑 Home 点

位置：机器人右键菜单内的"保存 Home 点"和"编辑 Home 点"。

介绍：该命令可以将机器人的一些常用的姿态保存起来，以方便大批量轨迹添加时随时切换、调整机器人的空间姿态，加速、简化轨迹的添加过程，"保存 Home 点"界面如图 2-41 所示。

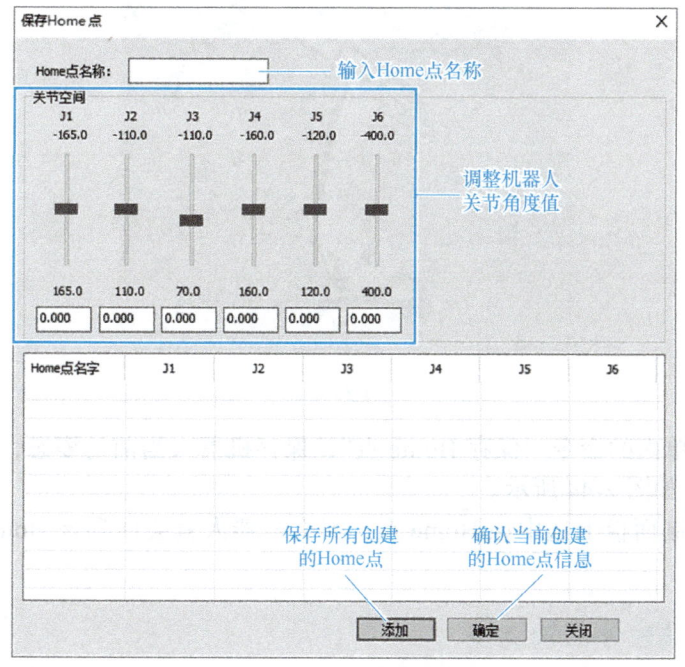
图 2-41 "保存 Home 点"界面

同时，通过"编辑 Home 点"命令，也可以对存储的 Home 点进行修改、删除等操作，如图 2-42 所示。

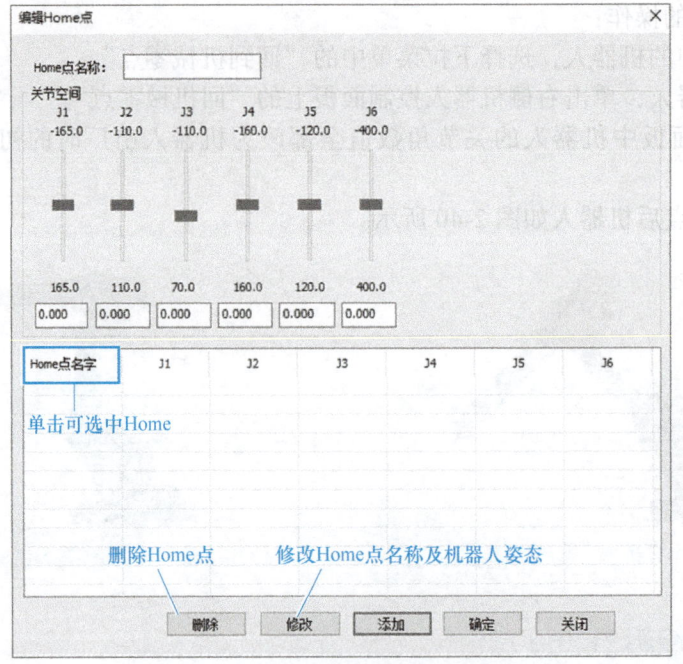

图 2-42 "编辑 Home 点"界面

示例：将 ABB-IRB1410 机器人调整到如图 2-43 所示的姿态。

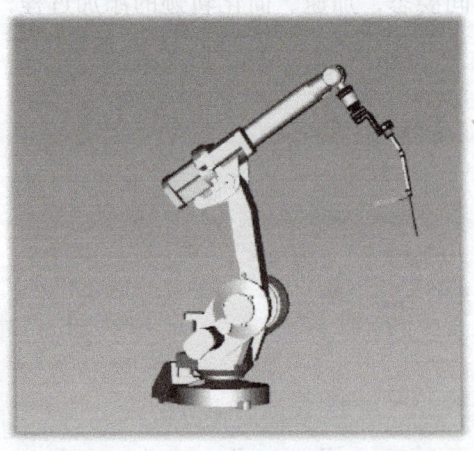

图 2-43 示例机器人姿态

选择右键菜单内的命令"保存 Home 点",保存机器人当前的姿态,将该 Home 点命名为"起始点",如图 2-44 所示。

在机器人控制面板上选中该 Home 点,那么机器人就会回到该 Home 点的姿态,如图 2-45 所示。

2.2.6 创建与解除外部轴链接

功能位置：机器人右键菜单"创建外部轴链接"和"解除外部轴链接"。

功能介绍：

（1）创建机器人与导轨的链接　右击选中的机器人,选择菜单中的"创建外部轴链接",即可展开"链接外部轴"设置界面,从"直线导轨"下拉列表框中选择想要与机器人链接的导轨,然后单击界面中的"确定"按钮,即可创建链接,如图 2-46 所示。

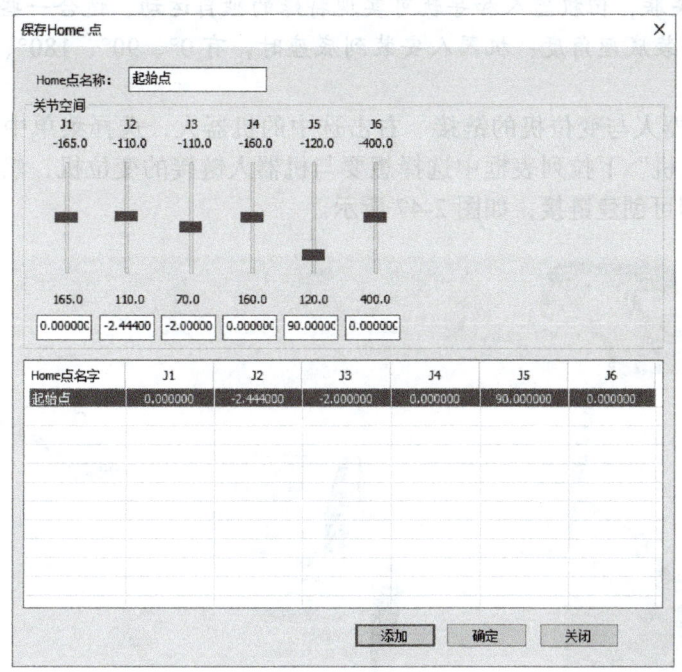

图 2-44　保存 Home 点

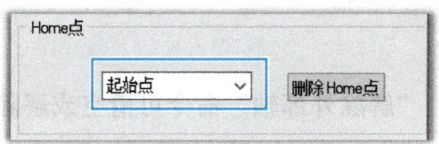

图 2-45　选中"起始点"

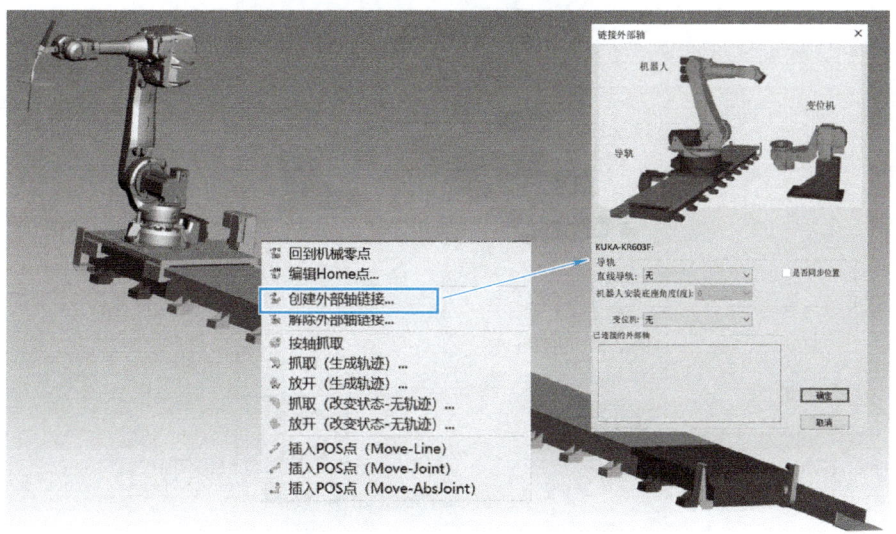

图 2-46　创建机器人与导轨链接

注意：

1）是否同步位置：勾选后，机器人会自动吸附到导轨的底座上；不勾选，机器人同样和导轨建立起关联，但机器人和导轨可实现特殊的独自运动，适合一些特殊加工场合。

2）机器人安装底座角度：机器人安装到底座时，有0°、90°、180°、270°4个角度可供选择。

（2）创建机器人与变位机的链接　右击选中的机器人，选择菜单中的"创建外部轴链接"，从"变位机"下拉列表框中选择想要与机器人链接的变位机，然后单击界面中的"确定"按钮，即可创建链接，如图2-47所示。

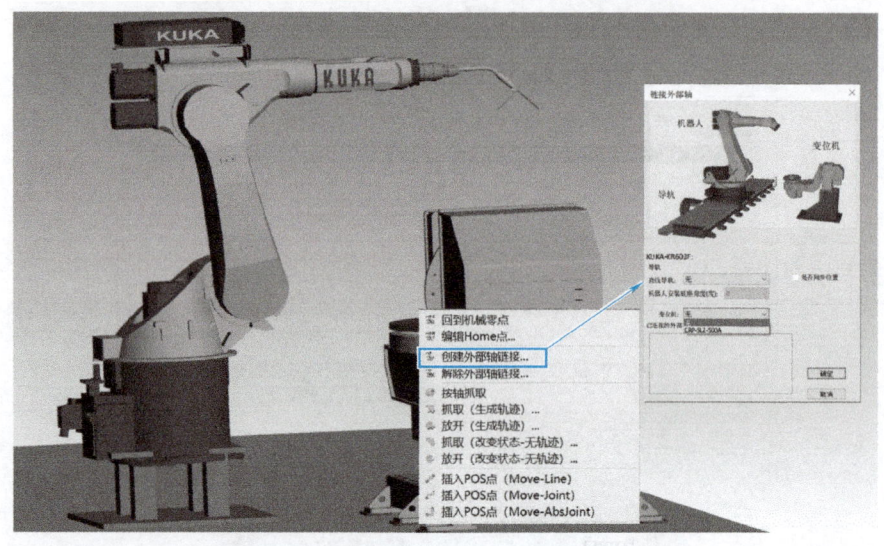

图2-47　创建机器人与变位机链接

（3）解除外部轴链接　"解除外部轴"命令可清空或解除已与机器人创建好的外部轴链接，如图2-48所示。

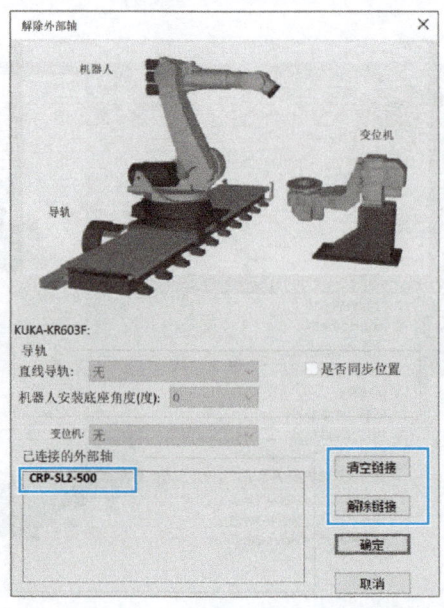

图2-48　解除外部轴链接

2.2.7 插入 POS 点

位置：该功能位于机器人右键菜单内。

说明：这里插入 POS 点的效果与右击工具插入 POS 点的效果是一样的。

POS 点为过渡点，其实就是独立于轨迹之外的一个点，可以选择插入不同的 POS 点，POS 点含义见表 2-1。

表 2-1　3 种 POS 点的含义

指令	说明
MoveL：Move-Line	机器人以线性移动方式运动至目标点，当前点与目标点成为一条直线，机器人运动状态可控，运动路径保持唯一
MoveJ：Move-Joint	机器人以最快捷的方式运动至目标点，机器人运动状态不完全可控，但运动路径保持唯一，常用于机器人在空间大范围移动
MoveAbsj：Move-Absjoint	绝对运动指令，机器人按照角度指令来移动。机器人运动状态可控

插入 POS 点可应用于多种情况。在可达范围内，当机器人想要运动到某个点或者想要按照某条轨迹运动，但是受到了各种因素的阻碍时，就可插入 POS 点。

示例：

1）出入刀点方向不符合要求时：一般情况下，出入刀点都是沿着 Z 轴方向生成的，如图 2-49 所示，可以看到出入刀点在 Z 轴方向上的移动。

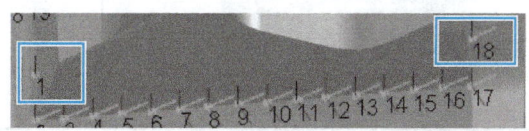

图 2-49　出入刀点

2）以打磨工艺为例，需要工具先横着插到零件上，再竖着提起来，正确的运动轨迹如图 2-50 所示。

但是右击"工具"，直接选择"抓取（生成轨迹）"，工具会直接竖着把零件提起来如图 2-51 所示，这时就需要先插入 POS 点再生成轨迹。

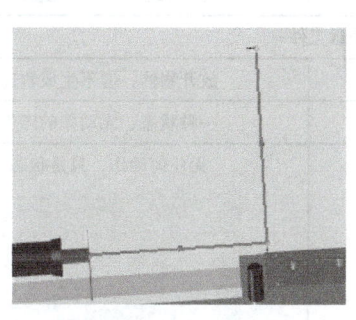

图 2-50　打磨工艺轨迹

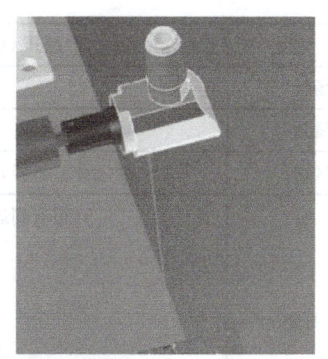

图 2-51　打磨工艺轨迹

某个特定位置插入 POS 点的方法：

方法一：先利用调试面板将机器人调整到某个姿态，再插入 POS 点。

方法二：先插入 POS 点，再利用轨迹点右键菜单来编辑 POS 点的位置和姿态。

2.2.8 读取和保存关节值

位置：位于机器人右键菜单内。

说明：这里指的是"保存关节值"和"读取关节值"两个功能。

1）保存关节值：用于保存机器人当前姿态的关节角，保存文件格式为 txt。

2）读取关节值：从存储有机器人关节值的文件（txt）中导入机器人的关节角度值。

2.2.9 抓取

位置：位于机器人右键菜单内。

说明：抓取说明见表 2-2。

表 2-2　抓取说明

	抓取（生成轨迹）	抓取（改变状态 – 无轨迹）
应用场景	机器人抓取工件时	
基本概念	抓取物体，同时生成轨迹	抓取物体，但不生成轨迹
两者区别	一种动作，机器人会根据该指令运动	一种状态，无动作的产生
实例：打磨	可看到运动的轨迹	无任何动作，只是状态

2.2.10 放开

位置：位于机器人右键菜单内。

说明：放开说明见表 2-3。

表 2-3　放开说明

	放开（生成轨迹）	放开（改变状态 – 无轨迹）
应用场景	机器人卸载工件时	
基本概念	放开物体，同时生成轨迹	放开物体，但不生成轨迹
两者区别	一种动作，机器人会根据该指令运动	一种状态，无动作的产生
实例：打磨	可看到运动的轨迹	无任何动作，只是状态

注：使用"放开（改变状态 – 无轨迹）"后，虽然绘图区显示工具依然抓着零件，但实际上两者已经分离了。因为选择的只是状态的改变，而不是动作的生成。

示例：以机器人上下料为例来说明抓取的过程。机器人利用夹爪工具将零件从工作台1搬运到工作台2。软件环境中的场景如图2-52所示。

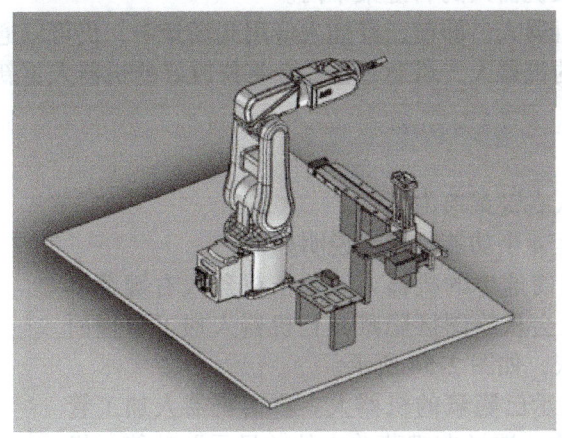

图2-52 机器人抓取小滑块场景

详细的抓取步骤如图2-53所示。

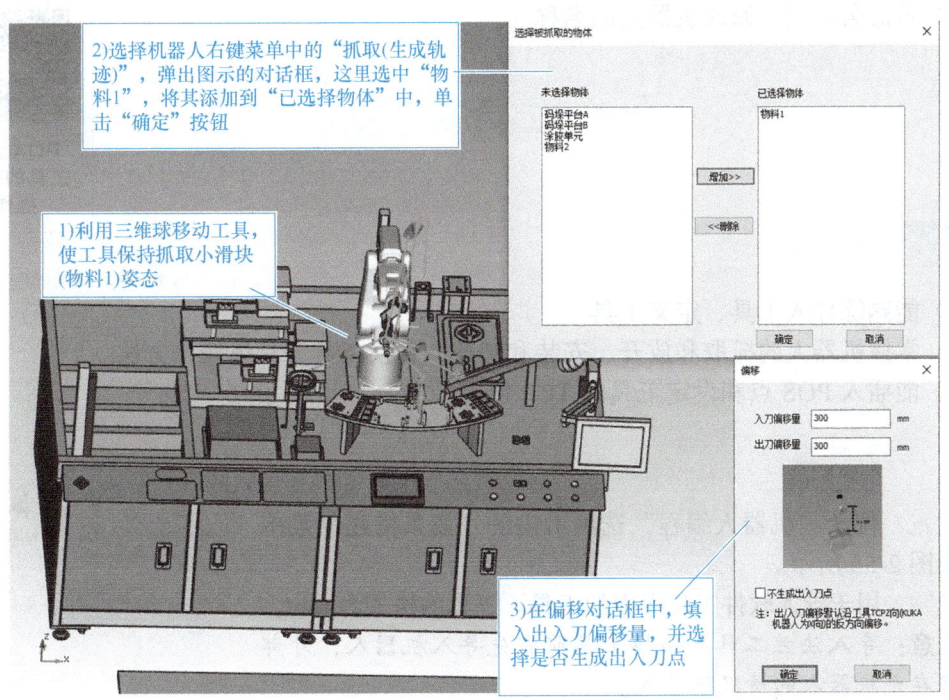

图2-53 抓取步骤

2.2.11 替换机器人／自定义机器人

位置：位于机器人右键菜单内。

作用：用于替换当前的机器人为其他目标机器人。

1）替换机器人：从"选择机器人"界面中导入机器人，单击"插入"即可。

2）替换自定义机器人：直接从本地导入自定义的机器人。

2.2.12 另存机器人

位置：位于自定义机器人的右键菜单内。

说明：自定义的机器人，即使已经插入应用到场景中，仍可以通过"修改机器人"命令对其修改。修改后的机器人，可通过该命令将修改好的机器人重新另存出去。

2.2.13 隐藏、显示、删除和重命名

位置：位于机器人右键菜单内。

说明：这里指的是4个功能，详细说明如下。

1）隐藏：隐藏当前选中的机器人。单击机器人右键菜单中的"隐藏"，机器人会从绘图区隐藏，且机器人加工管理面板中的机器人节点变灰，如图2-54所示。

2）显示：用于显示已隐藏的机器人。右击机器人加工管理面板中的机器人名称，选择右键菜单内的"显示"功能，机器人就会重新出现在绘图区。

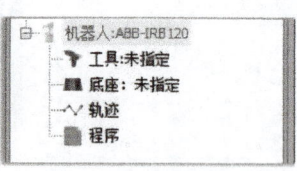

图 2-54 机器人的隐藏

3）删除：用于删除所选的机器人。

4）重命名：用于修改机器人的名称。

2.3 工具基本操作

PQArt 中工具的基本操作

教学目标

1）能熟练导入工具、定义工具。
2）掌握机器人的抓取和放开、安装和卸载、替换工具等具体操作方法。
3）能插入 POS 点和设定工具的 TCP 值等。

2.3.1 导入工具

位置：位于"机器人编程"选项卡内的"场景搭建"菜单中，如图2-55所示。

说明：用于导入软件工具库中的工具。工具的格式为 robt。

注意：导入法兰工具和快换工具前需先导入机器人，外部工具可在无机器人的情况下导入。

图 2-55 "工具库"位置

快换工具的安装：导入快换工具后，详细的安装步骤如图2-56所示。

安装好后的快换工具如图2-57所示。

2.3.2 定义工具

位置：位于"自定义"选项卡内的"工具"菜单中，如图2-58所示。

说明：为了应对各种工况需求，PQArt 支持多种自定义工具方式，并支持工具的多姿态定义。

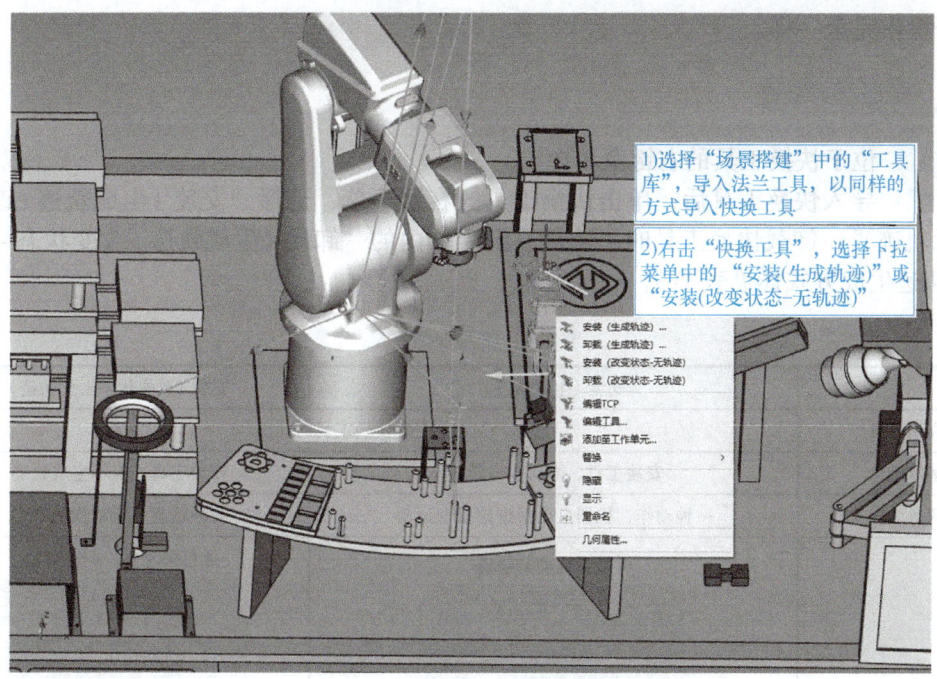

图 2-56 快换工具安装步骤

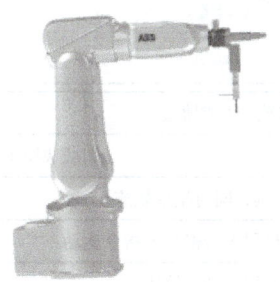

图 2-57 快换工具安装图

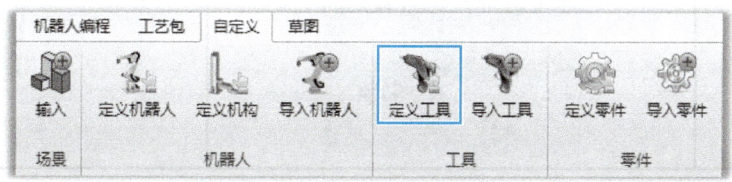

图 2-58 "定义工具"位置

2.3.3 抓取和放开

位置:位于工具的右键菜单内。

说明:工具可抓取/放开目标零件,常用于搬运工艺中。

1)抓取(生成轨迹)和抓取(改变状态-无轨迹):工具的抓取原理和步骤与机器人的抓取操作完全一样。

2)放开(生成轨迹)和放开(改变状态-无轨迹):工具的放开原理、步骤和机器人的放开操作完全一样。

2.3.4 安装与卸载

位置：位于快换工具的右键菜单内。

说明：导入快换工具后，单击快换工具的右键菜单，选择"安装（生成轨迹/改变状态－无轨迹）"；卸载快换工具时，选择右键菜单内的"卸载（生成轨迹/改变状态－无轨迹）"。轨迹生成方式详见表 2-4。

表 2-4 轨迹生成方式

	安装（生成轨迹）	安装（改变状态－无轨迹）
应用场景	安装快换工具时	
基本概念	安装工具，同时生成轨迹	安装工具，但不生成轨迹
两者区别	一种动作，机器人会根据该指令运动	一种状态，无动作的产生
实例	可看到运动的轨迹	无任何动作，只是状态

	卸载（生成轨迹）	卸载（改变状态－无轨迹）
应用场景	卸载快换工具时	
基本概念	卸载工具，同时生成轨迹	卸载工具，但不生成轨迹
两者区别	一种动作，机器人会根据该指令运动	一种状态，无动作的产生
实例	可看到运动的轨迹	无任何动作，只是状态

2.3.5 替换工具

位置：位于工具的右键菜单内。

说明：用于将当前工具替换成目标工具。PQArt 支持替换软件库中的工具/自定义的工具，支持的工具格式为 robt。

2.3.6 插入 POS 点

位置：位于工具的右键菜单内。

说明：POS 点为过渡点，其实就是独立于轨迹之外的一个点，可以选择插入不同的 POS 点，POS 点说明见表 2-5。

表 2-5 POS 点说明

指令	说明
MoveL：Move-Line	以线性移动方式运动至目标
MoveJ：Move-Joint	以关节运动方式运动至目标
MoveAbsj：Move-Absjoint	以绝对运动方式运动至目标
MoveC：Move-Circle	以圆弧运动方式运动至目标

2.3.7 TCP 设置

定义：TCP 设置即校准工具的位置和姿态，以确保虚拟环境中工具的位置与真实环境中工具的位置保持一致（位置是相对于机器人的基坐标系/法兰坐标系来说的）。

位置：位于工具的右键菜单内。

说明：该对话框可对 TCP 的数值进行修改，具体数据要根据实际测量填入，尽量减小误差，如图 2-59 所示。

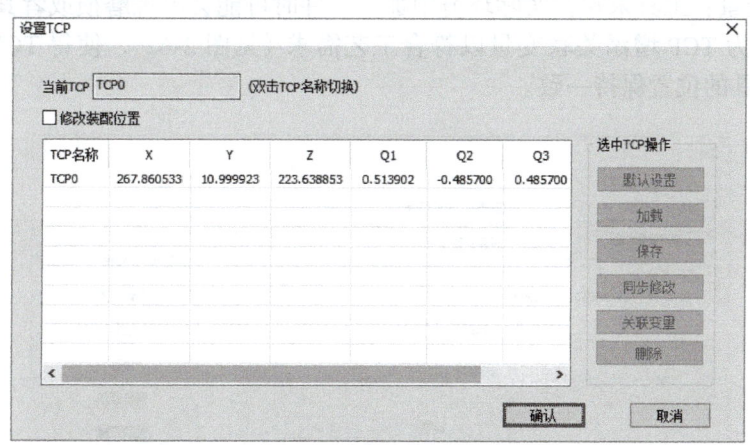

图 2-59 "设置 TCP" 对话框

1）当前 TCP：选择要编辑的 TCP，通过双击 TCP 名称可以实现。

2）默认设置：恢复 TCP 初始数据，消除所做的任何修改操作。

3）加载：导入外部文件中的 TCP 数据。也可以双击"X、Y、Z、Q1、Q2、Q3、Q4"手动修改数值。

4）保存：将当前选中的 TCP 数据保存到文件中，方便下一次使用。

5）同步修改：在不止一个 TCP 的情况下，工具位姿都会随着所选 TCP 数据的修改而改变。

6）修改装配位置：这里的装配指的是工具，用该指令确定工具位姿是否随着 TCP 的修改而变动。

注：只有选中一个 TCP，使其显示为蓝色状态才能进行操作。有时需要改动 TCP 的位置和姿态，方法有两种："编辑 TCP"和"TCP 设置"

示例：让法兰工具的 TCP 向外平移 80mm 后，勾选"修改装配位置"，效果如

图 2-60 所示。

不勾选"修改装配位置",效果如图 2-61 所示。

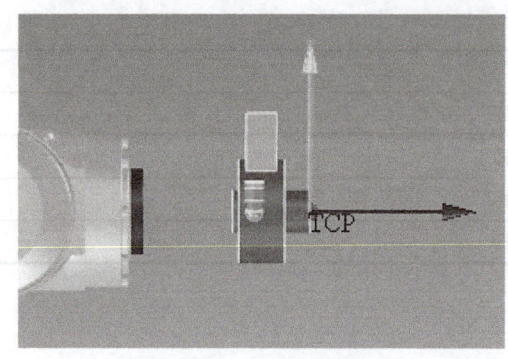

图 2-60 修改装配位置

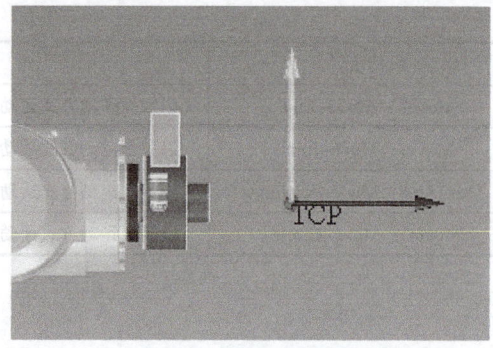

图 2-61 不修改装配位置

修改装配位置意味着工具会随着 TCP 移动,这时工具会和机器人在表面上分离,但不会影响各种操作;不修改装配位置,意味着 TCP 自己动,且会在表面上和工具分离。

注:如果实际环境中测量的 TCP 方向与软件中定义的方向不同,不要修改装配位置或者不要修改 Q1~Q4(四元数),这样会导致工具的形态发生变化。

7)关联变量:工具末端在实际环境中加工工件时可能会出现磨损或者其他情况。"关联变量"可以为 TCP 增添关联变量以符合工艺需求(见图 2-62),使得 TCP 位置时刻与实际环境中工具的位置保持一致。

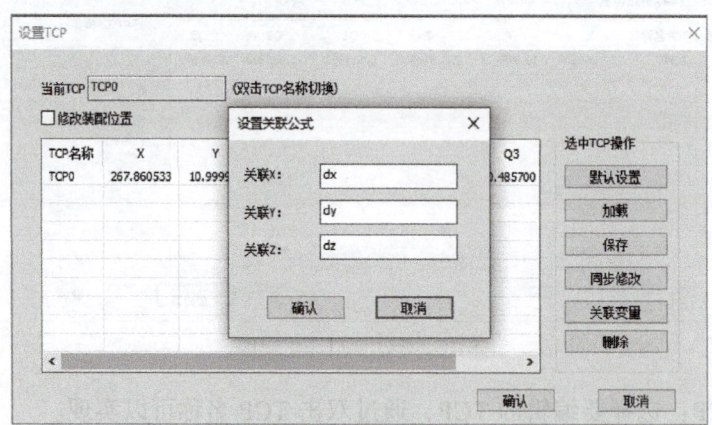

图 2-62 关联变量

注:这里关联的 X、Y、Z 指的是 TCP 的 X、Y、Z,其后跟随的是公式。使用"关联变量"时,还需要配合 PLC。

2.4 零件基本操作

教学目标

1)能导入、定义零件。
2)掌握工件校准法、三点校准法、点轴校准法。

3）掌握零件的抓取和放开，插入 POS 点，隐藏、显示、删除和重命名等具体操作方法。

2.4.1 导入零件

位置：位于"场景搭建"菜单的"设备库"内。设备库内有丰富的零件资源，如图 2-63 所示。

图 2-63 "设备库"位置

说明：零件作为工具加工的对象，需要先导入软件中。"设备库"支持导入库中的零件，零件的格式为 robp。

2.4.2 定义零件

位置：位于"自定义"选项卡中的"零件"菜单中，如图 2-64 所示。

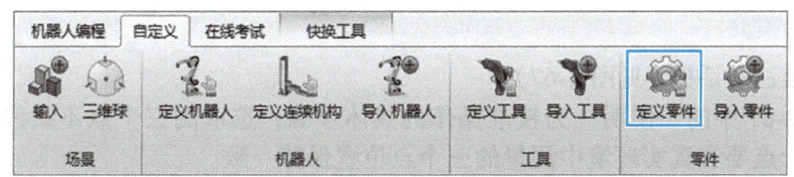

图 2-64 "定义零件"位置

说明：软件支持自定义零件，零件的模型有零件、工具、机器人底座等，即可将工具、零件和底座等都看作零件进行自定义。

2.4.3 工件校准

位置：位于"机器人编程"选项卡中的"工具"菜单中，如图 2-65 所示。

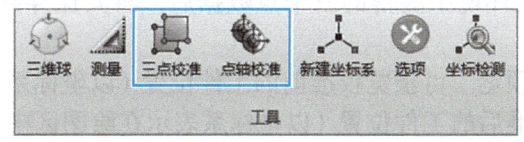

图 2-65 工件校准位置

说明："工件校准"可以确保软件的设计环境中机器人与零件的相对位置与真实环境中两者的相对位置保持一致。

校准方法有两种（三点校准法、点轴校准法）：

1）三点校准法：通过拾取 3 个尖点来校准零件 / 外部工具相对于机器人的位置。

2）点轴校准法：通过拾取一个轴和一个点来校准零件 / 外部工具相对于机器人的位置。

工件校准有两种情况，如图2-66所示。

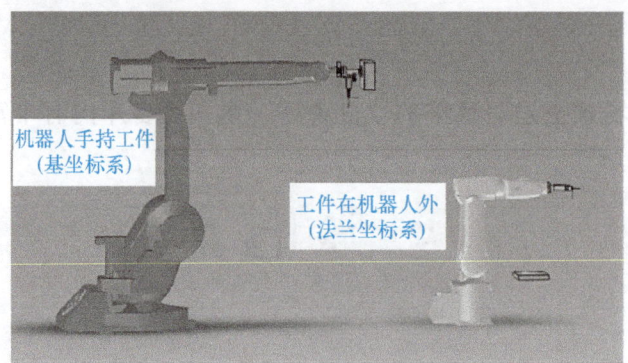

图2-66 工件校准的两种情况

1）工件在机器人的外部，与机器人无接触，此时应选择基坐标系。
2）机器人手持工件，配合外部工具，此时应选择法兰坐标系。
注：两种场景的校准原理、校准步骤都是完全相同的，只有坐标系选择上的区别。这里的校准功能还可以对外部工具进行校准，方法与校准工件完全一致。一般用来校准没有足够数目尖点（小于3）的零件。

1. 三点校准法

三点校准法对话框（见图2-67）：

注：图2-67中的"说明"为校准操作的具体步骤；选取的三个点不共线。设计环境中指定的三个点要和真实环境中测量的三个点位置保持一致。

1）坐标系：工件位置所参考的坐标系。这里的坐标系包括基坐标系和法兰坐标系。
① 基坐标系：固定在机器人足内，用来说明机器人在世界坐标系中的位置。
② 法兰坐标系：固定于机器人的法兰盘上，是工具的原点（一般常见的法兰坐标系都是Z轴朝外，X轴朝下）。

2）设计环境：PQArt软件中的绘图区。
3）真实环境：真机操作环境。
4）导入：将保存在txt文件内的真实环境中测量的数据导入软件中。
5）保存：输入真实环境中测得的三个点数据后，将其保存到文件中（txt），方便下一次读取数据。
6）预览："源位置预览"可预览校准前的工件位置（以坐标系表示在绘图区中）；"目标位置预览"可预览校准后的工件位置（以坐标系表示在绘图区中）。

示例：以一个ABB机器人写字为例，校准机器人与写字板的相对位置。校准前后机器人与工件的相对位置如图2-68所示。

拾取点的过程如图2-69所示。

2. 点轴校准法

点轴校准法与三点校准法本质是一样的。点轴校准法采用两点确定一个轴，外加一个校准点，也可以由两点确定一个面，只是这个面的正反不好确定。因此，在实际校准时需要借助"轴翻转"功能做进一步调整。

点轴校准法对话框如图2-70所示。

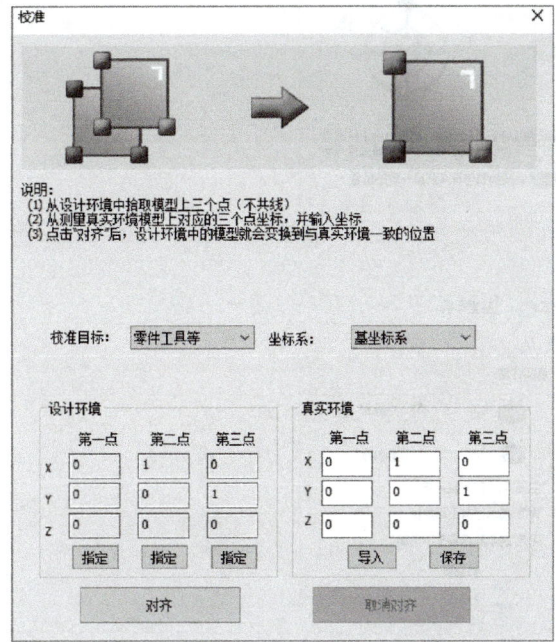

图 2-67 三点校准法对话框

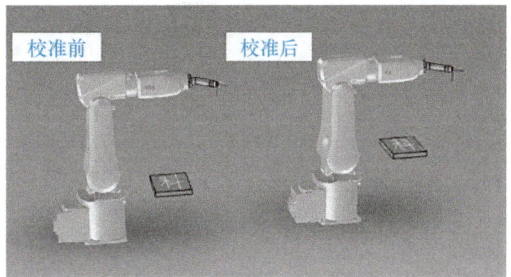

图 2-68 工件校准前后的对比

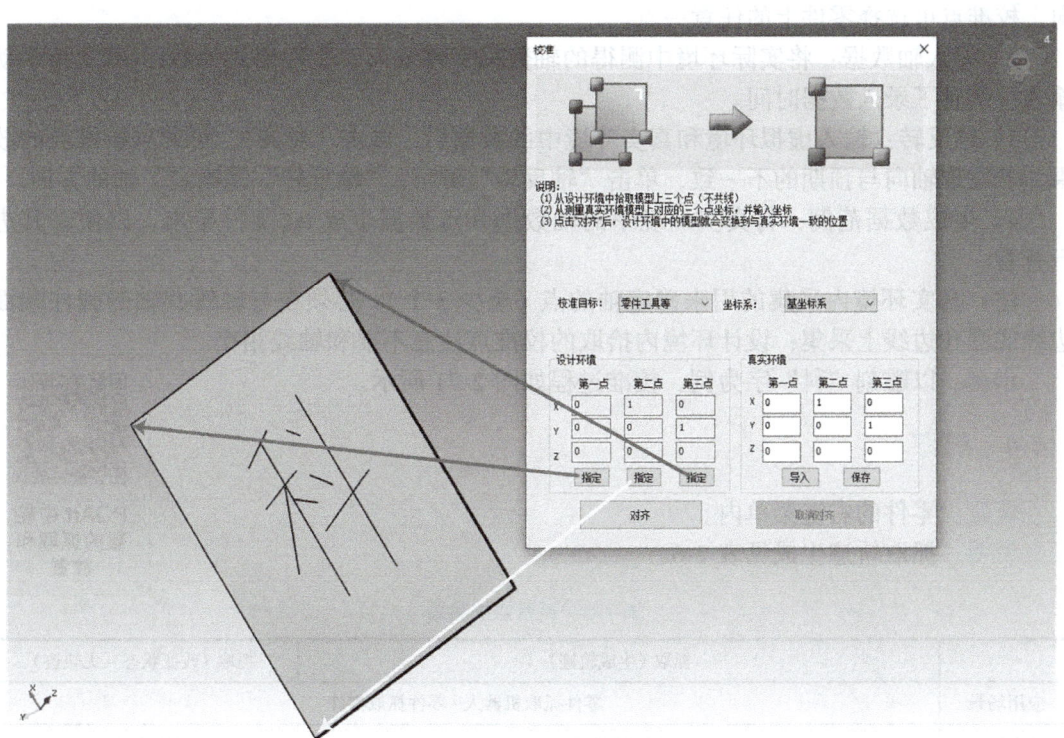

图 2-69 拾取点过程

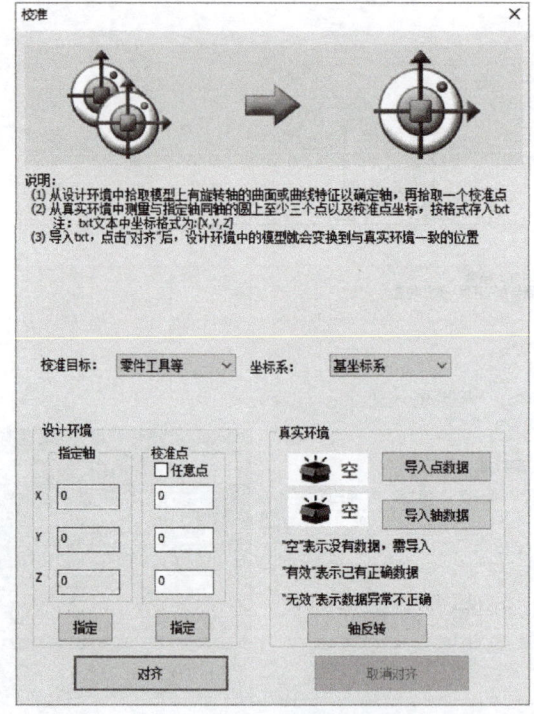

图 2-70 点轴校准法对话框

1)点的指定:"指定轴"下的"X""Y""Z"指的是该轴坐标系 3 个方向上的向量,在零件上指定时应选择与轴垂直的一个圆环或者曲面。此时确定的是轴的位置,不包括方向。校准点可选择零件上的任意一点。

2)导入轴数据:将实际环境中测得的轴数据文件导入,文件格式为 txt,不支持手动输入,节省了录入数据时间。

3)轴反转:输入虚拟环境和真实环境中的数据后,单击"对齐",可看到校准后的效果。若发现轴向与预期的不一致,单击"轴反转"即可。"轴反转"即确定了轴的方向。

4)生成数据范例:将真实环境中的轴数据和点数据生成 txt 文件导出,以便对其进行查看。

注:真实环境内采集的用来确定轴的点(至少 3 个),必须在与轴线共轴的圆柱端面边线或圆孔边线上采集;设计环境内拾取的校准点注意不要和轴线相交。

示例:以雕刻"科"字为例,校准过程如图 2-71 所示。

2.4.4 抓取

位置:零件的右键菜单内。

说明:抓取轨迹生成见表 2-6。

PQArt 中轮毂的抓取和放置

表 2-6 抓取轨迹生成

	抓取(生成轨迹)	抓取(改变状态-无轨迹)
应用场景	零件抓取机器人/零件抓取零件	
基本概念	有轨迹显示	无轨迹显示
两者区别	一种动作,零件会根据该指令运动。生成的轨迹其实只有一个轨迹点	一种状态,无动作的产生

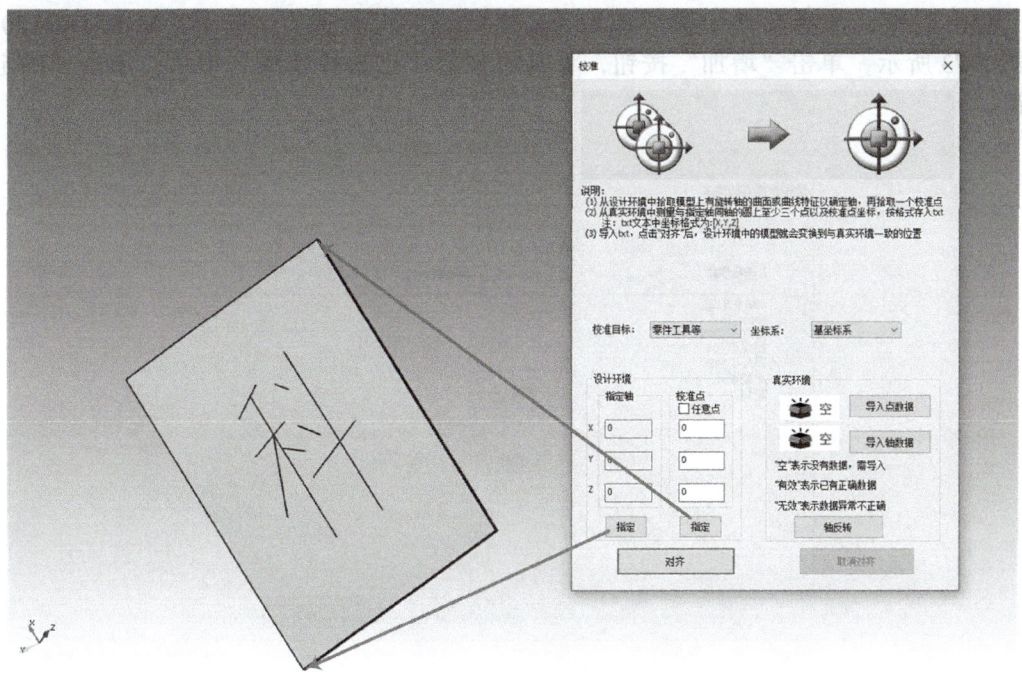

图 2-71　点轴校准法过程

操作对象是机器人时,机器人和工具也有这两个指令,但区别在于机器人和工具使用该指令抓取零件时,机器人做的是关节运动(局部运动);但使用零件的"抓取"指令时,机器人做的是整体运动。

示例:如在图 2-72 所示场景中,要达到机器人被底座托着顺着导轨左右移动的效果,需让底座抓取机器人。

图 2-72　底座抓取机器人

右击底座,选择菜单中的"抓取(改变状态 – 无轨迹)",选中"ABB-IRB120",如图 2-73 所示,单击"增加"按钮,将其添加到"已选择物体"中后,单击"确定"按钮。

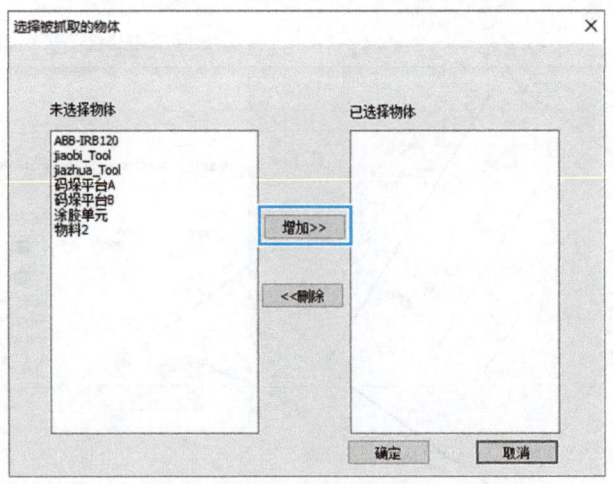

图 2-73 底座抓取操作步骤

这时零件底座已经抓取了机器人,在导轨上移动时,机器人也会随之而动。

操作对象是零件时以机器人上下料为例,让推杆推动小滑块到传送带上,这时需要先让推杆抓取小滑块。详细的操作步骤如图 2-74 所示。

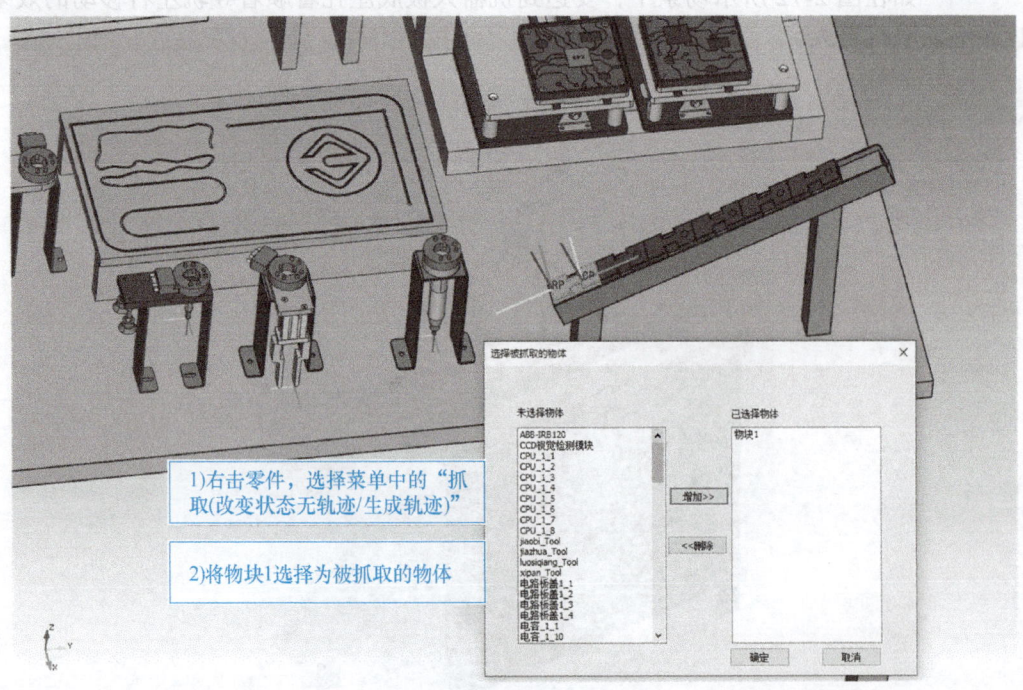

图 2-74 零件抓取操作步骤

2.4.5 放开

位置：零件右键菜单内。
说明：放开轨迹生成见表 2-7。

表 2-7 放开轨迹生成

	放开（生成轨迹）	放开（改变状态 – 无轨迹）
应用场景	零件抓取机器人 / 零件抓取零件	
基本概念	有轨迹显示	无轨迹显示
两者区别	一种动作，零件会根据该指令运动。生成的轨迹其实只有一个轨迹点	一种状态，无动作的产生

2.4.6 插入 POS 点

位置：零件右键菜单内。
说明：零件的 POS 点指的是驱动点，也就是驱动零件移动的点。
使用方法：移动零件时，在初始位置插入 POS 点 1，之后利用三维球将零件定位到目标位置，在目标位置插入 POS 点 2。插入两个 POS 点后，零件便会生成移动轨迹。
注：插入的 POS 点被视为轨迹点，POS 点的右键菜单中包含许多与轨迹点相同的操作指令。
示例：以为零件小滑块插入 POS 点为例。
在图 2-75 中单击小滑块，选择菜单中的"插入 POS 点"。然后就可以在机器人加工管理面板中看到插入驱动点的特征，如图 2-76 所示。

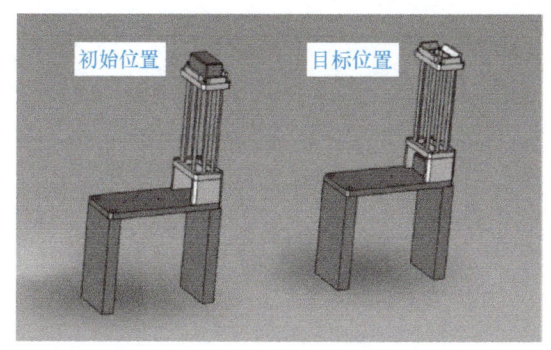

图 2-75 小滑块前后位置的对比

图 2-76 小滑块的树形图

将小滑块拖动到图 2-75 所示的目标位置，插入驱动点 2，然后进行仿真，可以看到小滑块从顶部垂直下落到底部的整个过程。

2.4.7 隐藏、显示、删除和重命名

位置：零件右键菜单内。

说明：

1）隐藏：隐藏当前选中的零件。隐藏后，零件会消失在绘图区，且机器人加工管理面板中的零件节点变成灰色。

2）显示：将已隐藏的零件显示出来。方法是再次选中机器人加工管理面板中的零件节点，右击，选择"显示"，零件会重新出现在绘图区。

3）删除：删除当前已导入的零件。

4）重命名：修改当前零件的名称。

模块 3

工业机器人集成系统程序开发

工业机器人是生产过程的关键设备，可用于安装、制造、检测、物流等生产环节，并广泛应用于汽车、电气电子等工业领域。"机器人+数控机床"组成的柔性制造单元，则是机器人在智能制造领域的典型应用。目前，许多工厂都在上演着"机器人换人"的风潮。在世界大环境和国家的政策支持推动下，我国的工业进一步加快结构调整，加快新一代技术与制造业深度融合。本模块主要介绍工业机器人的基础操作与编程，通信模块的配置和操作；机器视觉系统调整与设置；西门子 PLC 编程基础，包括博途编程、触摸屏软件的功能、工程文件的创建及应用、WinCC 任务实例；单元任务集成与调试，主要包括各个智能制造单元的硬件组态以及工业机器人工作站与仓储、分拣、打磨和加工单元的任务调试。

3.1 ABB 工业机器人操作与编程

初识示教器

教学目标

1）能熟练进行工业机器人的手动操作。
2）能熟练使用 MoveL、MoveJ、MoveC、MoveAbsJ 常用运动指令。
3）掌握 I/O 指令、赋值指令、等待指令的用法。
4）了解 ABB 工业机器人常用的标准 I/O 板卡，学会信号的配置方法及操作方式。

机器人的备份与恢复

3.1.1 工业机器人参数设置与手动运行

1. 参数设置

（1）系统参数概述　各种系统参数描述了机器人系统的配置。部分参数会按交付时的订单来进行出厂配置。可通过更改参数值的方式来调整系统的性能。通常来说只有出于工艺变化而修改机器人系统时，才须更改各个系统参数。

（2）参数结构　各个参数被编组为许多不同的配置区域（即主题）。这些主题则被划分为不同的参数类型。每种类型均可定义许多对象或实例，因此这些对象或实例会具有相同的类型。每种此类实例都有许多参数，而用户必须指定这些参数的具体数值。在某些情况下，这些参数还会进一步细化为子参数，也就是调用函数或行动值。

（3）主题的定义　主题即拥有一个特定参数集合的配置域。控制器中有 6 个主题，每个主题都描述了本套机器人系统的不同领域。每个主题都有一份名为"cfg 文件"（文件扩展名为 .cfg）的单独配置文件来保存所有参数。

（4）类型的定义与实例　类型即对同一类型的参数进行定义的主题。正如上文所述，同一类型中可能有许多实例。有关方面会用相应的类型名称来指代所有此类实例，比如 Signal 类型下的实例便会被称为"信号实例"或直接称为"信号"。但注意每个单独的信号实例都有一个唯一名称（比如 din1）。

系统配置中的一些实例可能是仅供演示的只读实例，它们在 RobotStudio 编辑器中呈现为灰色不可用状态，而 FlexPendant 则会用单独的图标来标明它们。如果主题被保存在一份 cfg 文件中，那么就无法把只读实例保存在客户配置文件中。

（5）系统参数的定义　在更改过参数后，大部分参数都需重启控制器才能生效。某些不宜更改的参数属于本系统的一部分，因此它们虽然可见，却不可编辑。

（6）ABB 工业机器人系统配置中的主题

1）Communication 主题：包含用串行端口和以太网端口配置主计算机连通性所需的各个参数。

2）Controller 主题：包含安全函数和 RAPID 专用函数的参数。

3）I/O System 主题：包含 I/O 装置与信号使用的各项参数。

4）Man-machine Communication 主题：包含为各种指令和 I/O 信号创建清单（以便简化日常工作）时所需的参数以及其他内容。

5）Motion 主题：包含涉及机器人和外部设备中运动控制的参数。该主题包括了如何配置相应的校准偏移量和工件限值。

2. 手动运行

（1）运行条件设置

1）将操作模式选择旋钮置于手动慢速模式，如图 3-1 所示。

2）打开示教器，直接进入示教器菜单栏，单击手动操纵，将示教器切换到手动操纵视图，如图 3-2 所示。

工业机器人的手动运行

图 3-1　操作模式选择旋钮

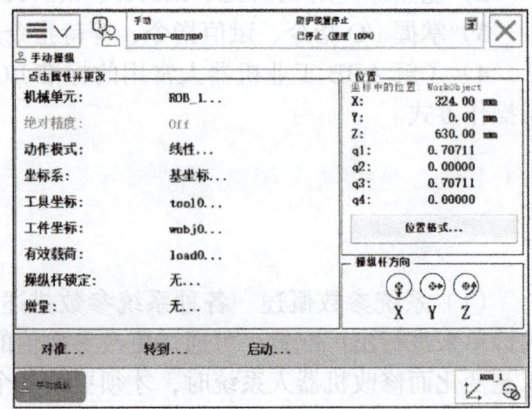

图 3-2　手动操纵视图

3）运动方式设定：检查动作模式的运行状态，可以利用示教器屏幕右侧如图 3-3 所示的按钮进行"线性"或"重定位"运动的选择，或者利用图 3-4 所示按钮进行"轴 1-3"或"轴 4-6"运动的选择。

图 3-3 线性/重定位按钮

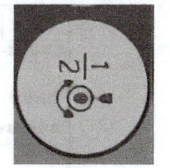
图 3-4 轴切换按钮

4）坐标系设定：工业机器人坐标系主要分为世界坐标系、基坐标系、工具坐标系、工件坐标系、腕坐标系等，其相互关系如图 3-5 所示。

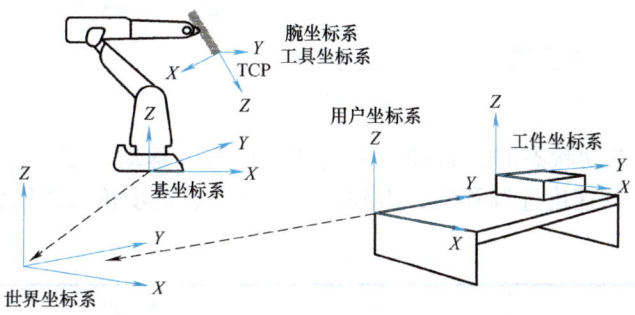
图 3-5 坐标系间相互关系

（2）摇动摇杆操作机器人

1）使动装置说明：

① 自动模式下该装置无效。

② 手动模式下，使动装置有 3 个位置。

a. 起始位"0"，机器人伺服电动机不上电，机器人本体不可以运动。

b. 中间位"1"，机器人伺服电动机上电，机器人本体可以运动。

c. 最终位"0"，机器人伺服电动机不上电，机器人本体不可以运动。

2）点动机器人 – 增量。

① 点动移动（增量）功能是用来精确调整机器人位置的。单击图 3-6 中的"手动操纵"后进入手动界面，对增量进行设置，如图 3-7 所示。

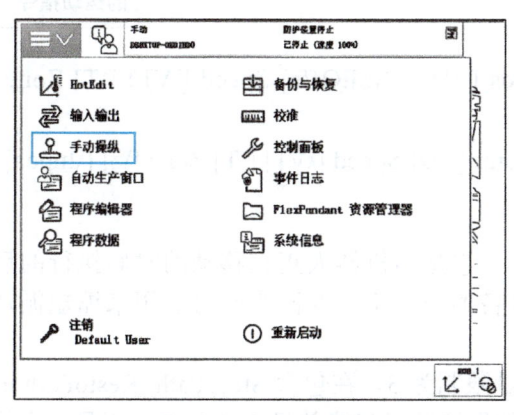
图 3-6 进入手动界面

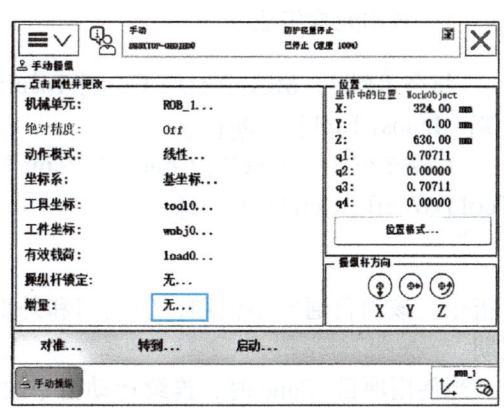
图 3-7 设置增量

② 进入增量选择界面后选择所需的点动运动模式，选择后单击"确认"按钮立即生效，如图 3-8 所示。

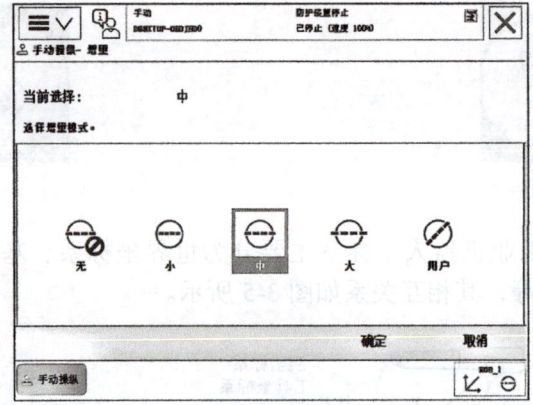

图 3-8 增量选择界面

当机器人处于点动状态时,每动一下摇杆,机器人移动一步;摇杆倾斜超过 1s 后,机器人以每秒 10 步的速度连续移动,直到摇杆复位。点动步长选择见表 3-1。

表 3-1 点动步长参照表

模式	参数说明
无	连续运动,速度与摇杆倾斜角度成比例
小	步长约 0.05mm 或 0.005°
中	步长约 1mm 或 0.02°
大	步长约 5mm 或 0.2°
用户	用户自定义步长

3.1.2 工业机器人基础示教与编程

1. 基本运动指令

(1) 基本元素组成

指令示例 1:MoveAbsJ [\Conc] ToJointPos [\ID] [\NoEOffs] Speed [\V] | [\T] Zone [\Z] [\Inpos] Tool [\Wobj]

指令示例 2:MoveC [\Conc] CirPoint ToPoint [\ID] Speed [\V] | [\T] Zone [\z] [\Inpos] Tool [\Wobj] [\Corr] [\Conc]

1)[\Conc]:并发事件。数据类型:switch。它是当机器人正在移动的时候执行的后续指令。该项目通常不使用,但是当和外部设备通信、不需要同步时可以用来缩短循环周期。

当使用项目 \Conc 时,连续运动指令的数量限制为 5。在包含 StorePath-RestoPath 的程序段中不允许包含项目 \Conc 的运动指令。如果该项目忽略并且 ToJointPos 不是一个停止点,在机器人到达程序 Zone 之前一段时间后续指令就开始执行了。该项目不能用在多运动系统的坐标同步运动中。

2)[\ID]:同步 ID。数据类型:identno。该项目必须使用在多运动系统中,如果并列了同步运动,则不允许在其他任何情况下使用。指定的 ID 号在所有协同的程序任务中必须相同。该 ID 号保证在 routine 中运动不会混乱。

3) [\NoEOffs]:没有外部偏移量。数据类型:switch。如果项目 \NoEOffs 设为 1,MoveAbsJ 运动将不受外部轴的激活偏移量的影响。

4) Speed:速度数据。数据类型:speeddata。速度数据定义了 TCP、工具再定位和外部轴的速度。

5) [\V]:速度。数据类型:num。该项目用来在指令中直接指定 TCP 的速度,单位为 mm/s,它替代在速度数据中指定的相应的速度。

6) [\T]:时间。数据类型:num。该项目用来指定机器人运动的总时间,单位为 s。它替代相应的速度数据。

7) Zone 的数据类型:zonedata。Zone 指运动的 Zone 数据。Zone 数据描述了产生的转角路径的大小。

8) [\Z]:Zone。数据类型:num。该项目用来在指令中直接指定机器人 TCP 的位置精度。转角路径的长度用 mm 给出,替代 Zone 数据中指定的相应数据。

9) [\Inpos]:到位。数据类型:stoppointdata(停止点数据)。该项目用来指定机器人 TCP 在停止点位置的收敛性判别标准。该停止点数据代替在 Zone 参数中指定的 Zone。

10) Tool 的数据类型:tooldata。Tool 指运动过程中所携带的工具。TCP 位置和工具的负载在工具数据中定义。TCP 位置用来计算运动的速度和转角路径。

11) [\Wobj]:工作对象。数据类型:wobjdata。在运动过程中使用的工作对象。如果机器人抓着工具,该项目可以忽略。但是,如果机器人抓着工作对象,也就是说工具是静止的或者带有外部轴,那么该项目必须指定。在有并列工具或者有并列外部轴的情况下,系统使用该数据计算运动的速度和转角路径,该数据在工作对象中定义。

12) [\Corr]:改正。数据类型:switch。如果使用该项目,通过 CorrWrite 指令写到改正入口的改正数据将被添加到路径和目标位置。

(2)指令含义

1) MoveAbsJ——把机器人移动到绝对轴位置。

用途:MoveAbsJ(绝对关节移动)用来把机器人或者外部轴移动到一个绝对位置,该位置在轴定位中定义。

范例 1:MoveAbsJ p50,v1000,z50,tool2;

说明:机器人将携带工具 tool2 沿着一个非线性路径,以速度数据 v1000 和 Zone 数据 z50,移动到绝对轴位置 p50。

范例 2:MoveAbsJ *,v1000\T:=5,fine,grip3;

说明:机器人将携带工具 grip3 沿着一个非线性路径到一个停止点,该停止点在指令中作为一个绝对轴位置存储(用 * 标示)。整个运动时间需要 5s。

2) MoveJ——通过关节移动机器人。

用途:当运动不必是直线时,MoveJ 用来快速将机器人从一个点运动到另一个点。机器人和外部轴沿着一个非直线的路径移动到目标点,所有轴同时到达目标点。该指令只能用在主任务 T_ROB1 中,或者用在多运动系统中的运动任务中。

范例 1:MoveJ p1,vmax,z30,tool2;

说明:工具 tool2 的 TCP 沿着一个非线性路径运动到位置 p1,速度数据是 vmax,Zone 数据是 z30。

范例 2:MoveJ *,vmax \T:=5,fine,grip3;

说明：工具 grip3 的 TCP 沿着一个非线性路径运动到存储在指令中的停止点（用 * 标记）。整个运动时间需要 5s。

3）MoveL——让机器人做直线运动。

用途：MoveL 用来让机器人 TCP 直线运动到给定的目标位置。当 TCP 仍旧固定时，该指令也可以重新给工具定方向。该指令只能用在主任务 T_ROB1 或多运动系统的运动任务中。

范例 1：MoveL p1，v1000，z30，tool2；

说明：tool2 的 TCP 沿直线运动到位置 p1，速度数据为 v1000，Zone 数据为 z30。

范例 2：MoveL *，v1000\T: =5，fine，grip3；

说明：grip3 的 TCP 沿直线运动到存储在指令中的停止点（用 * 标记）。整个运动时间需要 5s。

4）MoveC——让机器人做圆周运动。

用途：该指令用来让机器人 TCP 沿圆周运动到一个给定的目标点。在运动过程中，相对圆的方向通常保持不变。该指令只能在主任务 T_ROB1 或多运动系统中的运动任务中使用。

范例 1：MoveC p1，p2，v500，z30，tool2；

说明：tool2 的 TCP 圆周运动到 p2，速度数据为 v500，Zone 数据为 z30。圆由开始点、中间点 p1 和目标点 p2 确定。

范例 2：MoveL p1，v500，fine，tool1；
　　　　MoveC p2，p3，v500，z20，tool1；
　　　　MoveC p4，p1，v500，fine，tool1；

说明：图 3-9 说明了怎么用范例 2 中两个 MoveC 指令画一个完整的圆。

（3）案例示例　画一个半径为 80mm 的圆，如图 3-10 所示，要求：只能示教一个工作位置点。

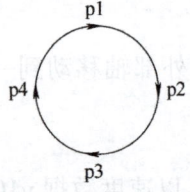

图 3-9　圆的点位分布

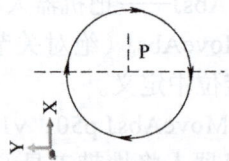

图 3-10　画圆案例

解析程序如下：

MoveJ offs（p，80，0，30），v500，z1，tool1；
MoveL offs（p，80，0，0），v500，z1，tool1；
MoveC offs（p，0，80，0），offs（p，-80，0，0），v500，z1，tool1；
MoveC offs（p，0，-80，0），offs（p，80，0，0），v500，z1，tool1；
MoveJ offs（p，80，0，30），v500，z1，tool1；

2. 流程指令

1）IF 指令。

用法：根据是否满足条件，执行不同的指令。

说明：

```
IF Condition THEN ...
{ELSEIF Condition THEN ...}
[ELSE ...]
ENDIF
```

Condition:数据类型为 bool;必须满足关于待执行 THEN 和 ELSE/ELSEIF 之间指令的条件。

范例:

```
IF counter > 100 THEN
counter: = 100;
ELSEIF counter < 0 THEN
counter: = 0;
ELSE
counter: = counter + 1;
ENDIF
```

通过 1,使 counter 增量。但是,如果 counter 的数值超出限值 0 ~ 100,则向 counter 分配相应的限值。

依次测试条件,直至满足其中一个条件。通过与该条件相关的指令,继续程序执行。如果未满足任何条件,则通过符合 ELSE 的指令,继续程序执行。如果满足多个条件,则仅执行与第一个此类条件相关的指令。

2)WHILE 指令。

用法:只要给定条件表达式评估为 TRUE 值,重复执行一些指令。

说明:WHILE Condition DO ... ENDWHILE

Condition:数据类型为 bool;评估为 TRUE 时执行 WHILE 块中指令的值。

范例:

```
WHILE reg1 < reg2 DO
...
reg1: = reg1 + 1;
ENDWHILE
```

说明:只要 reg1 < reg2,则重复执行 WHILE 块中的指令(注:无限重复 WHILE 块中的指令称其为死循环)。

3)TEST 指令。

用法:根据表达式或数据的值执行不同的指令。如果并没有太多的替代选择,也可使用 IF 指令。

说明:

```
TEST Test data {CASE Test value {, Test value}: ...} [ DEFAULT: ...]
ENDTEST
```

Test data:数据类型为所有类型;用于比较测试值的数据或表达式。

Test value:数据类型与 Test data 相同;它是测试数据必须拥有的值,以供执行相关的指令。

范例:

TEST reg1

```
CASE 1, 2, 3:
routine1;
CASE 4:
routine2;
DEFAULT:
TPWrite "Illegal choice";
Stop;
ENDTEST
```

根据 reg1 的值，执行不同的指令。如果该值为 1、2 或 3 时，则执行 routine1。如果该值为 4，则执行 routine2。否则，打印出错误消息，并停止执行。

3.1.3 工业机器人与外部设备的通信规划

1. 概述

针对工业机器人，我们一般会关注两个方面：
1）运动性能：直接决定了机器人是否能够用于特定的工艺，比如精度和速度。
2）通信方式：直接决定了机器人能否集成到系统中，以及支持的控制复杂度。

例如，在 ABB 工业机器人系统集成项目中，很多时候由于控制需求，需要对机器人的各种数据进行实时监控，这样就需要机器人向主控系统实时发送当前各种数据，现以机器人位置数据实时发送为例进行说明。

对于不同的主控系统，机器人发送当前位置数据的方式也多种多样。如果使用 PC 作为上位机来读取机器人实时位置信息，那么就可以先使用 IRC5 OPC Server 来读取机器人位置数据，然后再发送给 PC 上位机；当然，也可以通过 PC SDK 对机器人控制器进行二次开发，然后通过（616-1）PC Interface 选项，直接读取控制器中机器人的位置信息。如果是使用 PLC 作为上位机来读取机器人实时位置信息，那么就可以使用工业现场通信，如 PROFIBUS、PROFINET、DeviceNet 等，然后使用 ABB 机器人内置的数据处理指令编写实时位置数据发送程序，来实现机器人位置数据的发送。

2. ABB 工业机器人支持的通信方式

（1）普通 I/O

1）Signal。通常，一个信号（Signal）只能有 0 或 1 两种状态，即数字量输入、输出（DI、DO）。

2）Group Signal。组信号（Group Signal）是机器人单独输入 / 输出信号的联合体，最常用的是通过组信号与外部设备传输整数数字。

说明：本地 I/O 模块是机器人控制柜上最常见的模块之一，或者说是默认必备的模块。最常见的有 8 输入和 8 输出，或者 16 输入和 16 输出；以模拟量的 0V 和 24V，作为数字控制中的 0 和 1。在小型系统中，该模块用来快速地连接电磁阀以及传感器，实现夹具等控制，非常方便。

在较复杂的 I/O 应用中，可以使用 cross-function 将多个 I/O 信号通过固定的逻辑关系组合在一起，通过一个 I/O 信号来控制。用类似伪代码的方式举例：set do_1 = set do_2 & reset do_3。

此外，ABB 的机器人控制柜，其本地 I/O 的参考电平可以从外面接入，以便满足客户整个控制系统等电平的要求。

在较少的情况下，可以将多个单独的I/O信号合并为一个group（组），用于传输较为复杂的信号如数字，这种情况类似于二进制数。比如4个I/O组合在一起为0100（二进制数），就相当于表示4（十进制数）。其实这种用法并不推荐，因为I/O数量有限，能够传递的信息的数量和复杂度都受到很大的限制，这时建议使用总线以获得较多的I/O信号，最优的方式是使用后面提到的基于网络（非总线的TCP/IP）的方式。

（2）总线

1）PROFINET协议。PROFINET是一种由PNO（PROFIBUS用户组织）针对开放式工业以太网制定的标准。

2）PROFIBUS协议。PROFIBUS作为一种快速总线，被广泛应用于分布式外围组件（PROFIBUS-DP）。

3）DeviceNet协议。DeviceNet是一种低成本的通信连接，也是一种简单的网络解决方案，有着开放的网络标准。DeviceNet具有的直接互联性不仅改善了设备间的通信，而且提供了相当重要的设备级阵地功能。

4）EtherNet/IP协议等。EtherNet/IP是应用层的协定，将网络上的设备视为"物件"。EtherNet/IP为通用工业协定为基础而架构，可以存取来自ControlNet及DeviceNet网络上的物件。

说明：从系统的角度来说，工业总线是用于不同工业设备之间通信的可靠接口，比如机器人和PLC的通信；从控制方式的角度来说，工业总线是普通I/O的扩展。

是否使用总线以及使用何种总线，一般取决于系统中除机器人系统之外的设备能够支持的通信方式。例如，电气控制系统中的PLC支持PROFINET，且PLC和机器人系统有控制系统的交互，则机器人也一般会选配PROFINET通信功能。

注意：总线的配置方式各有不同，使用方式基本类似普通I/O。

（3）网络

1）Socket。Socket是基于TCP/IP的通信方式，底层都会有握手信号确定信息的完整。需要注意的是：

① Socket通信的连接状态只有在通信时才能真正判断。因此，在某些对系统实时状态监控要求较高的情况下，可能需要单独建立"心跳"机制。

② ABB工业机器人系统所支持的最大Socket字符串长度为1024字节；虽然系统只支持不超过80字节的字符串，仍可以使用自定义字符数组或者rawdata等方式实现更大的Socket通信长度。

2）PC SDK。ABB提供对其机器人的远程通信和控制的接口，PC SDK就是其中一种方式。通过在高级编程语言中（如C#）调用其DLL，可以获取其丰富的功能（机器人端要求配备PC Interface选项）：

① 数据控制：变量读写，变量订阅（变量的值改变时，触发特定的操作）。

② 程序控制：改变程序指针，上传或删除程序模块，控制程序的执行和停止等。

③ 机器人信息读取：网络上的控制器发现，读取机器人控制参数，读取机器人位置等信息。

④ Log读取及订阅。

⑤ 备份等一般操作。

3）RWS（Robot Web Service）。其所能提供的功能与PC SDK类似，只是实现方式不同。其基于HTTP的特点，使其不受编程语言的影响，能够实现跨平台应用。比如通过IE浏览器，就可以读取机器人的信息。

4) OPC。OPC（OLE for Process Control）即用于过程控制的 OLE，是一个工业标准。OLE（Object Link and Embedding）即对象链接与嵌入，是在客户应用程序间传输和共享信息的一组综合标准。ABB 机器人支持 OPC 的前提，就是系统配置了 PC Interface 的选项，同时通过 ABB IRC5 OPC Configuration 工具进行相应的配置。

5) RMQ（Robot Message Queue）。RMQ 是 ABB 机器人一种比较特殊的通信方式，用于机器人不同 task 之间（类似于高级语言的多线程）的通信，也可以用于机器人和 PC 的通信。可以选择中断模式和同步模式。

中断模式下，当信息发送后，接收信息的一方会立即（最近的可中断点）进入中断，并在中断中立即对信息进行处理，从而保证实现最快的实时性。

同步模式下，接收方只在执行读取指令时，才会对信息进行处理。

特别要提到的是，当和 PC 通信时，要求 PC 端使用 PC SDK。

使用 RMQ 的优缺点都很明显，优点是中断模式能够以最快的速度响应信息，并且信息的格式不固定，甚至可以支持自定义的结构体；缺点是使用起来较为复杂，因此不常用。

3. 总结

根据以上的介绍可以得出以下结论，见表 3-2。

表 3-2 总结说明

通信方式		要求	特点
本地 I/O		本地 I/O 模块	使用硬接线的方式传递每个信号；信号较多时，有整理线束的麻烦
总线		对应的总线模块；PROFINET slave 除外，只需要使用控制柜自带的网口	稳定。不同总线的通信速率不一致，特定总线的通信速率等可以手动设置，也受到线缆长度和类型的影响。使用总线，控制上相当于获得了数量巨大的普通 I/O
网络	Socket	PC Interface 选项	简单易用，有较高的柔性。如果仅仅是基于数据的通信，这就是最佳的方案。在有相机和 PC 通信的场合，有较广泛的应用
	PC SDK	PC Interface 选项	功能最全面，当除了数据通信之外还需要程序控制等操作时选择 PC SDK
	RWS	RobotWare 版本在 6.0 以上	涵盖 PC SDK 的绝大部分功能，基于 HTTP，能够跨平台使用
	RMQ	和 PC 通信时，要求配置 PC Interface 选项	终端模式可以用于机器人 task 之间的实时响应
	OPC	PC Interface 选项	当其他通信设备使用 OPC 技术的时候才考虑

3.1.4 工业机器人的通信配置

1. 利用 DeviceNet 配置 I/O 模块

（1）配置标准 I/O 板（DSQC652）

1) ABB DSQC652 板卡介绍。DSQC652 板提供了 16 个数字输入信号和 16 个数字输出信号，板卡端口及含义如图 3-11 所示。

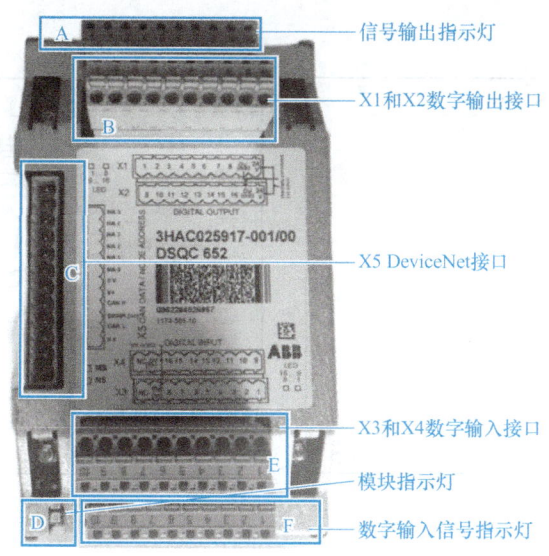

图 3-11　DSQC652 板卡端口及含义

2）DeviceNet 接口。ABB 标准 I/O 板是挂在 DeviceNet 网络上的，所以要设定模块在网络中的地址。端子 X5（见图 3-12）的 6～12 脚的跳线用来决定模块的物理地址，地址可用范围为 10～63。

如图 3-13 所示，将第 8 脚和第 10 脚的跳线剪去，这样就可以获得 2+8=10 的地址。

X5端子编号	使用定义
1	0V BLACK
2	CAN信号线low BLUE
3	屏蔽线
4	CAN 信号线high WHITE
5	24V RED
6	GND地址选择公共端
7	模块ID bit 0(LSB)
8	模块ID bit 1(LSB)
9	模块ID bit 2(LSB)
10	模块ID bit 3(LSB)
11	模块ID bit 4(LSB)
12	模块ID bit 5(LSB)

图 3-12　X5 端口详情

图 3-13　X5 端口示例

3）示教器配置过程。

① 单击"ABB 主菜单"，如图 3-14 所示。

② 单击"控制面板"，如图 3-15 所示。

③ 在弹出的"控制面板"对话框中单击"配置"，如图 3-16 所示。

④ 在配置选项中单击"DeviceNet Device"，如图 3-17 所示。

⑤ 单击"添加"，如图 3-18 所示。

⑥ 在下拉列表中选择"DSQC 652 24 VDC I/O Device"，如图 3-19 所示。

⑦ 先向下移动行，至看到 Address，修改 Address 的值为"10"，该值与实际的物理跳线一致（将物理地址范围控制在 10～63），如图 3-20 所示。

⑧ 参数设置完成后单击"确定"，随后会弹出示教器是否现在重启的提示，单击"是"按钮进行重启，如图 3-21 所示。

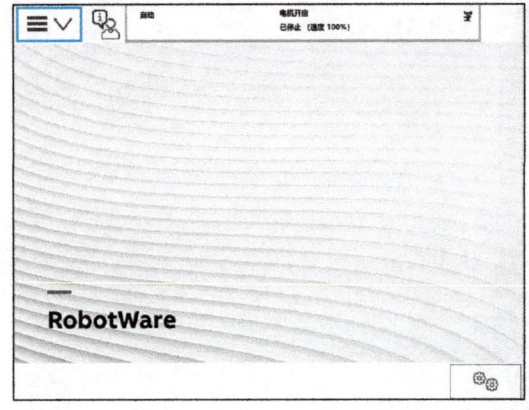

图 3-14　示教器配置过程 1

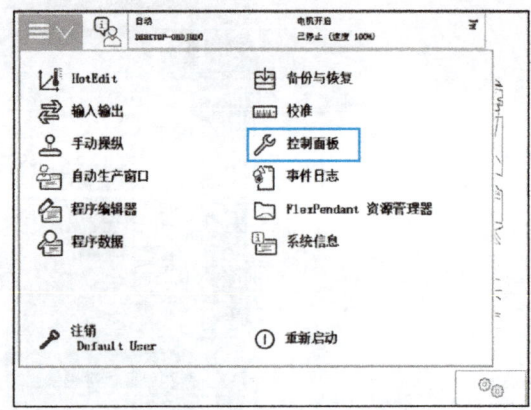

图 3-15　示教器配置过程 2

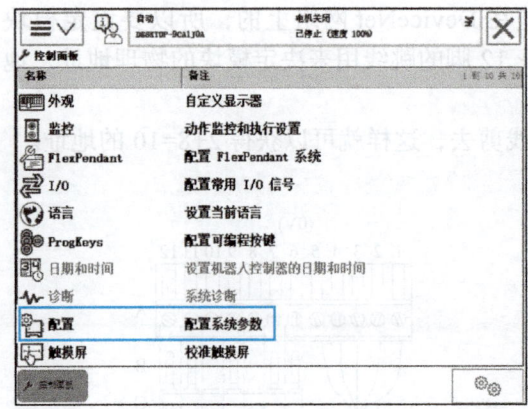

图 3-16　示教器配置过程 3

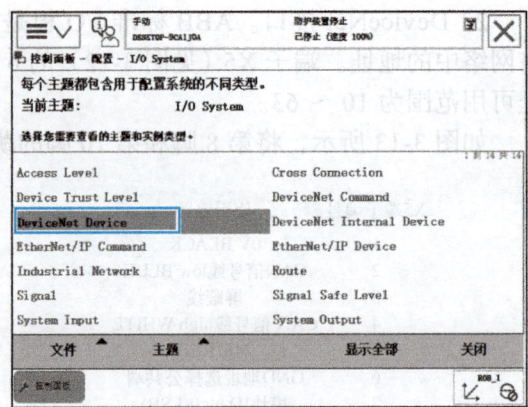

图 3-17　示教器配置过程 4

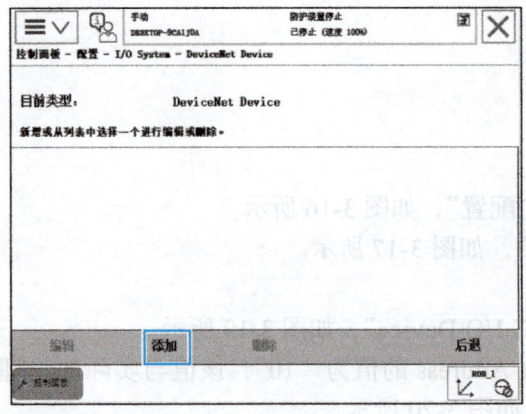

图 3-18　示教器配置过程 5

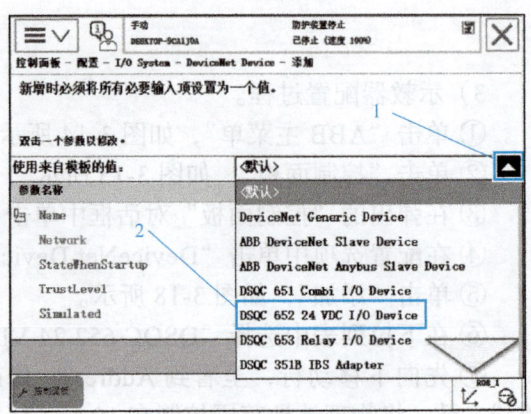

图 3-19　示教器配置过程 6

模块 3　工业机器人集成系统程序开发　97

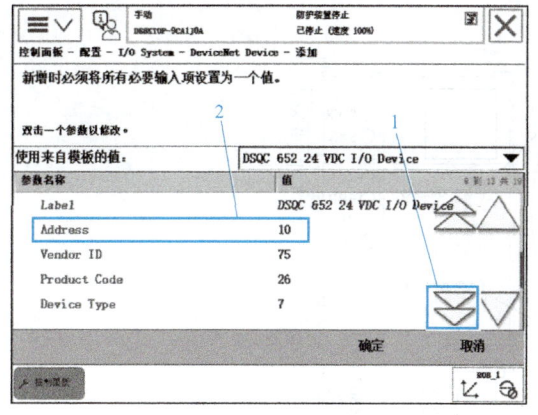

图 3-20　示教器配置过程 7

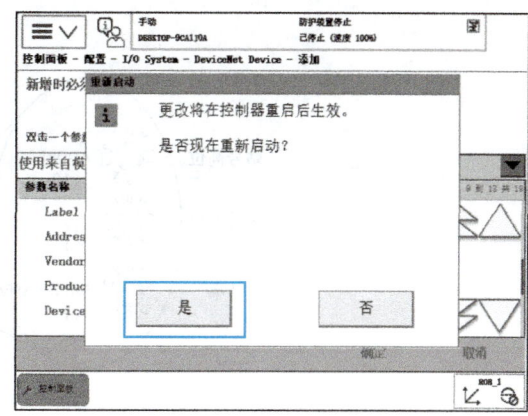

图 3-21　示教器配置过程 8

(2) 配置远程 I/O 模块 (FR8030)

1) FR8030 模块介绍。FR8030 适配器模块采用短帧传输，每帧的最大数据为 8 字节，采用无破坏性的逐位仲裁技术，网络最多可连接 64 个节点，如图 3-22 所示。

图 3-22　FR8030 适配器

2) DeviceNet 接口。FR8030 模块与 ABB 在设置物理地址时有所不同，FR8030 采用双旋钮进行选择，其中靠近模块上方的旋钮为"站号高（十）位"，中间旋钮为"站号低（个）位"，最下方旋钮为波特率设置旋钮（旋钮值与波特率对应值见表 3-3）。

表 3-3　旋钮值与波特率对应值

设置值	波特率
0	125kbit/s
1	250kbit/s
2	500kbit/s
其他值	无效

如图 3-23 所示，若将站号高位调为"3"，站号低位调为"1"，波特率旋钮调为"2"，则表示模块的地址为"31"号，波特率为"500kbit/s"。

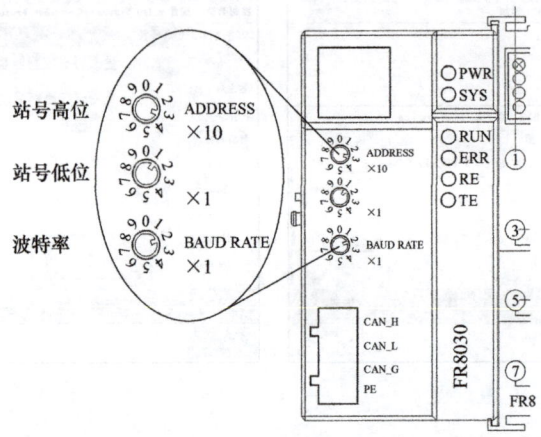

图 3-23　FR8030 旋钮

3）示教器配置过程。

① 配置前提。

a. 使用 FR8030 模块的前提是选用相应的信号板作为载体，如图 3-24 所示，在 FR8030 适配器上安装了 2 个数字量输入模块、4 个数字量输出模块、1 个模拟量输出模块，即：DI×16、DO×32、AO×1。

b. 在模块出厂时会有相应的硬件属性，要认真查找相应的参数，如厂商代码、设备类型、产品代码等信息，如图 3-25 所示。

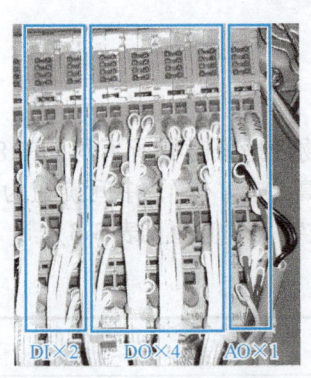

图 3-24　FR8030-I/O 子板

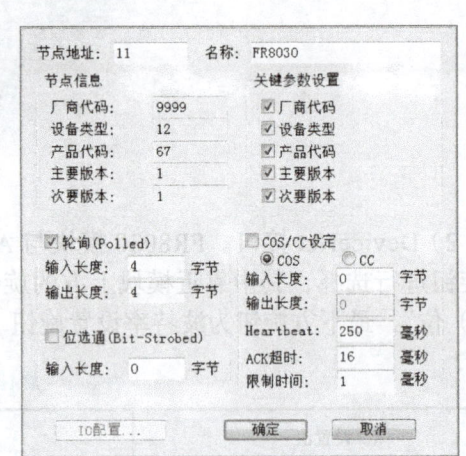

图 3-25　FR8030 参数信息

② 配置过程。

a. 重复 DSQC652 示教器配置过程的①~⑤。

b. 在下拉列表中选择 "DeviceNet Generic Device"，如图 3-26 所示。

c. 为 I/O 板命名，如 "Board11"，如图 3-27 所示。

d. 根据厂商提供参数进行设置，如图 3-28 和图 3-29 所示。

e. 参数设置完成后单击 "确定"，随后会弹出示教器是否现在重启的提示，单击 "是" 按钮进行重启，如图 3-30 所示。

模块 3　工业机器人集成系统程序开发　99

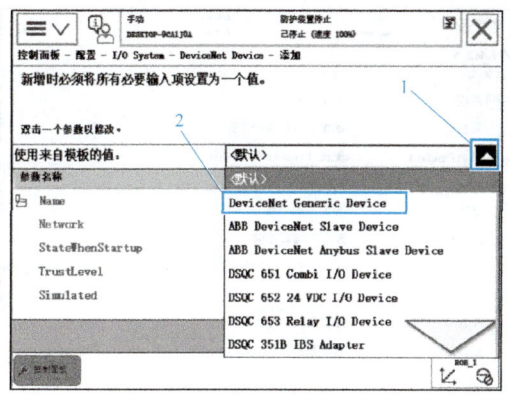

图 3-26　FR8030 示教器配置过程 1

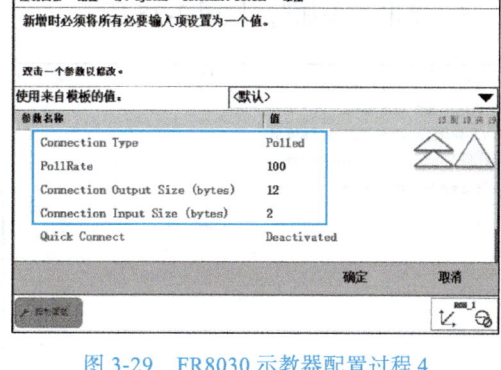

图 3-27　FR8030 示教器配置过程 2

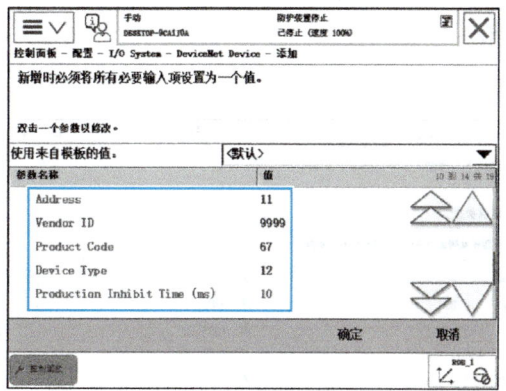

图 3-28　FR8030 示教器配置过程 3

图 3-29　FR8030 示教器配置过程 4

2. 配置 I/O 信号

1）单击"ABB 主菜单",如图 3-31 所示。

工业机器人的 I/O 配置及使用

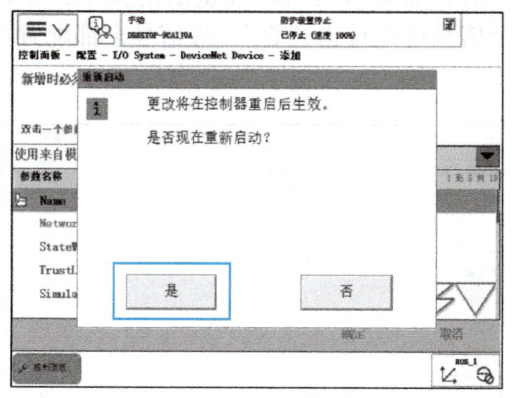

图 3-30　FR8030 示教器配置过程 5

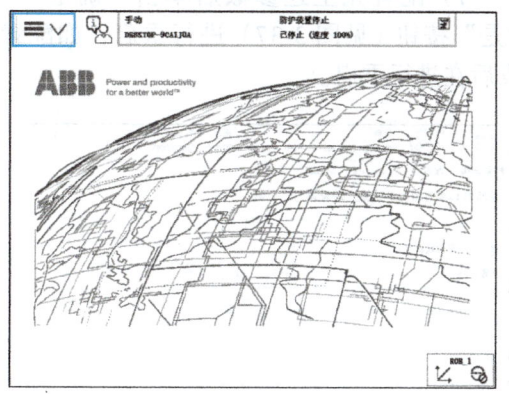

图 3-31　I/O 信号配置 1

2）单击"控制面板",如图 3-32 所示。
3）进入控制面板设置界面,单击"配置",如图 3-33 所示。

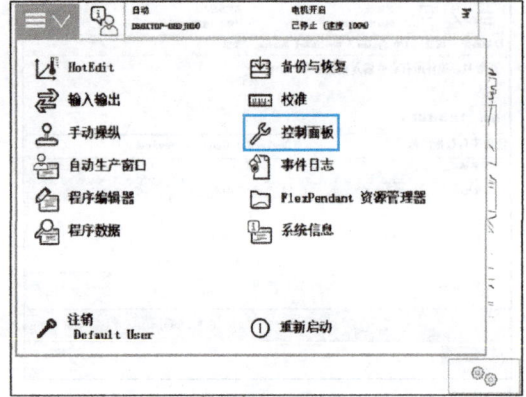

图 3-32　I/O 信号配置 2

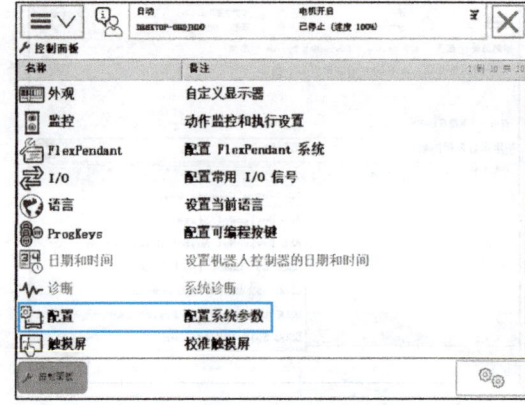

图 3-33　I/O 信号配置 3

4）在配置界面单击"Signal"，如图 3-34 所示。

5）单击"添加"，如图 3-35 所示。

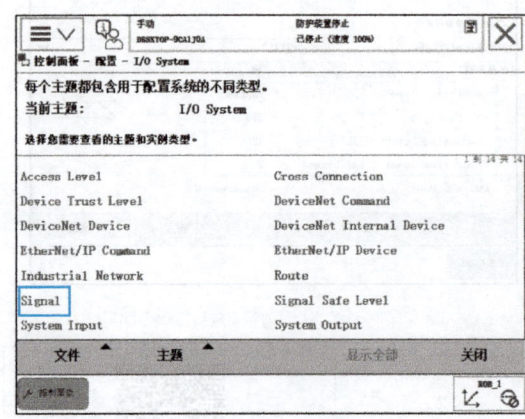

图 3-34　I/O 信号配置 4

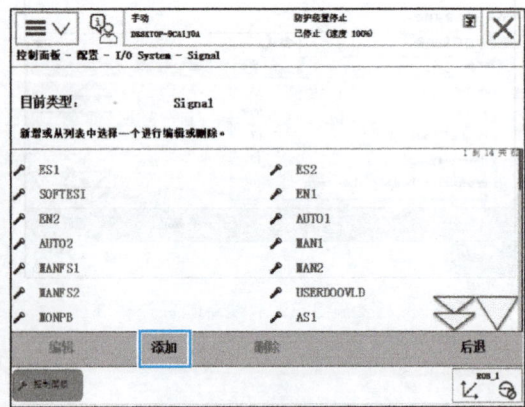

图 3-35　I/O 信号配置 5

6）配置参数，如图 3-36 所示。

7）配置完上述参数后单击"确定"，随后示教器弹出是否现在重启的提示，单击"是"按钮（见图 3-37）进行重启，如配置多个信号可先单击"否"，等信号全部配置完成后在进行重启。

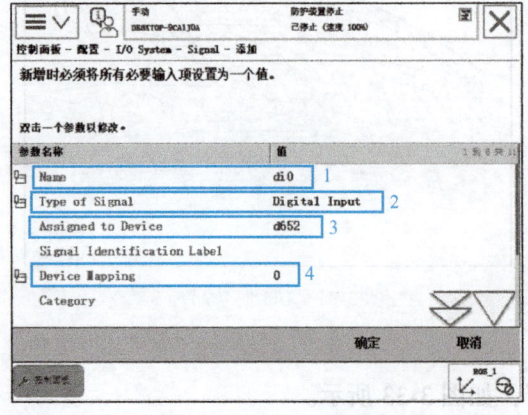

图 3-36　I/O 信号配置 6

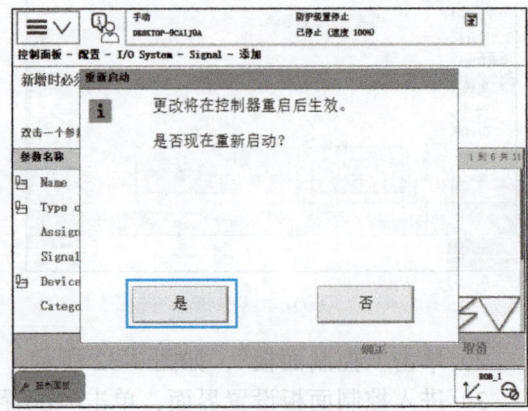

图 3-37　I/O 信号配置 7

3.2 机器视觉系统调整与设置

教学目标

1)了解机器视觉系统的硬件构成。
2)了解相机镜头、视觉相机和视觉控制等部分功能。
3)了解机器视觉系统操作界面各个窗口的功能。
4)掌握场景组的创建和编辑方法、视觉检测流程搭建的方法。

3.2.1 机器视觉系统的硬件构成

1. 图像采集系统

图像采集系统由图像处理软件完成,主要包含图像采集单元、图像处理单元、网络通信装置三部分组成,如图 3-38 和图 3-39 所示。

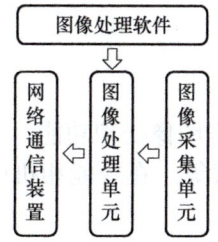

图 3-38 机器视觉系统的硬件构成

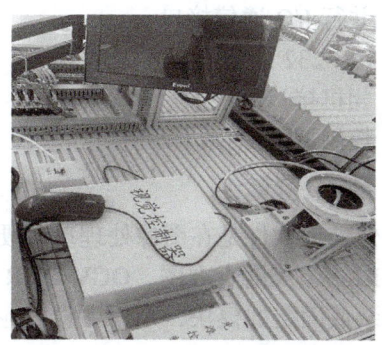

图 3-39 机器视觉系统

2. 图像采集单元

在智能相机中,图像采集单元相当于普通意义上的电荷耦合器件(Charge Coupled Device,CCD)/互补金属氧化物半导体器件(Complementary Metal Oxide Semiconductor,CMOS)相机和图像采集卡,它将光学图像转换为模拟/数字图像,并输出至图像处理单元,如图 3-40 所示。

3. 图像处理单元

图像处理单元类似于图像采集/处理卡,它可对图像采集单元输出的图像数据进行实时存储,并在图像处理软件的支持下进行图像处理。

图 3-41 所示为欧姆龙 FH-L550 控制器,该控制器具有紧凑性高、运行处理速度快、程序编写简单等特点,集定位、识别、计数等功能于一体,可同时连接两台相机进行视觉处理,还支持 Ethernet 通信。

控制器面板上接口介绍:
① 控制器系统运行显示区。
② SD 槽。
③ USB 接口。
④ 显示器接口。

图 3-40 CCD 相机

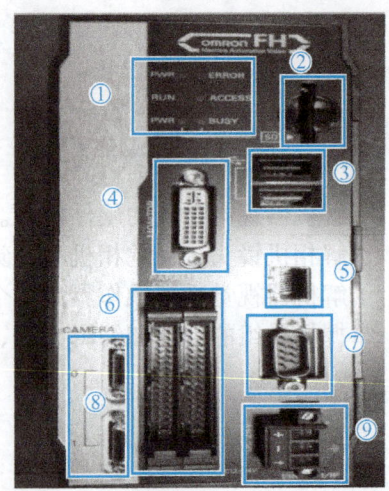

图 3-41 欧姆龙 FH-L550 控制器

⑤ 通信网口。
⑥ 并行 I/O 通信接口。
⑦ RS-232 通信接口。
⑧ 相机接口。
⑨ 控制器电源接口。

4. 图像处理软件

图像处理软件是在图像处理单元硬件环境的支持下完成图像处理功能,如几何边缘的提取、Blob、灰度直方图、OCV/OVR、简单的定位和搜索等。在智能相机中,以上算法都被封装成固定的模块,用户可直接应用,如图 3-42 所示。

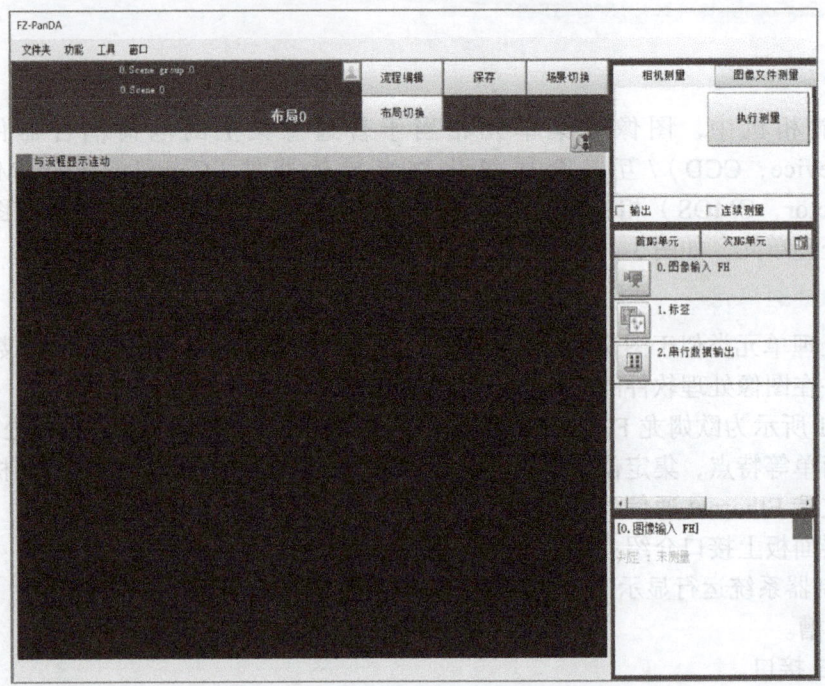

图 3-42 视觉系统图像处理软件界面

5. 网络通信装置

网络通信装置是智能相机的重要组成部分，主要完成控制信息、图像数据的通信任务。智能相机一般均内置以太网通信装置，并支持多种标准网络和总线协议，从而使多台智能相机构成更大的机器视觉系统，如图 3-43 所示。

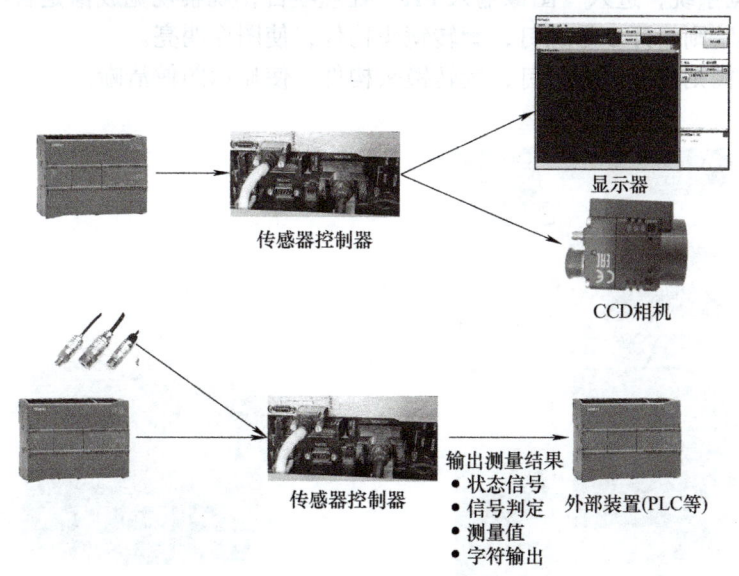

图 3-43 典型网络通信装置拓扑图

3.2.2 机器视觉的调整与通信

1. 机器视觉相机的调整

（1）相机镜头 相机镜头（见图 3-44）的基本功能就是实现光束调制，在视觉系统中，镜头的主要作用是将目标成像在图像传感器的光敏面上。镜头的质量直接影响机器视觉系统的整体性能，合理地选择和安装镜头，是机器视觉系统设计的重要环节。

镜头的相关参数如下：

1）景深：在景物空间中，能在实际像平面上获得相对清晰影像的景物空间深度范围。

图 3-44 相机镜头

2）焦距：主点到成像面的距离。焦距数值小，成像面距离主点近，镜头是短焦距镜头，其画角是广角，可拍摄广大的场景；相反，焦距数值大，主点到成像面的距离远，镜头是长焦距镜头，画角变窄，可拍摄较远的场景。变焦镜头可通过构件改变镜头焦距，使相机达到清晰成像。

3）明亮度：相机芯片得到光线明亮的范围。明亮度与口径和焦距的变化有关，变焦镜头里有用于调整明亮度的光圈构件，可根据镜头上的构件来调整镜头明亮度。

（2）视觉相机 视觉相机根据采集图片的芯片可以分成两种：CCD 和 CMOS。

CCD 使用一种高感光度的半导体材料制成，能把光线转变成电荷，通过模/数转换器芯片转换成数字信号，数字信号经过压缩以后由相机内部的闪速存储器或内置硬盘卡保存。

CMOS 芯片是利用硅和锗这两种元素做成的半导体，通过 CMOS 上带负电和带正电的晶体管来实现处理的功能。

CCD 视觉相机（见图 3-45）抑噪能力强、图像还原性高，但因其制造工艺复杂所以相对耗电量高、成本高。

（3）镜头的光圈与焦距调整　镜头的光圈与焦距调整如图 3-46 所示，当硬件连接完毕后，开启视觉系统，进入"图像输入 FH"处理项目，观察视觉成像是否清晰：

1）成像黑暗则松开 2 号螺钉，旋转镜头构件，使图像明亮。

2）成像模糊则松开 1 号螺钉，旋转镜头构件，使显示图像清晰。

图 3-45　CCD 视觉相机

图 3-46　光圈与焦距调整

2. 机器视觉系统与外部设备通信

（1）视觉系统的架构与工作流程

1）传统的视觉系统架构如图 3-47 所示。

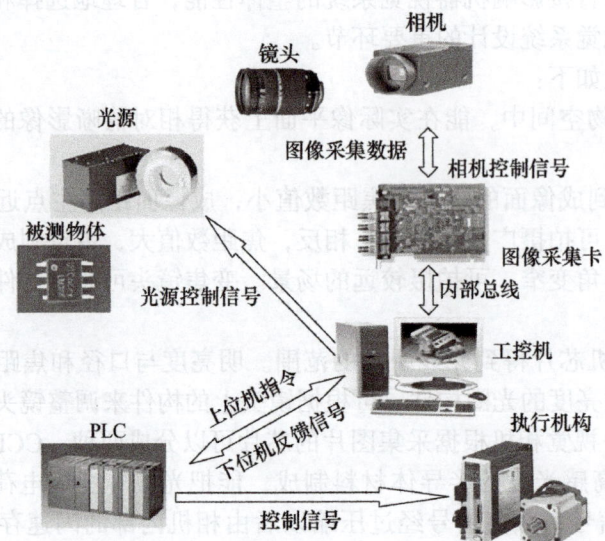

图 3-47　传统视觉系统架构

2)视觉系统通信工作流程如图 3-48 所示。

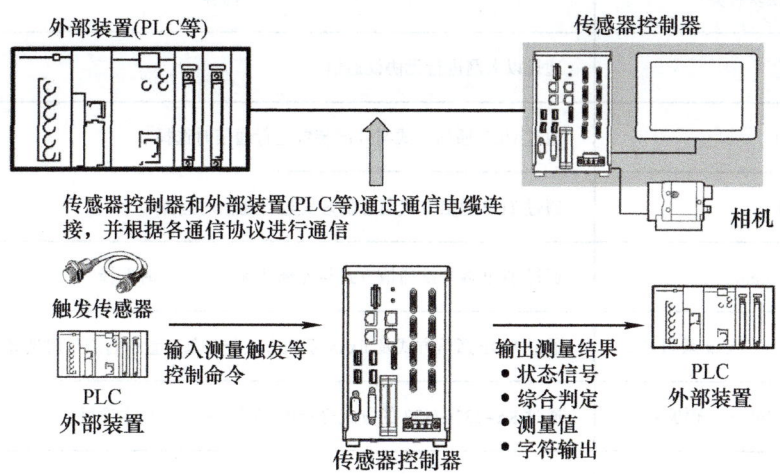

图 3-48 视觉系统通信工作流程

以欧姆龙 FH-L550 系统通信方式为例,其主要包括以下通信方式:并行通信、PLC LINK、EtherNet/IP、无协议(TCP)通信。

(2) 视觉系统通信配置

1)通信模块设定(见图 3-49)。通信模块种类见表 3-4。设定完成后单击"关闭"会自动返回主界面,返回主界面后单击"保存"按钮(见图 3-50),单击"确定"(重复几次,确保已经保存设置参数),在"功能"栏中选择"系统重启"(见图 3-50),等待视觉系统重启完成。

视觉系统与机器人的组态设置

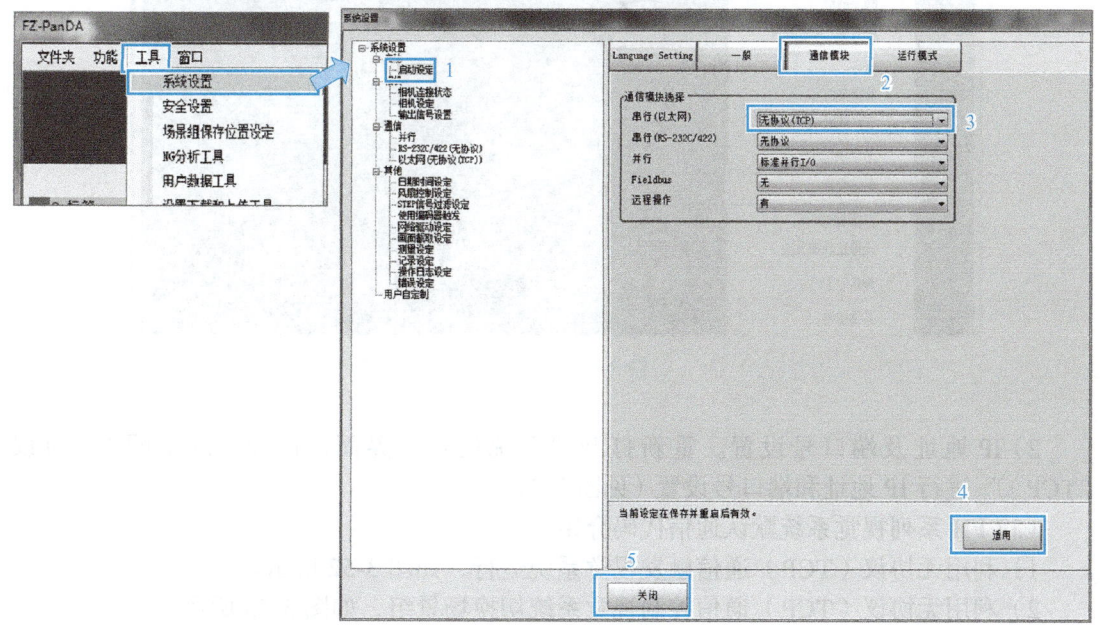

图 3-49 通信模块设定

表 3-4 通信模块种类介绍

通信模块种类	内容
串行（以太网）	通过以太网进行无协议通信
无协议（UDP）	通过 UDP 通信方式与外部装置进行通信时选择
无协议（TCP）	通过 TCP 通信方式与外部装置进行通信时选择
无协议（TCP Client）	通过 TCP 客户端通信方式与外部装置进行通信时选择
无协议（UDP）（Fxxx 系列方式）	通过 UDP 通信方式及 Fxxx 系列方式与外部装置进行通信时选择
串行（RS-232C/422）无协议	通过 RS-232C/422 的方式进行通信时，一般选择本项目
无协议（Fxxx 系列方式）	通过 Fxxx 系列方式与外部装置进行通信时选择

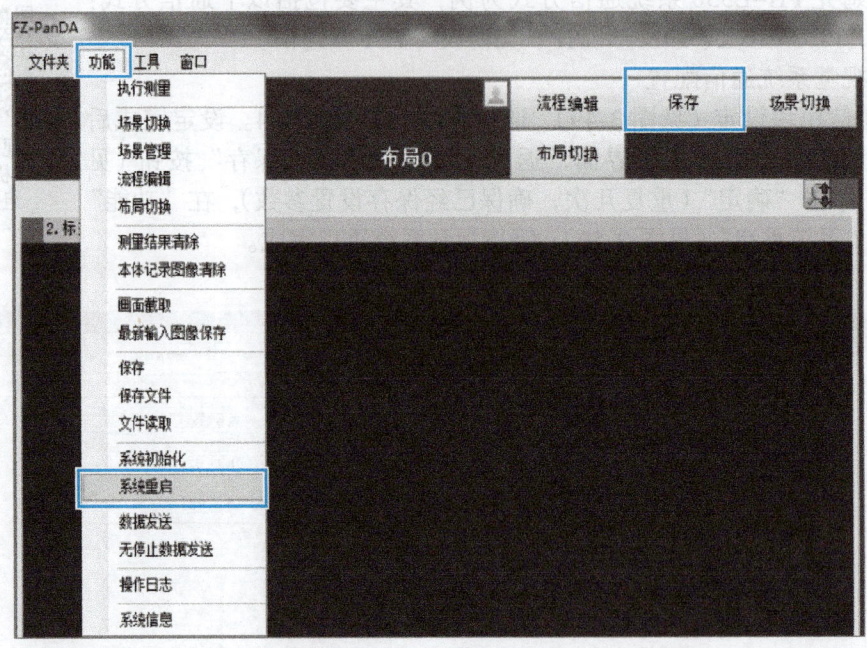

图 3-50 系统重启

2）IP 地址及端口号设置。重新打开"系统设置"界面，选择"以太网（无协议（TCP）"进行 IP 地址和端口号设置（见图 3-51）。

（3）FH 系列视觉系统默认通信代码介绍

1）利用无协议（TCP）通信触发视觉系统运行，如图 3-52 所示。

2）利用无协议（TCP）通信控制视觉系统切换场景组，如图 3-53 所示。

3）利用无协议（TCP）通信控制视觉系统切换场景，如图 3-54 所示。

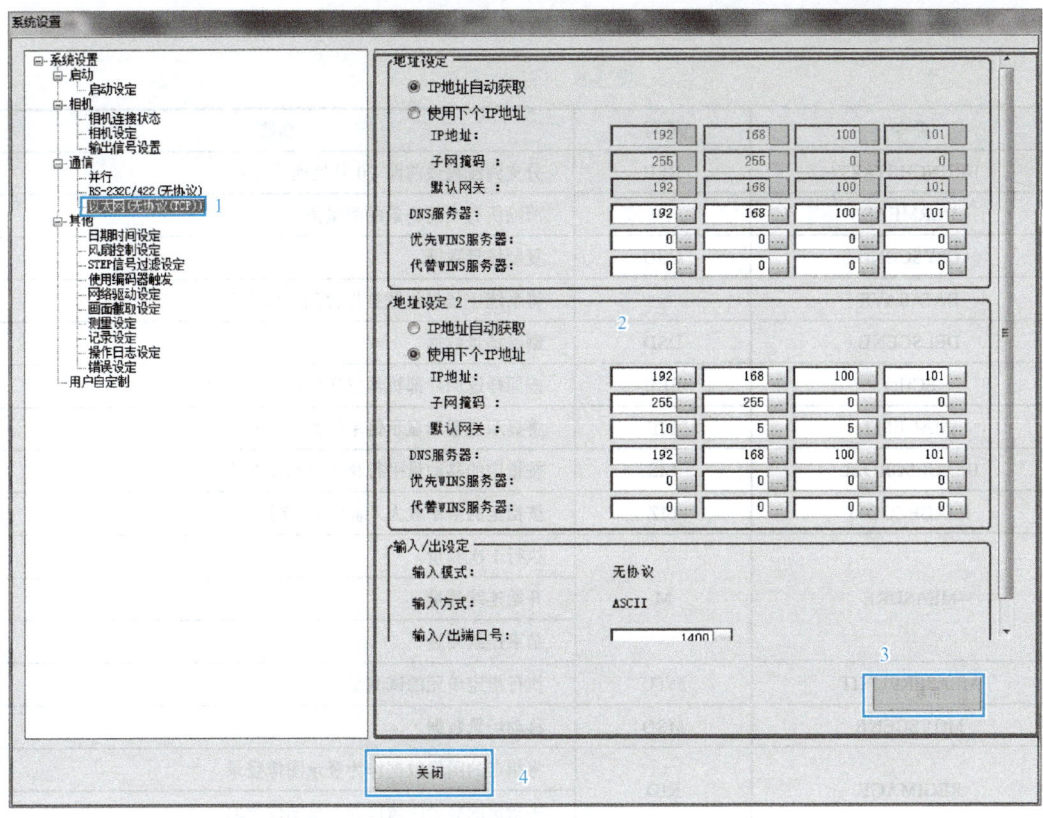

图 3-51　IP 地址及端口号设置

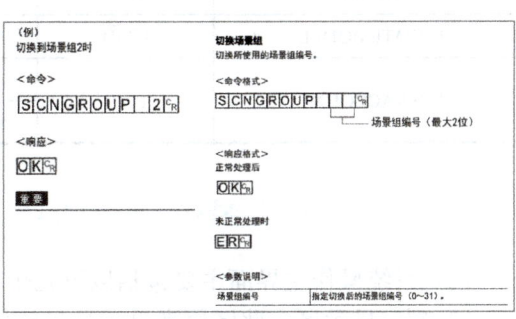

图 3-52　触发视觉系统运行实例

图 3-53　切换场景组

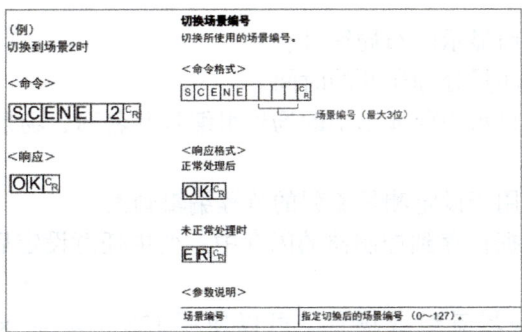

图 3-54　切换场景

4）无协议（TCP）通信视觉系统中常用功能代码见表3-5。

表 3-5　常用功能代码

命令	缩写	功能
BRUNCHSTART	BFU	分支到流程最前面（0号处理单元）
CLRMEAS	—	清除所有当前场景的测量值
CPYSCENE	CSD	复制场景数据
DATASAVE	—	将系统+场景组数据保存到本体内存
DELSCENE	DSD	删除场景数据
ECHO	EEC	按原样返回外部机器发送的任意字符串
IMAGEFIT	EIF	将显示位置和显示倍率恢复为初始值
IMAGESCROLL	EIS	按指定的移动量平行移动显示图像位置
IMAGEZOOM	EIZ	按指定的倍率放大/缩小显示图像
MEASURE	M	执行1次测量
		开始连续测量
		结束连续测量
MEASEREUNIT	MTU	执行指定单元的试测量
MOVSCENE	MSD	移动场景数据
REGIMAGE	RID	将指定的图像数据作为登录图像登录
		将指定的登录图像作为测量图像读取
RESET	—	重启控制器
TIMER	TMR	经过指定的等待时间后，执行相应的命令字符串
UPDATEMODEL	UMD	用当前图像重新登录模型数据
USERACCOUNT	UAD	在指定的用户组ID中追加用户账户
		删除指定的用户账户

3.2.3　机器视觉系统操作界面的介绍

视觉系统操作主界面主要包括以下几个区域（见图3-55）：

1）判定显示区。此区用来显示场景整体的综合判定结果：OK/NG。综合判定显示的处理单元群中，如果任一判定结果为NG，则显示为"NG"。

2）信息显示区。

① 布局：将显示当前显示的布局编号。

② 处理时间：显示测量处理所花的时间。

③ 场景组、场景：显示当前显示中的场景组编号及名称、场景编号及名称。

3）工具区。

① 流程编辑：启动用于设定测量流程的流程编辑画面。

② 保存：将设定数据保存到控制器的闪存中。变更任意设定后，请务必单击此按钮，保存设定。

③ 场景切换：切换场景组或场景。可以使用128个场景×32个场景组=4096个场景。

图 3-55 视觉系统操作界面

④ 布局切换:切换布局编号。

4)测量区。

① 相机测量:对相机图像进行试测量。

② 图像文件测量:再测量保存图像。

③ 输出:要将调整画面中的试测量结果也输出到外部时,勾选该选项。不输出到外部,仅进行传感器控制器单独的试测量时,取消该选项的勾选。

这个设定菜单用于在显示主画面时,临时变更设定。切换场景或布局后,将不保存测量区的"输出"中设定的内容,而是应用布局设定的"输出"中的设定内容。

④ 连续测量:希望在调整画面中连续进行试测量时,勾选该选项。勾选"连续测量"并单击"执行测量"后,将连续重复执行测量。

5)图像区。此区显示已测量的图像。同时,将显示选中的处理单元名或"与流程显示连动"。单击处理单元名的左侧,可显示图像窗口的属性画面。

6)流程显示区。此区将显示测量处理的内容(测量流程中设定的内容)。单击各处理项目的图标,将显示处理项目的参数等要设定的属性画面。

7)详细结果显示区。此区将显示试测量结果。

3.2.4 场景及场景组的编辑与设计

1. 场景与场景组介绍

处理项目的组合称为"场景",如图 3-56 所示。可以制作多个场景,如果为每件测量对象预先设置好场景,则实际工作中,即使测量对象改变,只需要切换对应的场景即可顺利地完成测量准备。

以128个场景为单位集合而成的处理流程称为"场景组",要增加场景数量,或要对多个场景按照各自的类别进行管理,制作场景组后将会非常方便,如图3-57所示。

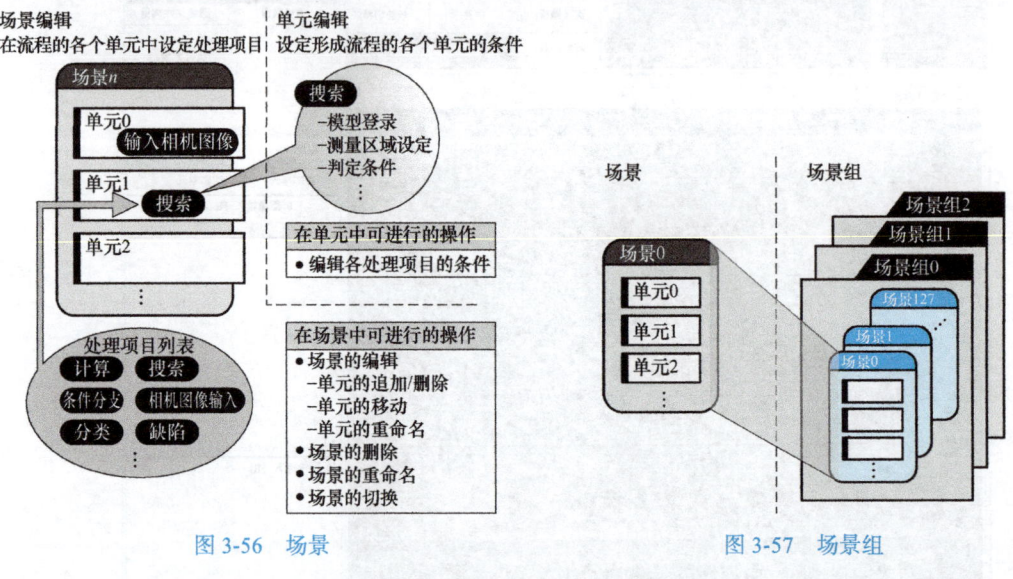

图3-56 场景　　　　　　　　　　　　图3-57 场景组

2. 场景及场景组的编辑管理

(1) 场景组的复制　进入主界面,执行"功能"→"场景管理"命令,进入场景管理界面如图3-58所示,进入后依次单击图3-59中的序号1～5进行场景组复制的操作。

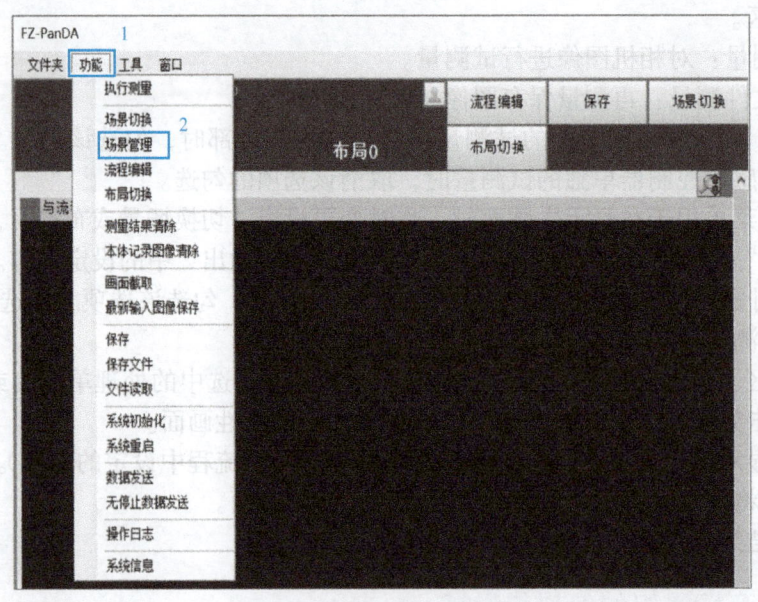

图3-58 进入场景管理界面

(2) 场景组名称的修改　修改场景组名称的操作步骤如图3-60中的序号1～4所示。

(3) 场景的复制　复制场景的操作步骤如图3-61中的序号1～4所示。

(4) 场景名称的修改　修改场景名称的操作步骤如图3-62中的序号1～5所示。

(5) 手动切换场景组或场景　手动切换场景组或场景的操作步骤如图3-63中的序号1～6所示。

模块 3 工业机器人集成系统程序开发 111

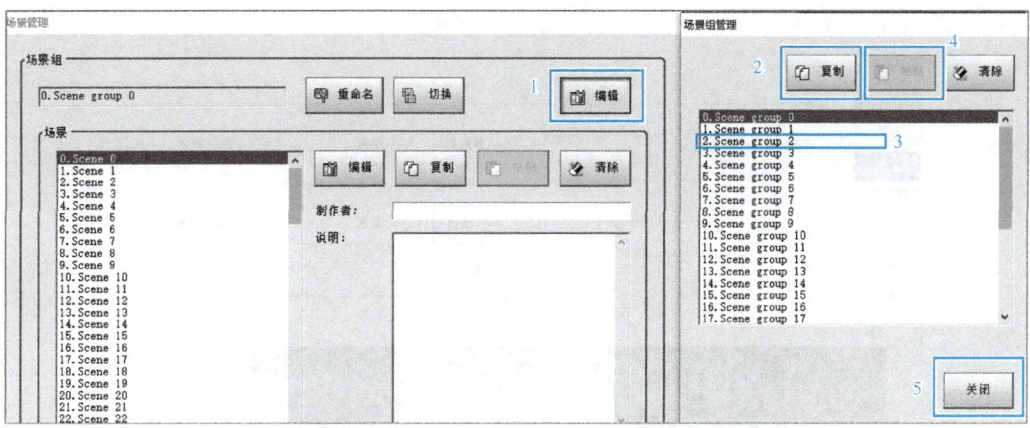

图 3-59 复制场景组

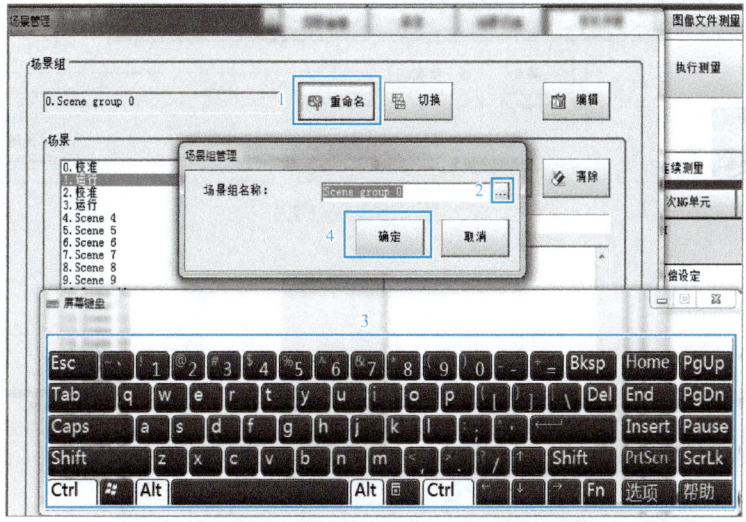

图 3-60 修改场景组名称

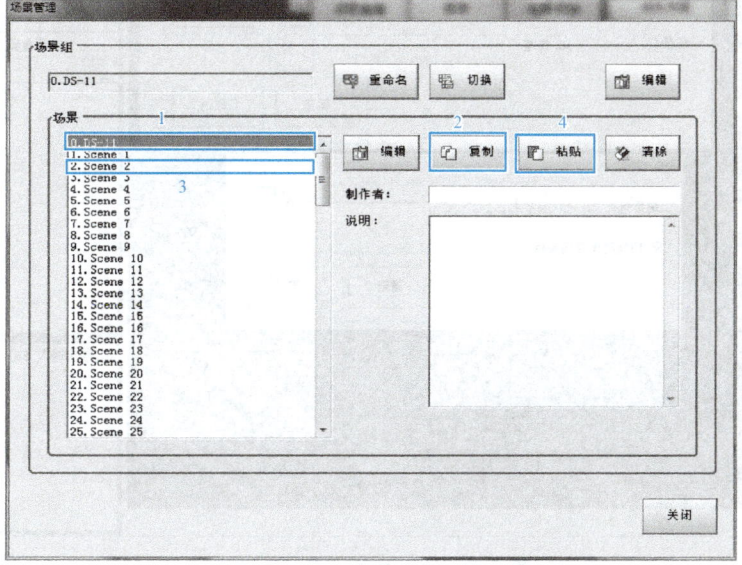

图 3-61 复制场景

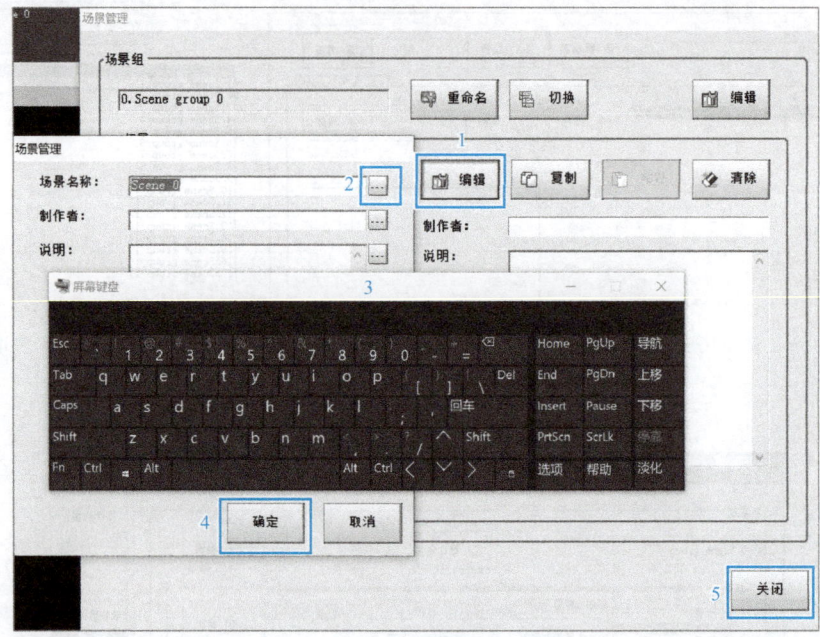

图 3-62 修改场景名称

图 3-63 手动切换场景组或场景

3. 场景设计

（1）流程编辑界面介绍　流程编辑界面如图 3-64 所示，主要包括以下几个内容：

1）单元列表：显示构成流程的处理单元。通过在单元列表中追加处理项目，可以制作场景的流程。

2）属性设定按钮：显示属性设定画面，可进行详细设定。

3）结束记号：表示流程的结束。

4）流程编辑按钮：可以对场景内的处理单元进行重新排列或删除。

5）显示选项。

① 参照其他场景流程：若勾选该选项，则可参照同一场景组内的其他场景流程。

② 放大测量流程显示：若勾选该选项，则以大图标显示"单元列表"的流程。

③ 放大处理项目：若勾选该选项，则以大图标显示"处理项目树形结构图"。

6）处理项目树形结构图：这是用于选择追加到流程中的处理项目的区域。处理项目按类别以树形结构图显示。单击各项目的"+"，可显示下一层项目。若单击各项目的"-"，则所显示的下一层项目将收起来。如果勾选了"参照其他场景流程"，将显示场景选择框和其他场景流程。

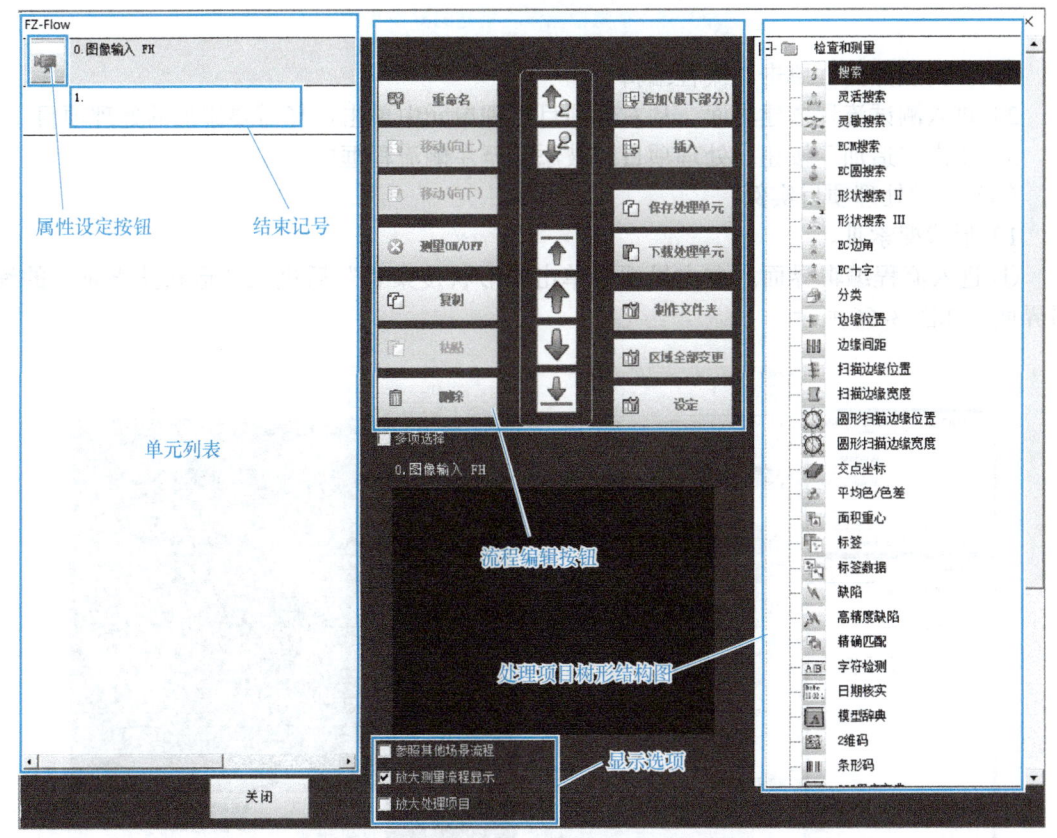

图 3-64　流程编辑界面

（2）视觉检测流程搭建　视觉检测流程搭建的操作步骤如图 3-65 中的序号 1～3 所示。

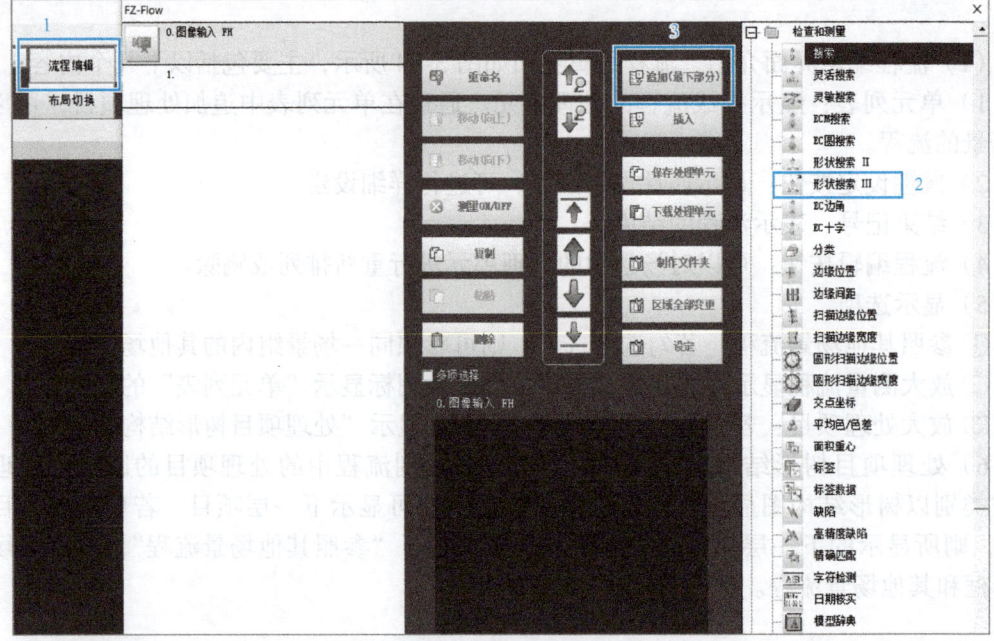

图 3-65 视觉检测流程搭建的操作步骤

1)回到主界面,单击"流程编辑"。
2)进入测试流程搭建界面,从右侧项目处理单元中单击选择需要添加的处理项目。
3)单击"追加"按钮,处理项目即被添加至左侧流程框中。
(3)视觉处理项目实例
1)形状搜索Ⅲ。
①进入流程编辑界面。在主界面中单击"形状搜索Ⅲ"后进入"形状搜索Ⅲ"的编辑界面,如图 3-66 所示。

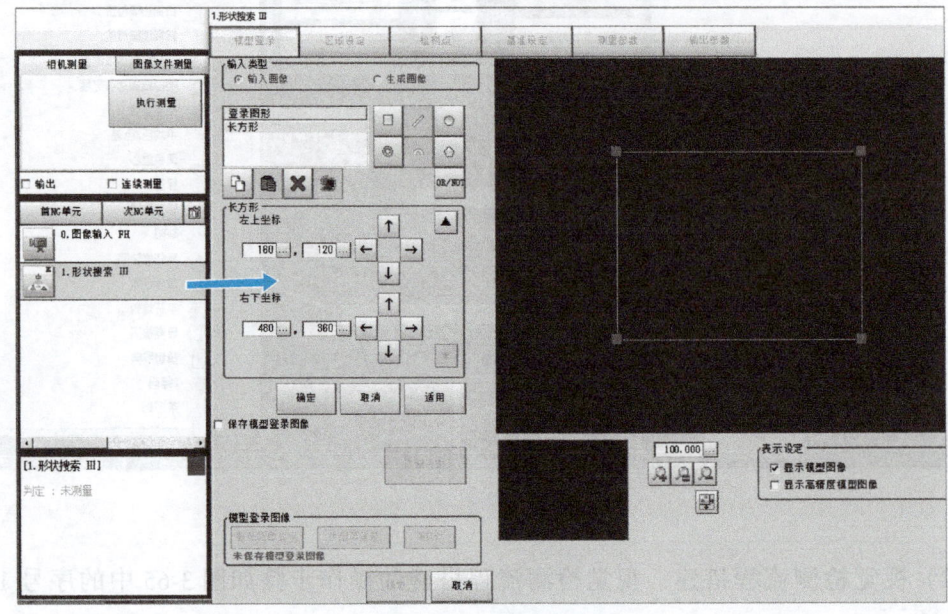

图 3-66 形状搜索流程编辑

② 模型登录。在"登录图形"处选择相应图形,框选需要识别的物料,其余参数使用默认设置,单击"适用"按钮后单击"确定"按钮,如图 3-67 所示。

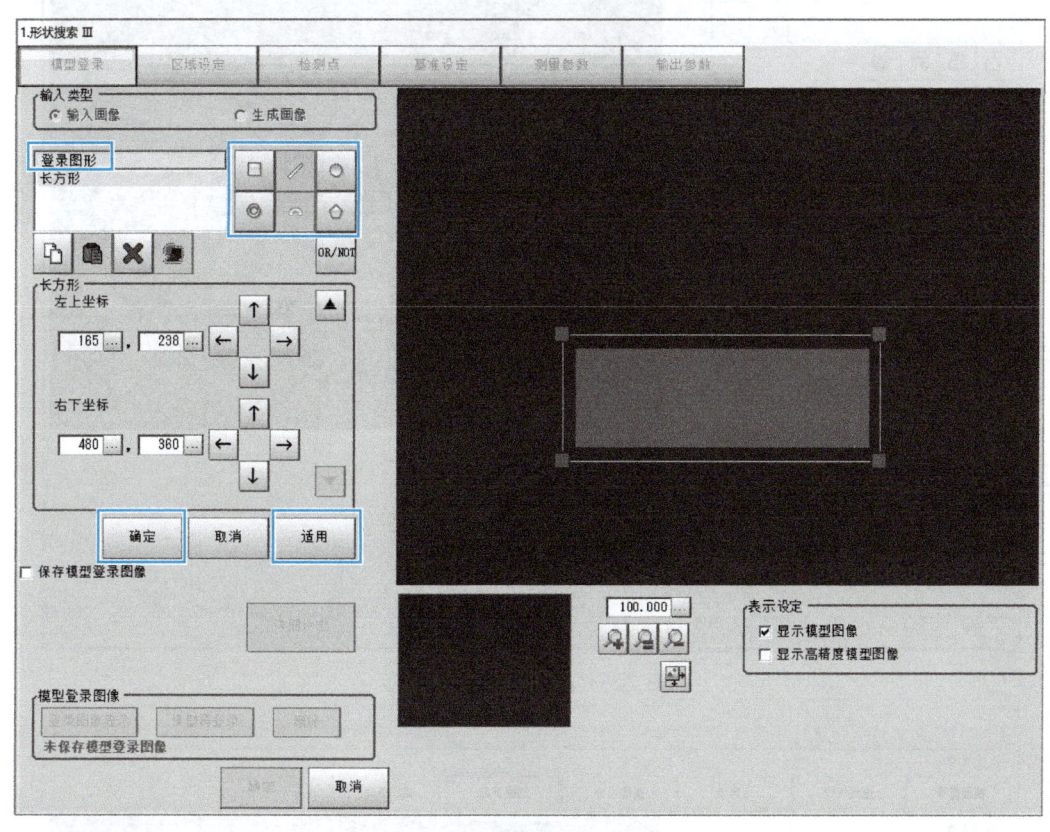

图 3-67　形状搜索模型登录

③ 区域设定。在"登录图形"处选择相应图形(此例选择"长方形"),其余参数使用默认设置,在单击"适用"按钮后单击"确定"按钮,如图 3-68 所示。注意:此选项为智能相机将要搜索的画幅区域,需根据具体情况调整大小。

④ 测量参数。在"测量参数"选项卡的"判定"区域中选择"相似度"参数,将其数值更改为"60""100",其余参数使用默认值,如图 3-69 所示。

注意: "检测点"与"基准设定"使用默认设置。

2)标签。

① 进入标签编辑界面。在主界面中单击"标签"后进入"标签"的编辑界面,如图 3-70 所示。

② 颜色指定。在"颜色指定"选项卡中勾选"自动设定",拖动鼠标在当前拍摄的物体上拾取颜色或者在颜色表中选取颜色,其余参数使用默认设置,如图 3-71 所示。

③ 区域设定。在"区域设定"选项卡中的"登录图形"处选择相应图形,其余参数使用默认设置,在单击"适用"按钮后单击"确定"按钮,如图 3-72 所示。

④ 测量参数。在"测量参数"选项卡中单击"抽取条件"的下拉菜单,如图 3-73 所示,选择"面积"后更改"面积"最小值为"1000",其余参数使用默认设置。

注意: "掩膜生成"与"基准设定"使用默认设置。

> 机器人与视觉系统颜色识别程序的编写与演示

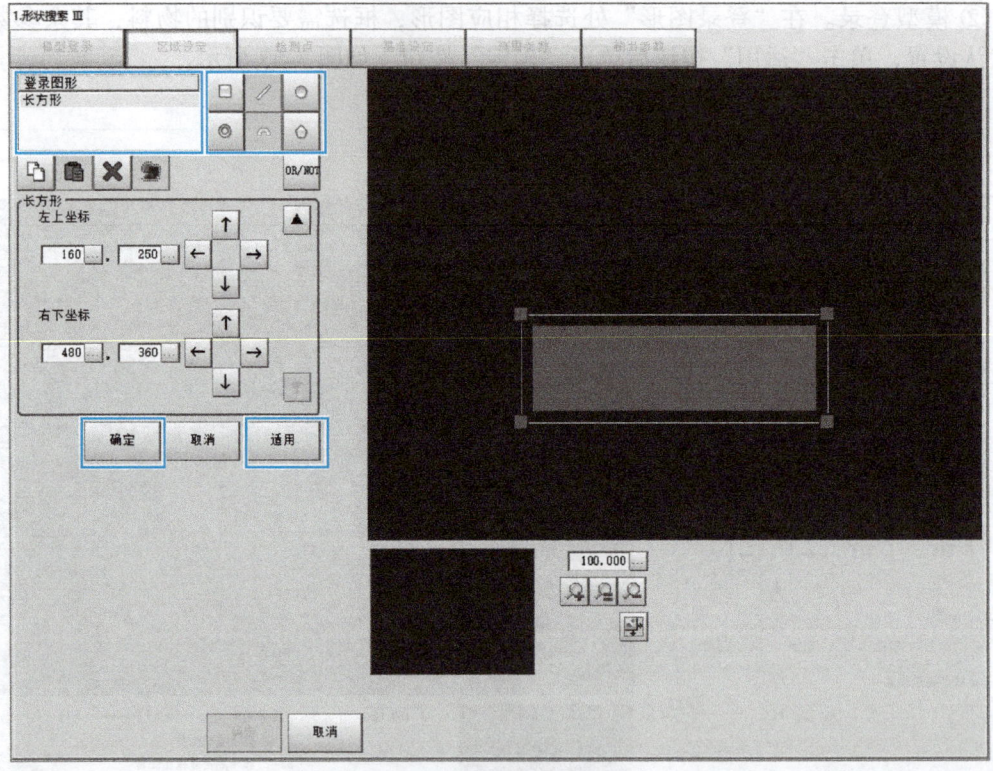

图 3-68 形状搜索区域设定

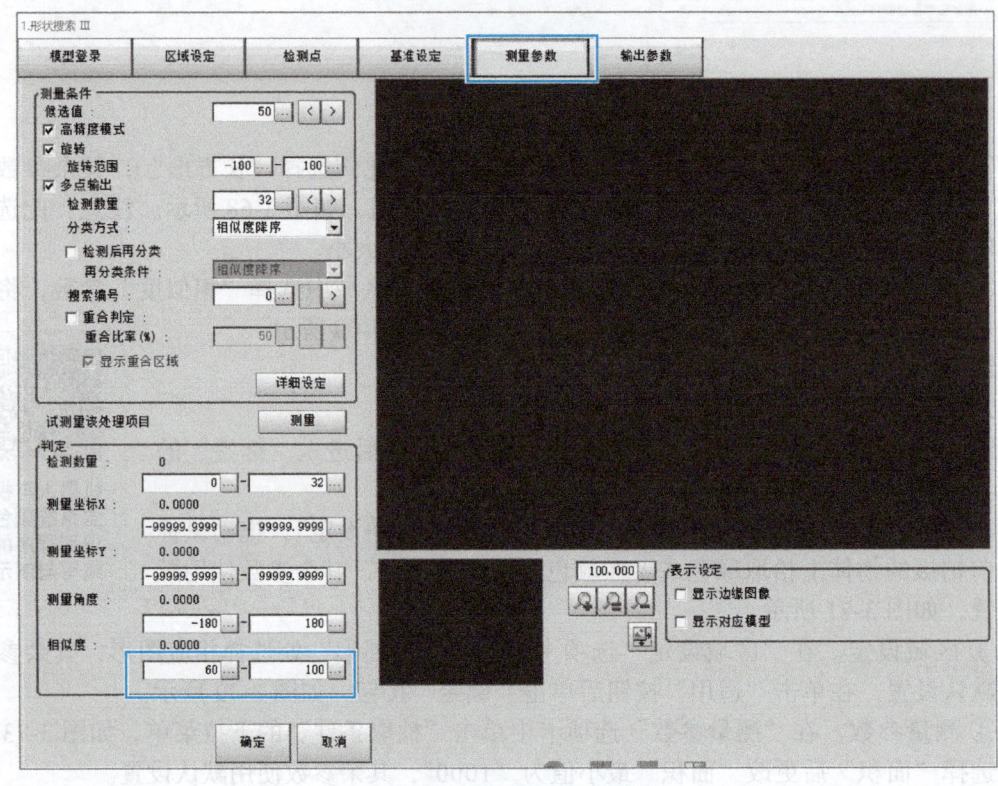

图 3-69 形状搜索测量参数

模块 3　工业机器人集成系统程序开发　117

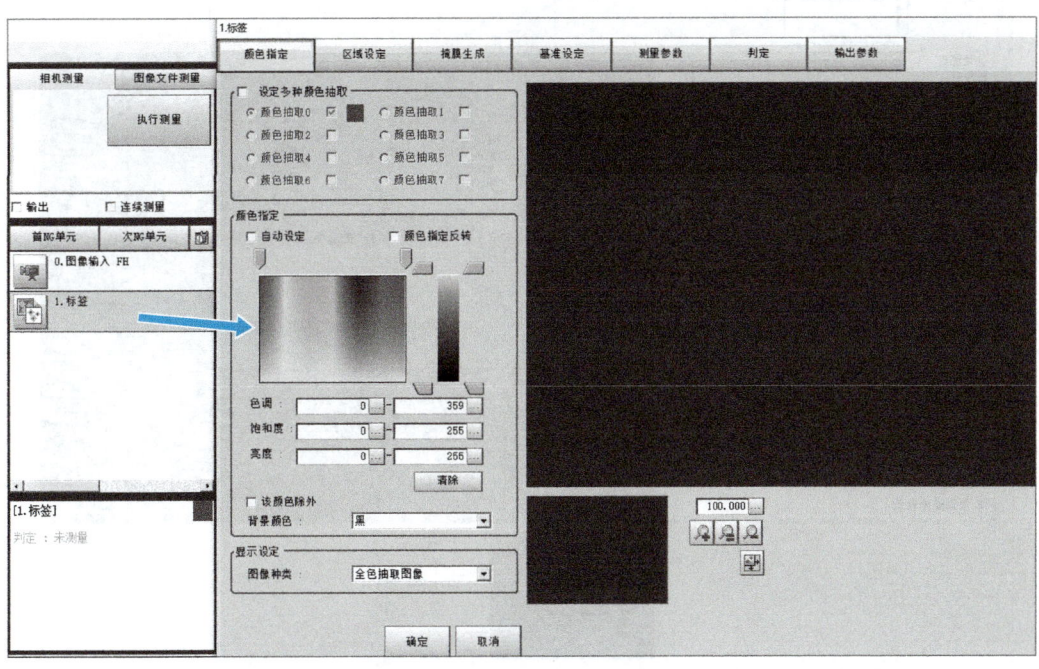

图 3-70　标签流程编辑

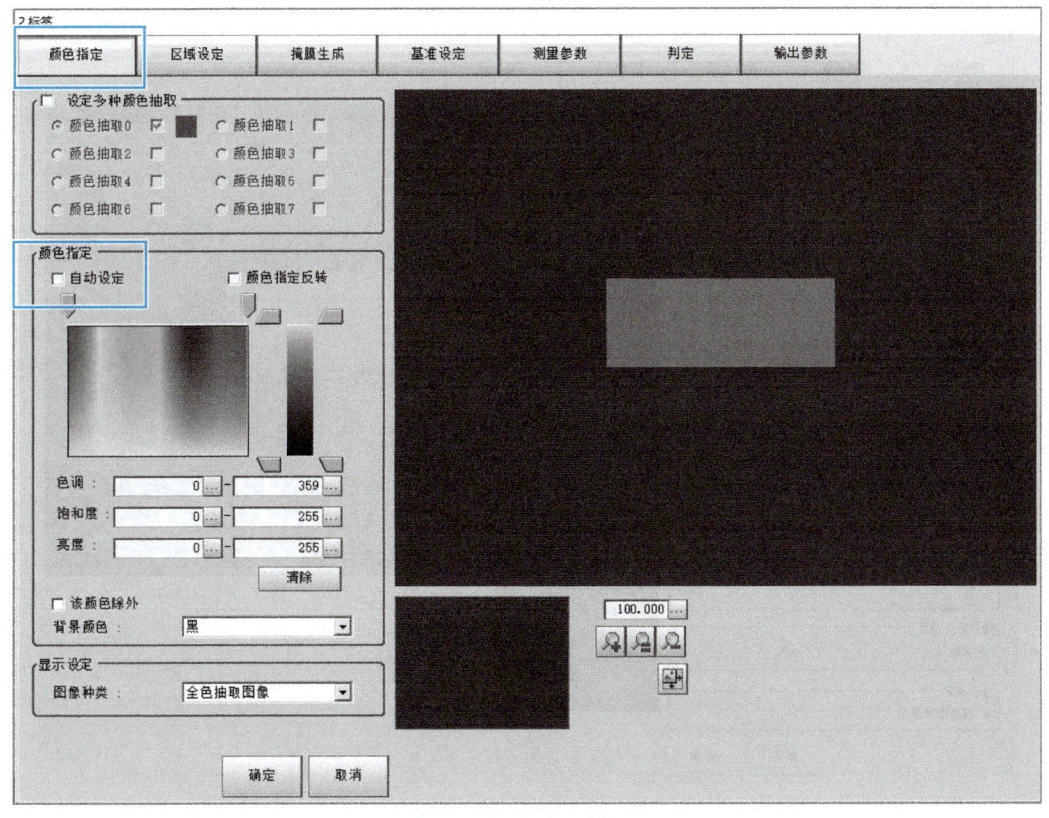

图 3-71　标签颜色指定

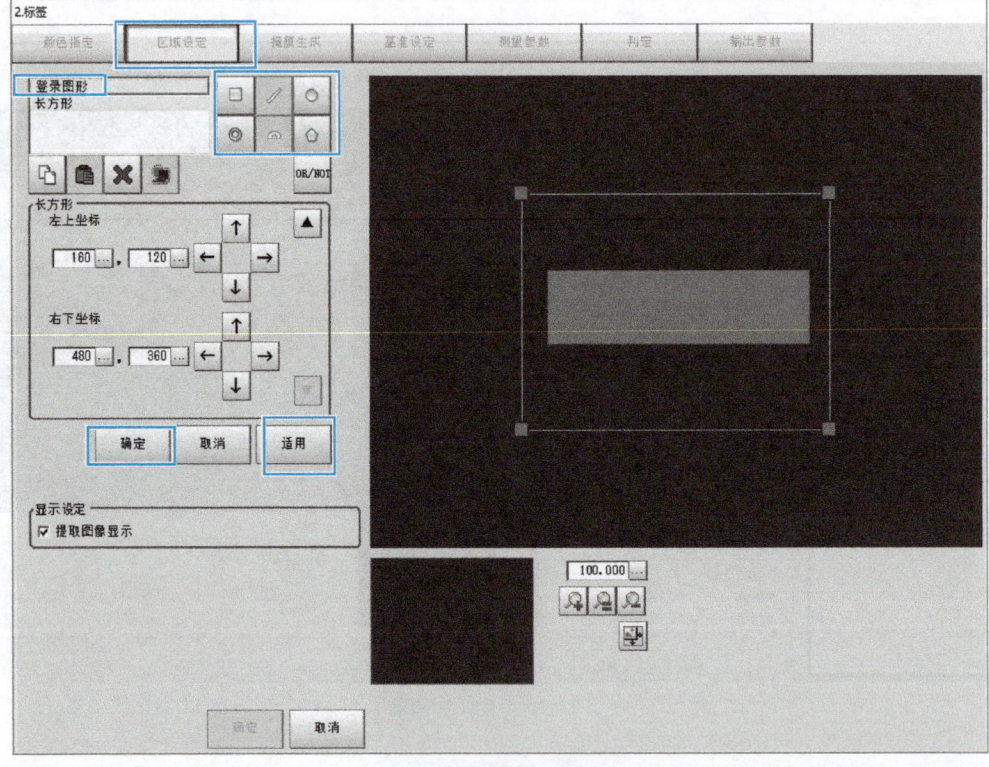

图 3-72 标签区域设定

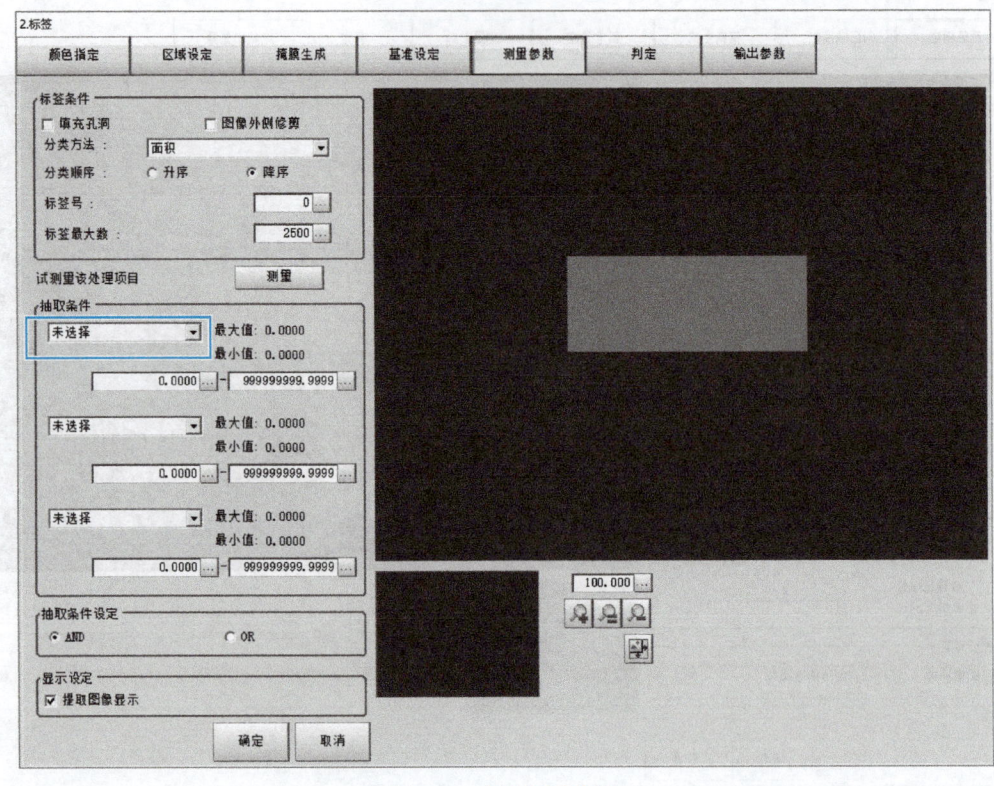

图 3-73 标签测量参数

3)二维码。

① 进入二维码编辑界面。在主界面中单击"二维码"后进入"二维码"的编辑界面,如图 3-74 所示。

机器人与视觉系统二维码识别程序的编写与演示

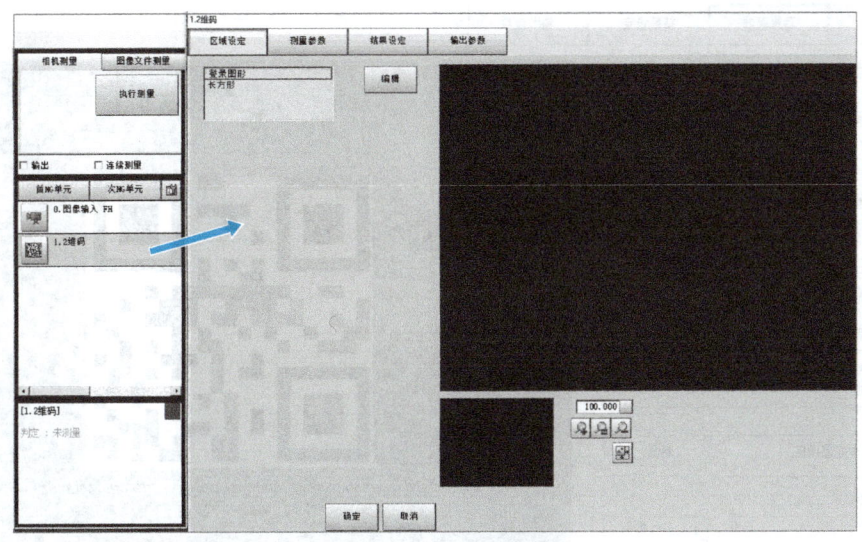

图 3-74 二维码流程编辑

② 区域设定。在"区域设定"中选择登录图形,拖拉右侧显示框使二维码内容全部在显示框内,在单击"适用"后单击"确定",其余参数使用默认设置,如图 3-75 所示。

图 3-75 二维码区域设定

③ 测量参数。在"测量参数"选项卡中单击"示教",然后单击"测量",如图 3-76 所示。

注意:右侧显示框中没有红色报警提示框说明二维码登记识别成功,如果出现报警须返回上一步重新设定检测区域。

图 3-76 二维码测量参数

④ 结果设定。需要进行数据比较时在"结果设定"选项卡中进行设定即可,如果不需要则跳过该设置界面,如图 3-77 所示。

⑤ 输出参数。如果需要进行数据通信可以使用"输出参数"选项卡(如果不需要可跳过该设置),最后单击"确定"完成设置,如图 3-78 示。

4)串行数据输出。

① 进入"串行数据输出"编辑界面。在主界面中单击"串行数据输出"后进入"串行数据输出"的编辑界面,如图 3-79 所示。

② 设定。在"设定"中选中一个输出编号,然后单击表达式框后面的 按钮,选择"TJG"后单击"确定"按钮,如图 3-80 所示。

③ 输出格式。在"输出格式"选项卡中选择以"太网通信",小数和整数位数自行选择,输出形式选择"ASCII",单击"确定"后完成设置,如图 3-81 所示。

注意:建议在设置完流程中的全部处理项目或流程中的单个处理项目后进行保存操作,如图 3-82 所示。

模块3 工业机器人集成系统程序开发 121

图 3-77 二维码结果设定

图 3-78 二维码输出参数

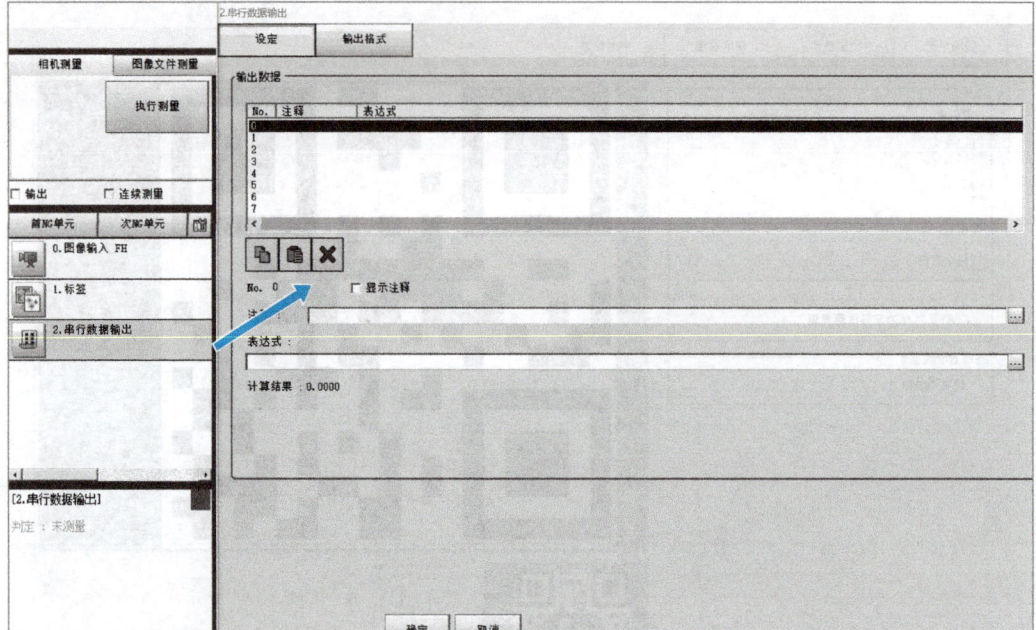

图 3-79 串行数据输出流程编辑

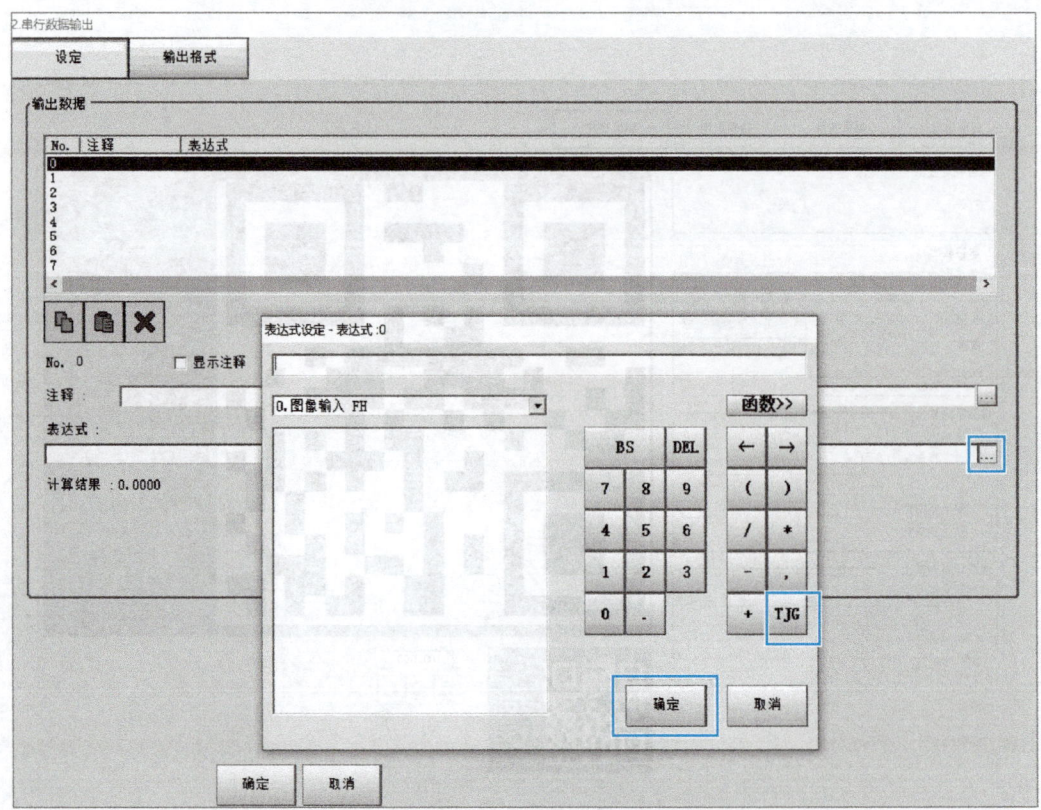

图 3-80 串行数据输出设定

模块 3　工业机器人集成系统程序开发　123

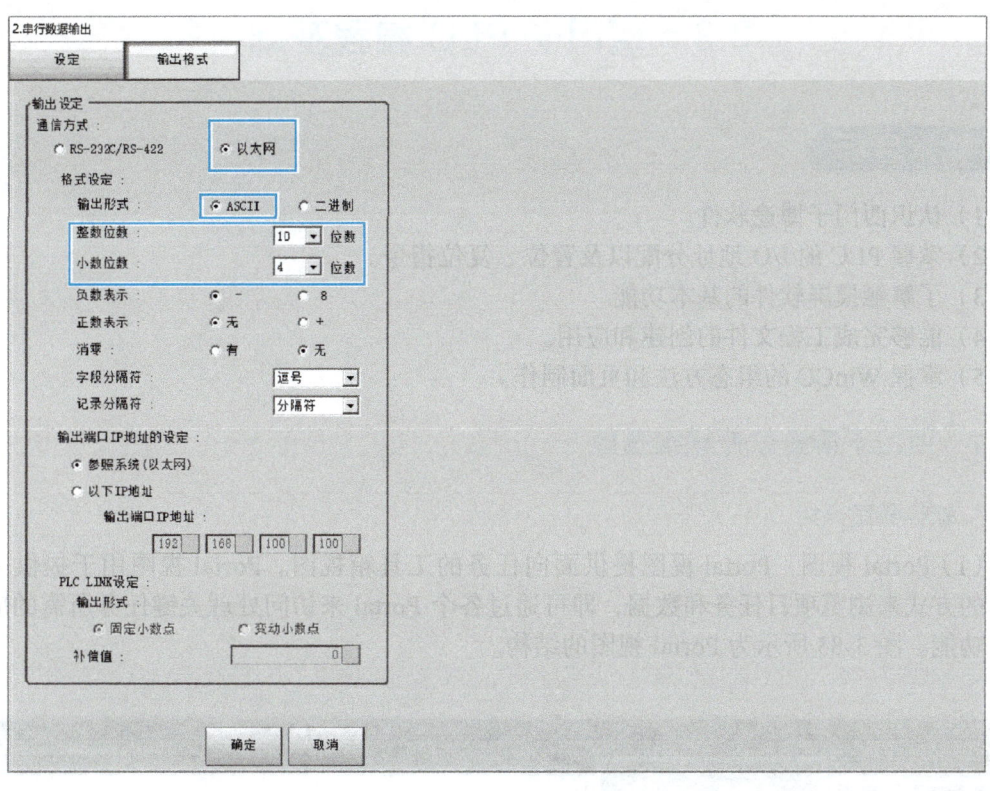

图 3-81　串行数据输出格式

图 3-82　处理项目保存

3.3 西门子 PLC 编程基础

教学目标

1) 认识西门子博途软件。
2) 掌握 PLC 的 I/O 地址分配以及置位、复位指令。
3) 了解触摸屏软件的基本功能。
4) 能够完成工程文件的创建和应用。
5) 掌握 WinCC 的组态方法和页面制作。

3.3.1 西门子博途软件编程基础

1. 软件界面介绍

（1）Portal 视图 Portal 视图提供面向任务的工具箱视图。Portal 视图用于提供一种简单的方式来浏览项目任务和数据，即可通过各个 Portal 来访问处理关键任务所需的应用程序功能。图 3-83 所示为 Portal 视图的结构。

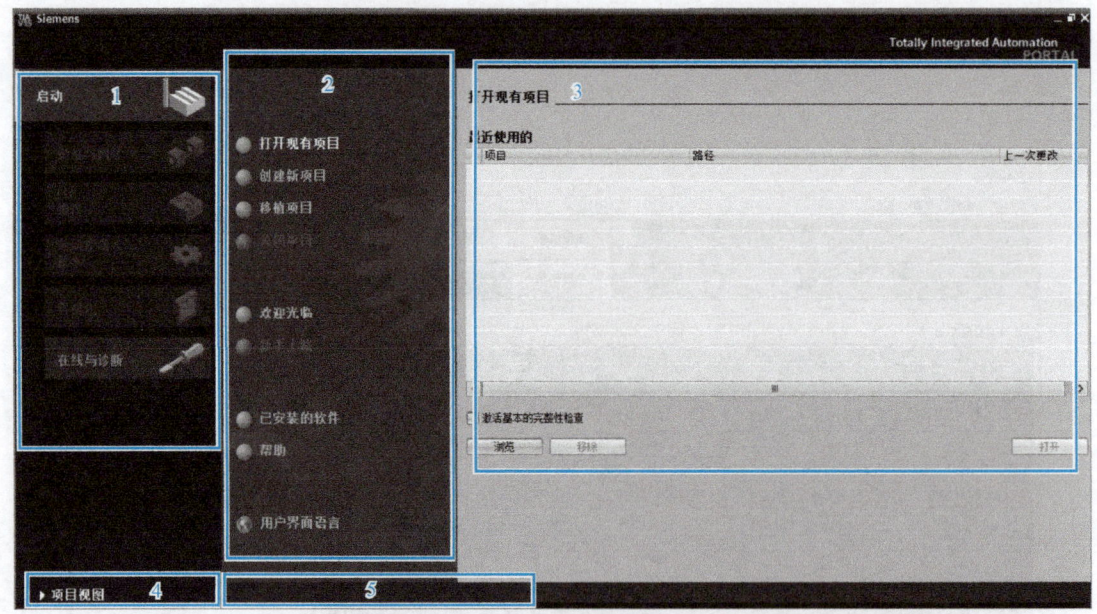

图 3-83 Portal 视图的结构

① 不同任务的 Portal：Portal 为各个任务区提供了基本功能。
② 所选项目对应的操作：此处提供了在所选项目中可使用的操作。
③ 选择项目：该窗口的内容取决于当前的选择。
④ 切换到项目视图：可以使用"项目视图"链接切换到项目视图。
⑤ 显示当前打开的项目：在此处可了解当前打开的是哪个项目。

（2）项目视图 项目视图是项目所有组件的结构化视图。项目视图中提供了各种编辑器，可以用来创建和编辑相应的项目组件。图 3-84 所示为项目视图的结构。

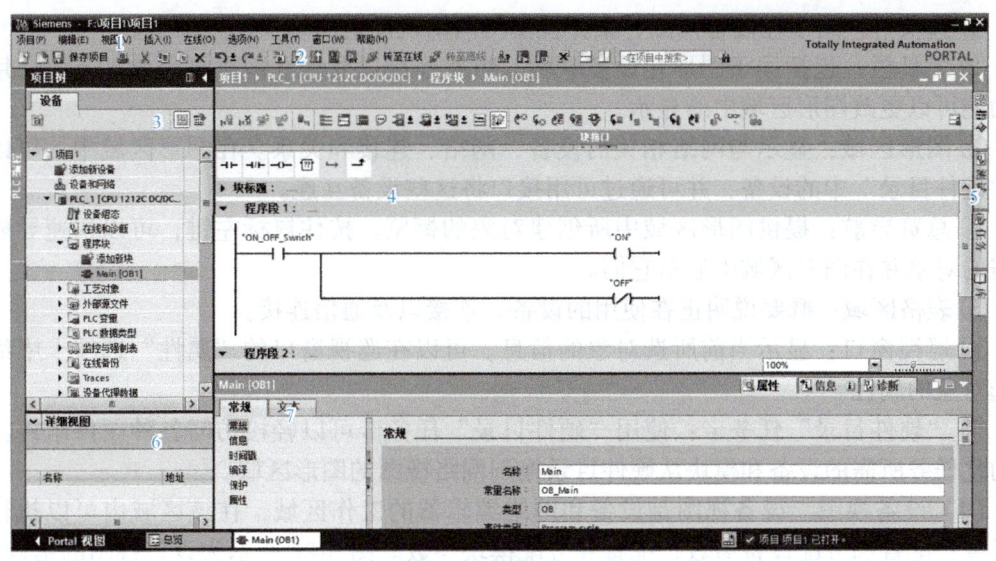

图 3-84　项目视图的结构

① 菜单栏：包含工作所需的全部命令。

② 工具栏：提供了常用命令的按钮。它提供了一种比菜单更快的命令访问方式。

③ 项目树：通过项目树可以访问所有组件和项目数据。例如，可在项目树中执行任务添加新组件、编辑现有组件、扫描和修改现有组件的属性。

④ 工作区：为进行编辑而打开的对象将显示在工作区内。

⑤ 任务卡：可用的任务卡取决于所编辑或所选择的对象。在屏幕右侧的条形栏中可以找到可用的任务卡，可以随时折叠和重新打开这些任务卡。

⑥ 详细视图：在详细视图中显示所选对象的某些内容。其中可能包含文本列表或变量。

⑦ 巡视窗口：在巡视窗口中显示有关所选对象或所执行动作的附加信息。

⑧ 切换到 Portal 视图：可以使用"Portal 视图"链接切换到 Portal 视图。

（3）网络视图　网络视图是设备和网络编辑器的工作区域，在该区域内可以执行以下任务：配置和分配设备参数、使设备相互连接。图 3-85 所示为网络视图的结构。

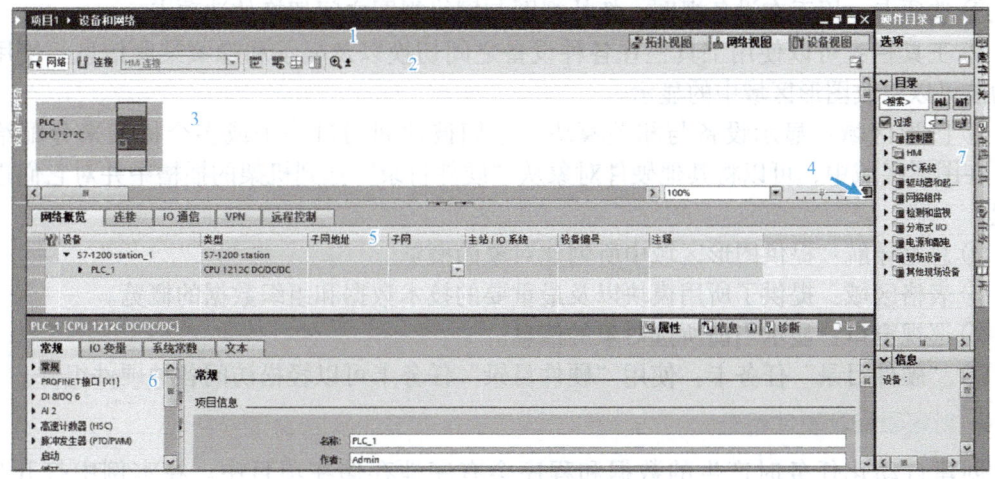

图 3-85　网络视图的结构

① 选项卡：用于在设备视图、拓扑视图与网络视图之间切换的选项卡。

② 工具栏：包括用于图形化设备联网、组态连接以及地址信息显示的工具。使用缩放功能可以更改图形区域中的显示。

③ 图形区域：显示与网络相关的设备、网络、连接和关系。在图形区域中，可以插入"硬件目录"中的设备，并可通过可用接口将这些设备互连。

④ 总览导航：提供图形区域中所创建对象的概览。按住鼠标左键，可以快速导航到所需的对象并在图形区域中显示它们。

⑤ 表格区域：概要说明正在使用的设备、连接以及通信连接。

⑥ 巡视窗口：显示当前所选对象的信息。可以在巡视窗口的"属性"选项卡中编辑所选对象的属性。

⑦ "硬件目录"任务卡：使用"硬件目录"任务卡可以轻松访问各种硬件组件。将自动化任务所需的设备和模块从硬件目录拖到网络视图的图形区域。

（4）设备视图　设备视图是设备和网络编辑器的工作区域，在该区域内可以执行以下任务：配置和分配设备参数、配置和分配模块参数。图3-86所示为设备视图的结构。

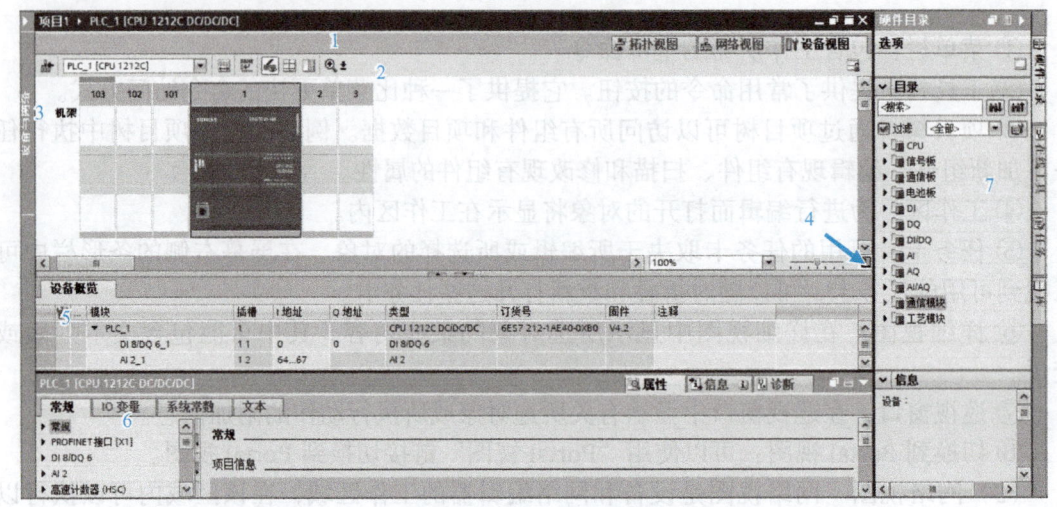

图3-86　设备视图的结构

① 选项卡：用于在设备视图、拓扑视图与网络视图之间切换的选项卡。

② 工具栏：可以使用工具栏在各种设备之间切换以及显示和隐藏某些信息。使用缩放功能可以更改图形区域中的显示。

③ 图形区域：显示设备与相关模块，它们彼此间通过一个或多个机架来分配给对方。在图形区域中，可以将其他硬件对象从"硬件目录"拖到机架的插槽中并对它们进行配置。

④ 总览导航：提供图形区域中所创建对象的概览。

⑤ 表格区域：提供了所用模块以及最重要的技术数据和组织数据的概览。

⑥ 巡视窗口：显示当前所选对象的信息。

⑦ "硬件目录"任务卡：使用"硬件目录"任务卡可以轻松访问各种硬件组件。

2. 创建项目及硬件组态

创建自动化任务时产生的数据和程序会有序地存储在项目中。在本例中打开TIA Portal时显示Portal视图。"启动"Portal包含创建新建项目和打开现有项目。

如图 3-87 所示，要创建新项目，请按以下步骤操作：
1）启动 TIA Portal，单击"创建新项目"。
2）在任意路径下创建项目"Pasteurization_Station"。

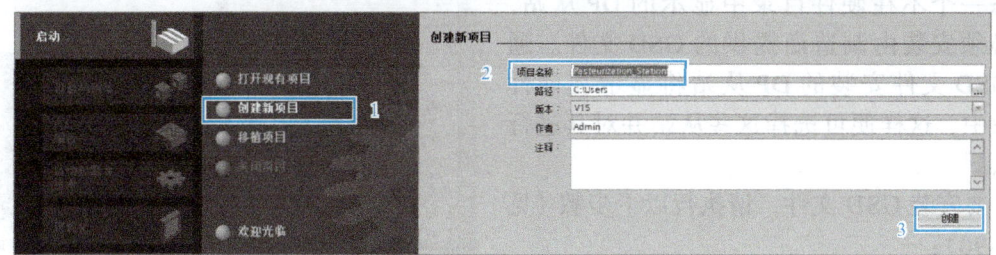

图 3-87　创建新项目

3）组态 PLC。在项目中添加一个新 PLC 并组态其属性。在项目中创建的 PLC 的类型必须与所用的硬件一致。步骤如下：

① 添加新设备，如图 3-88 所示。

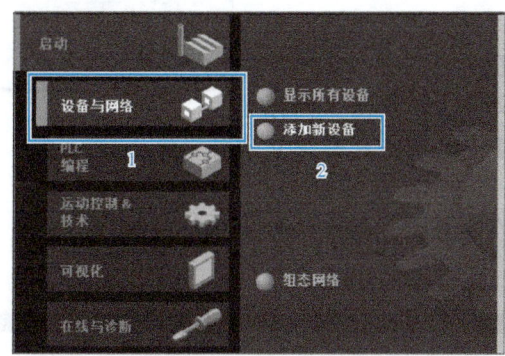

图 3-88　添加新设备

② 选择所需的 PLC。在项目中添加一个新 PLC，如图 3-89 所示。

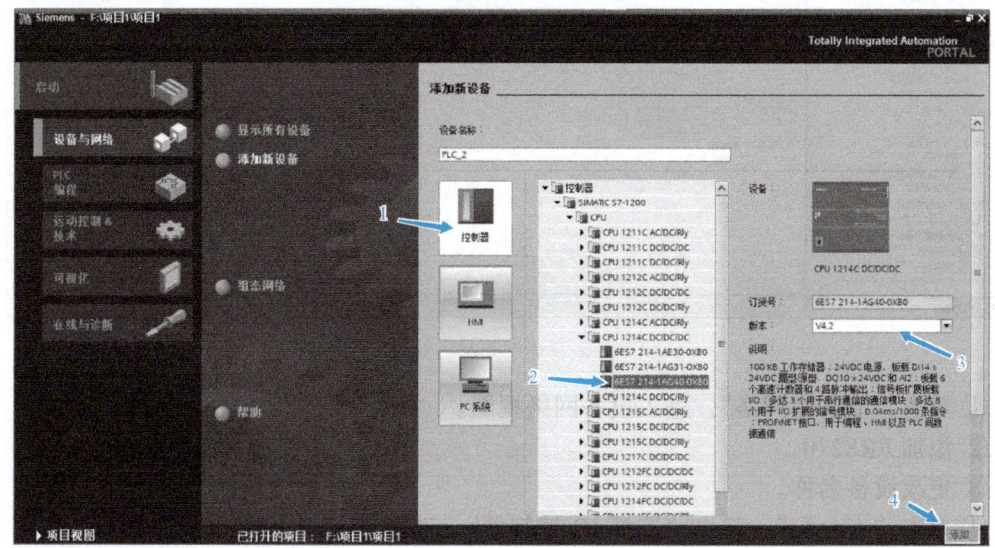

图 3-89　选择 PLC

4）远程 I/O 模块 GSD 文件安装及配置。通用站描述（generic station description, GSD）文件包含所有 DP 从站属性。如果要组态一个不在硬件目录中显示的 DP 从站，则必须安装由制造商提供的 GSD 文件。通过 GSD 文件安装的 DP 从站将显示在硬件目录中，这样便可选择这些从站并对其进行组态。

要安装 GSD 文件，请执行以下步骤（见图 3-90）：

① 在项目视图的"选项"菜单中选择"管理通用站描述文件"。

② 在"管理通用站描述文件"对话框中，选择保存有 GSD 文件的文件夹路径，从所显示 GSD 文件的列表中选择一个或多个 GSD 文件。

③ 单击"安装"按钮。

④ 要创建安装日志文件，请单击"保存日志文件"按钮。可通过日志文件来跟踪安装期间发生的所有问题。

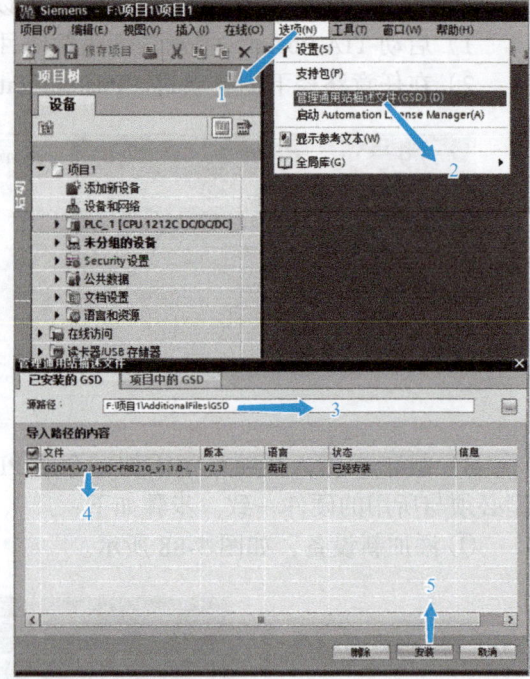

图 3-90 安装 GSD 文件步骤

5）将设备添加到硬件配置中，如图 3-91 所示。

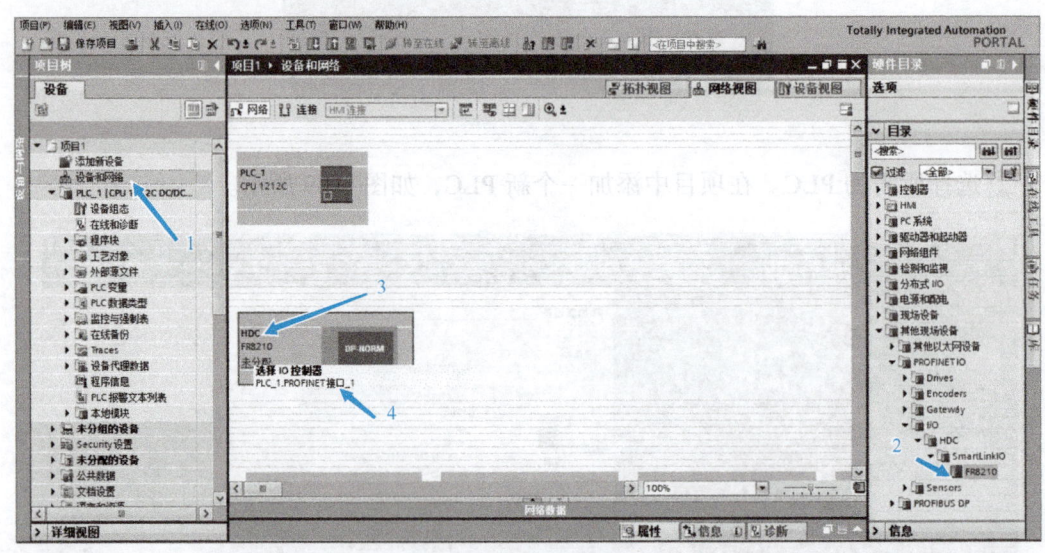

图 3-91 设备添加过程

① 单击"设备和网络"，进入设备网络视图。

② 添加 FR8210。

③ 更改设备名称。

④ 单击"未分配"，弹出"选择 IO 控制器"，选择 PLC_1.PROFINET 接口 _1。

6）分配硬件网络地址（见图 3-92）。

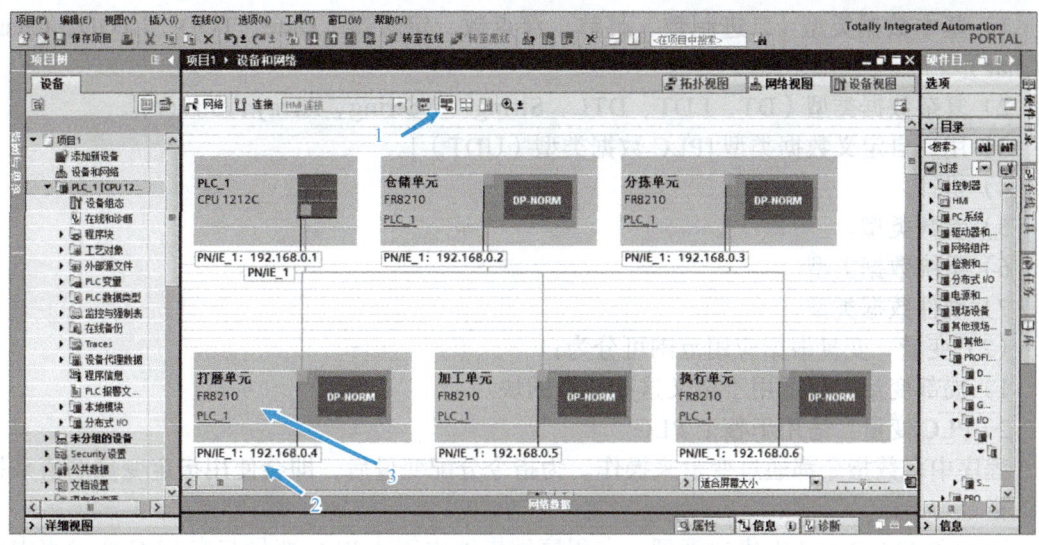

图 3-92 分配硬件网络地址过程

① 单击显示地址。
② 更改设备 IP 地址。
③ 双击打开设备详情。
7）分配设备 I/O 地址（见图 3-93）。

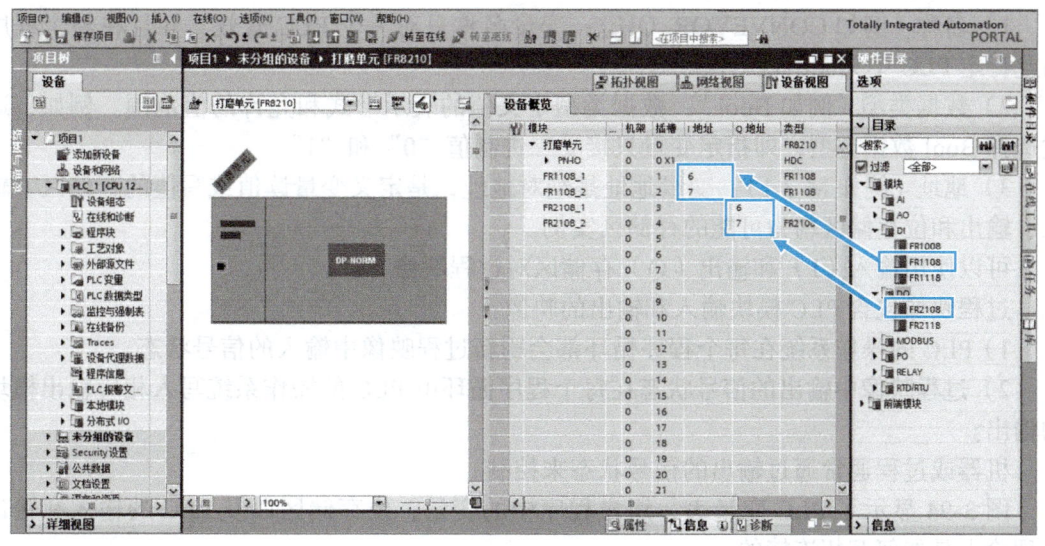

图 3-93 分配设备 I/O 地址过程

① 添加 I/O 模块。
② 更改设备 I/O 地址。

3. 数据结构

（1）程序数据　数据类型组中定义有数据的属性，如内容及有效存储区的表示。

在用户程序中，可使用预定义的数据类型，并将这些数据类型添加到用户自定义数据类型中。此时，可使用以下类别：

1）基本数据类型（二进制数、整数、浮点数、定时器、Date、TOD、LTOD、Char、WChar）。

2）复杂数据类型（DT、LDT、DTL、String、WString、Array、Struct）。

3）用户自定义数据类型[PLC数据类型（UDT）]。

4）指针。

5）参数类型。

6）系统数据类型。

7）硬件数据类型。

（2）变量　变量根据应用范围可分为：

1）局部变量：仅适用于定义这些变量的块。

2）PLC变量：适用于整个PLC。

程序中多数指令都通过变量来操作。为指令分配变量后，即会使用指定变量的值来执行该指令。

变量在TIA Portal中集中管理。在程序编辑器中创建PLC变量与在PLC变量表中创建PLC变量没什么区别。如果在程序或HMI画面的多个位置使用某个变量，则对该变量所做的更改会立即在所有编辑器中生效。

变量的优点在于可以集中更改程序中使用的寻址方式。若没有变量提供的符号寻址功能，则每次PLC输入和输出的组态发生变化时，在用户程序中反复使用的寻址方式必须在程序中的多个位置进行更改。

PLC变量由以下部分组成：

1）名称（例如CONVEYOR_ON）：变量名称只对一个PLC有效，并且在整个程序和此特定PLC中只能出现一次。

2）数据类型（例如Bool）：数据类型定义值的表示形式和允许的值范围。例如，通过选择Bool数据类型，即指定变量只接受二进制值"0"和"1"。

3）地址（例如M 3.1）：变量地址是绝对地址，是定义变量读值或写值的存储区。输入、输出和位存储区均为可能的存储区实例。

可以使用输入（I）和输出（Q）存储区对过程映像寻址。

过程映像包含PLC模块输入和输出的映像：

1）PLC的操作系统在每个程序循环都会刷新过程映像中输入的信号状态。

2）过程映像中输出的信号状态在每个程序循环由PLC的操作系统写入相应输出模块的输出。

机器或过程通常通过输出的信号状态来控制。

图3-94显示了PLC变量表、用户程序中的变量、位存储区以及PLC的输入和输出在理论上是如何互相连接的。

位存储区主要用于保存中间结果。在位存储区中寻址的变量值存储在系统存储器中，并且不会传送给模块。变量的数据类型决定变量在存储器中占用的存储空间。例如，Bool数据类型的变量在存储器中仅占用一位。Int数据类型的变量在存储器中占用16位。变量不允许在一个存储区中重叠。变量的地址必须唯一。

（3）PLC变量表　PLC变量表包含对于某个PLC有效的变量和常量的定义。系统会为项目中创建的每个PLC自动创建一个PLC变量表。

表3-6给出了"变量"选项卡中各表格列的含义。

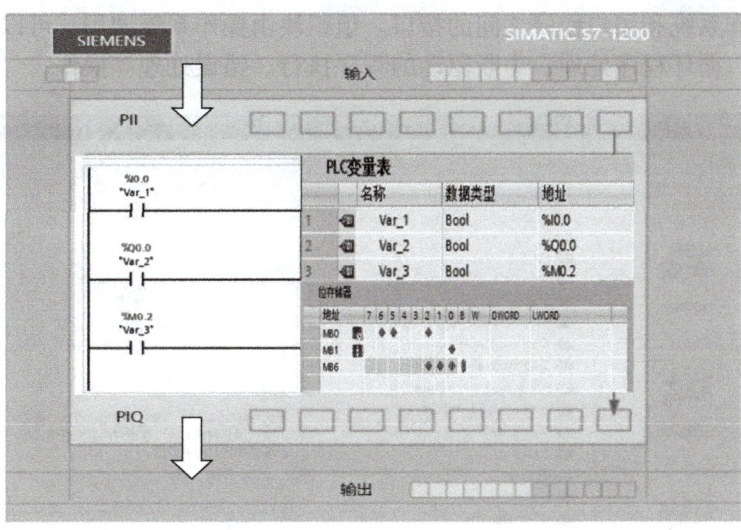

图 3-94 变量间的连接关系

表 3-6 "变量"选项卡

列	说明
	可以单击该符号，以便通过拖放操作将变量移动到程序段中以用作操作数
名称	为变量定义的且在整个 PLC 中唯一的名称
数据类型	为变量指定的数据类型
地址	变量地址
保持性	保持性变量的值将保留，即使在电源关闭后也是如此
监视值	PLC 中的当前数据值，仅当在线连接可用并选择"监视"按钮时，此列才会出现
注释	用于记录变量的注释

PLC 变量表包含在整个 CPU 范围有效的变量和符号常量的定义。系统会为项目中使用的每个 CPU 自动创建一个 PLC 变量表。

在项目树中，项目的每个 CPU 都有 "PLC 变量"文件夹，包含有下列表格：

"显示所有变量"包含全部的 PLC 变量、用户常量和 CPU 系统常量，该表不能删除或移动。

"默认变量表"项目的每个 CPU 均有一个标准变量表。该表不能删除、重命名或移动。默认变量表包含 PLC 变量、用户常量和系统常量。

用户定义变量表（可选）可以根据要求为每个 CPU 创建多个用户自定义变量表来分组变量。可以对用户定义的变量表重命名、整理合并为组或删除，如图 3-95 所示。

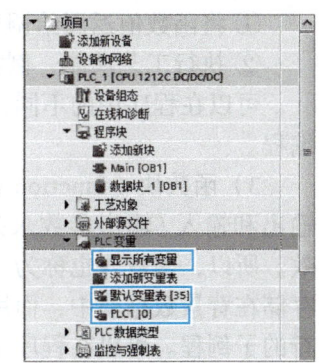

图 3-95 PLC 变量

4. 程序结构

（1）程序块

1）组织块（Organization block，OB）如图 3-96 所示。组

织块构成了操作系统和用户程序之间的接口。组织块由操作系统调用，可以控制自动化系统的启动特性、循环程序处理、中断驱动的程序执行、错误处理等操作。

图 3-96　组织块

有了 PLC 后，在项目中会自动创建组织块"Main [OB1]"。自动化项目中必须至少有一个程序循环 OB。确定 PLC 行为的程序被写入此程序循环 OB 中。操作系统每个循环调用该 OB 一次，从开始执行 OB 中包含的程序。每次程序执行结束后，重新开始循环。

可以通过调用其他 OB 来中断 OB 的程序执行。在执行复杂的自动化任务期间，程序会被构造成在程序循环 OB 中调用并依次执行的若干块。

2）函数（function，FC）如图 3-97 所示。函数是没有专用存储区的代码块。由于没有可以存储块参数值的数据存储器，因此调用函数时必须给所有形参分配实参。函数可以使用全局数据块永久性地存储数据。

函数包含一个程序，在其他代码块调用该函数时将执行此程序。例如，可以将函数用于下列目的：

① 将函数值返回给调用块，例如数学函数。

② 执行工艺功能，例如通过位逻辑运算进行单个函数的控制。

可以在程序中的不同位置多次调用同一个函数。因此，函数简化了对重复发生事件的编程。

3）函数块（function block，FB）如图 3-98 所示。函数块是一种代码块，它将输入、输出和输入/输出参数永久地存储在背景数据块中，从而在执行块之后，这些值依然有效。所以，函数块也称为"有存储器"的块。函数块也可以使用临时变量。临时变量并不存储在背景数据块中，而用于一个循环。函数块包含总是在其他代码块调用该函数块时执行的子例程。可以在程序中的不同位置多次调用同一个函数块。因此，函数块简化了对重复发生的函数的编程。

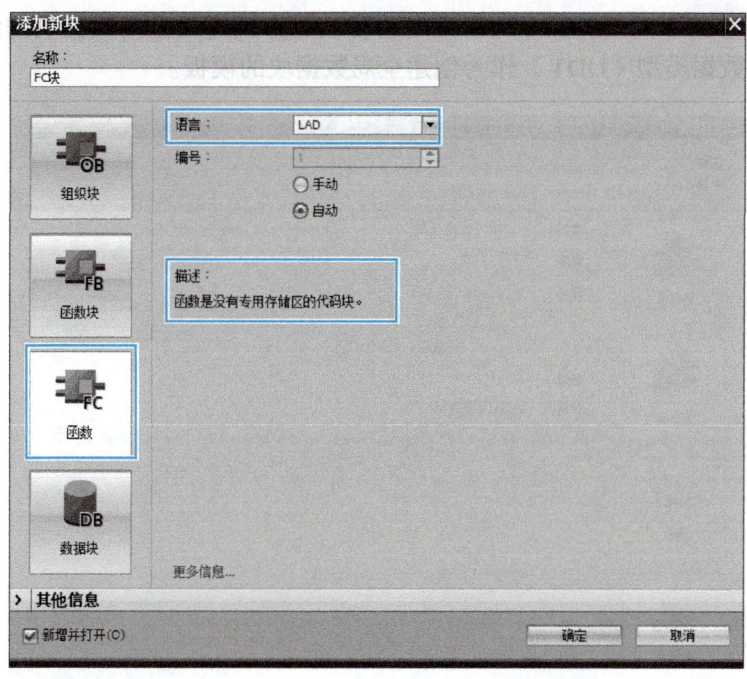

图 3-97 函数

图 3-98 函数块

函数块的调用称为实例。函数块的每个实例都需要一个背景数据块,数据块中包含函数块中所声明的形参的实例特定值。函数块可以将实例特定的数据存储在自己的背景数据块中,也可以存储在调用块的背景数据块中。

4)数据块(Data Block,DB)如图 3-99 所示。数据块用于存储程序数据。因此,数据块包含用户程序使用的变量数据。全局数据块存储所有其他块都可使用的数据。数据块的大小因 CPU 的不同而各异。可以以自己喜欢的方式定义全局数据块的结构，还可以选择使用 PLC 数据类型（UDT）作为创建全局数据块的模板。

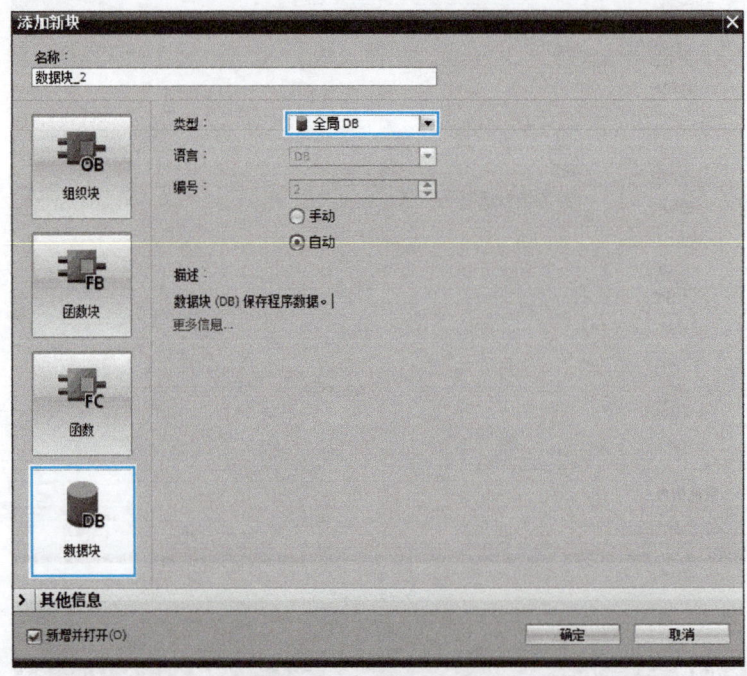

图 3-99　数据块

每个函数块、函数或组织块都可以从全局数据块中读取数据或向其中写入数据。即使在退出数据块后，这些数据仍然会保存在其中。可以同时打开一个全局数据块和一个背景数据块。

（2）程序段　组织块程序分为若干程序段。程序段可用来构建程序。每个块最多可以包含 999 个程序段。

在组织块"Main [OB1]"中会自动创建一个程序段。可以使用不同编程语言创建组织块的程序。对于实例项目，使用图形编程语言 LAD 编辑组织块"Main [OB1]"。此编程语言使用基于电路图的表示法，即块中的每个 LAD 程序被分为若干程序段，每个程序段包含一根电源线和至少一个梯级。通过添加其他梯级可扩展程序段。可以使用分支在特定梯级中创建并联结构。梯级和程序段按照从上到下、从左到右的顺序执行。

1）LAD 指令。可以使用用户界面的"指令"任务卡中提供的 LAD 指令创建实际程序内容。有 3 种不同类型的 LAD 指令。

① 触点：可以使用触点创建或中断两个元素之间的载流连接。在这种情况下，元素可以是 LAD 程序元素或电源线的边沿。电流从左向右传递。可以使用触点查询操作数的信号状态或值，并根据电流的结果对其进行控制。

② 线圈：可以使用线圈修改二进制操作数。线圈可根据逻辑运算结果的信号状态置位或复位二进制操作数。

③ 功能框：是具有复杂功能的 LAD 元素，空功能框除外，可以使用空功能框作为占位符，在其中可以选择所需的运算。

在"指令"任务卡中可找到触点、线圈和功能框的各种变体，这些变体根据其功能被划分到不同的文件夹中。

图 3-100 所示为 LAD 程序段实例。

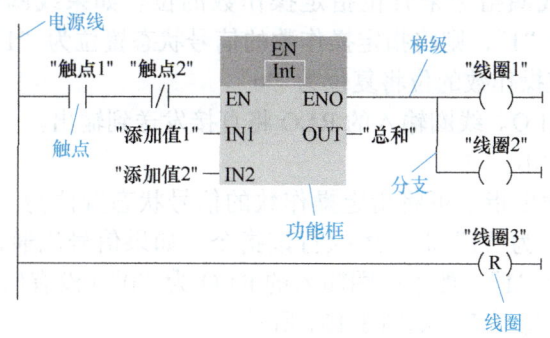

图 3-100　LAD 程序段实例

2）⊣├：常开触点。

定义：常开触点的激活取决于相关操作数的信号状态。当操作数的信号状态为"1"时，常开触点将关闭，同时输出的信号状态置位为输入的信号状态，见表 3-7。当操作数的信号状态为"0"时，不会激活常开触点，同时该指令输出的信号状态复位为"0"。

表 3-7　常开触点指令参数

参数	声明	数据类型	存储区		说明
			S7-1200	S7-1500	
<操作数>	Input	Bool	I、Q、M、D、L	I、Q、M、D、L、T、C	要查询其信号状态的操作数

两个或多个常开触点串联时，将逐位进行"与"运算。串联时，所有触点都闭合后才产生信号流。常开触点并联时，将逐位进行"或"运算。并联时，有一个触点闭合就会产生信号流。

3）⊣/├：常闭触点。

定义：常闭触点的激活取决于相关操作数的信号状态。当操作数的信号状态为"1"时，常闭触点将打开，同时该指令输出的信号状态复位为"0"，见表 3-8。当操作数的信号状态为"0"时，不会启用常闭触点，同时该输入的信号状态将传输到输出。

表 3-8　常闭触点指令参数

参数	声明	数据类型	存储区		说明
			S7-1200	S7-1500	
<操作数>	Input	Bool	I、Q、M、D、L	I、Q、M、D、L、T、C	要查询其信号状态的操作数

两个或多个常闭触点串联时，将逐位进行"与"运算。串联时，所有触点都闭合后才产生信号流。常闭触点并联时，将进行"或"运算。并联时，有一个触点闭合就会产生信号流。

4）⊣NOT├：取反 RLO。

定义：使用取反 RLO"指令可对逻辑运算结果（RLO）的信号状态进行取反。如果该指令输入的信号状态为"1"，则指令输出的信号状态为"0"。如果该指令输入的信号状态为"0"，则输出的信号状态为"1"。

5）─( )─：线圈。

定义：可以使用线圈指令来置位指定操作数的位。如果线圈输入的逻辑运算结果（RLO）的信号状态为"1"，则将指定操作数的信号状态置位为"1"。如果线圈输入的信号状态为"0"，则指定操作数的位将复位为"0"。

该指令不会影响 RLO。线圈输入的 RLO 将直接发送到输出。

6）─(S)─：置位输出。

定义：使用置位输出指令可将指定操作数的信号状态置位为"1"。仅当线圈输入的逻辑运算结果（RLO）为"1"时，才执行该指令。如果信号流通过线圈（RLO="1"），则指定的操作数置位为"1"。如果线圈输入的 RLO 为"0"（没有信号流过线圈），则指定操作数的信号状态将保持不变，如图 3-101 所示。

7）─(R)─：复位输出。

定义：可以使用复位输出指令将指定操作数的信号状态复位为"0"。仅当线圈输入的逻辑运算结果（RLO）为"1"时，才执行该指令。如果信号流通过线圈（RLO="1"），则指定的操作数复位为"0"。如果线圈输入的 RLO 为"0"（没有信号流过线圈），则指定操作数的信号状态将保持不变，图 3-102 所示。

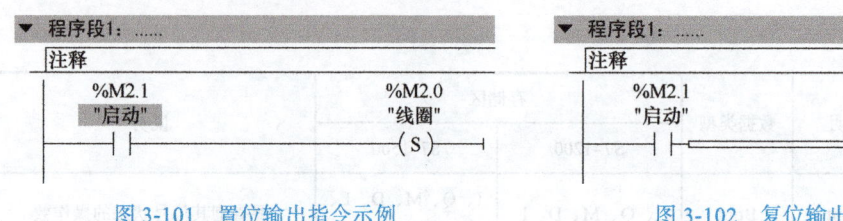

图 3-101　置位输出指令示例　　　　图 3-102　复位输出指令示例

8）─|P|─：扫描操作数的信号上升沿。

定义：使用扫描操作数的信号上升沿指令，可以确定所指定操作数（<操作数 1>）的信号状态是否从"0"变为"1"。该指令将比较<操作数 1>的当前信号状态与上一次扫描的信号状态，上一次扫描的信号状态保存在边沿存储位<操作数 2>中。如果该指令检测到逻辑运算结果（RLO）从"0"变为"1"，则说明出现了一个上升沿，指令参数见表 3-9。

表 3-9　扫描操作数的信号上升沿指令参数

参数	声明	数据类型	存储区		说明
			S7-1200	S7-1500	
<操作数 1>	Input	Bool	I、Q、M、D、L	I、Q、M、D、L、T、C	要扫描的信号
<操作数 2>	InOut	Bool	I、Q、M、D、L	I、Q、M、D、L	保存上一次查询的信号状态的边沿存储位

9）─|N|─：扫描操作数的信号下降沿。

定义：使用扫描操作数的信号下降沿指令，可以确定所指定操作数（<操作数 1>）的信号状态是否从"1"变为"0"。该指令将比较<操作数 1>的当前信号状态与上一次扫描的信号状态，上一次扫描的信号状态保存在边沿存储器位<操作数 2>中。如果该指令检测到逻辑运算结果（RLO）从"1"变为"0"，则说明出现了一个下降沿，指令参数见表 3-10。

表 3-10　扫描操作数的信号下降沿指令参数

参数	声明	数据类型	存储区		说明
			S7-1200	S7-1500	
<操作数1>	Input	Bool	I、Q、M、D、L	I、Q、M、D、L、T、C	要扫描的信号
<操作数2>	InOut	Bool	I、Q、M、D、L	I、Q、M、D、L	保存上一次查询的信号状态的边沿存储位

10) TON：生成接通延时。

定义：使用生成接通延时指令可以将 Q 输出设置为延时置位，延时的时间 PT 进行设置。当输入 IN 的逻辑运算结果（RLO）从"0"变为"1"（信号上升沿）时，启动该指令。指令启动时，预设的时间 PT 即开始计时。超出时间 PT 之后，输出 Q 的信号状态将变为"1"。只要启动输入仍为"1"，输出 Q 就保持置位。启动输入的信号状态从"1"变为"0"时，将复位输出 Q，指令参数见表 3-11。

表 3-11　生成接通延时指令参数

参数	声明	数据类型		存储区		说明
		S7-1200	S7-1500	S7-1200	S7-1500	
IN	Input	Bool	Bool	I、Q、M、D、L	I、Q、M、D、L、P	启动输入
PT	Input	Time	Time、LTime	I、Q、M、D、L 或常数	I、Q、M、D、L、P 或常数	接通延时的持续时间 PT 参数的值必须为正数
Q	Output	Bool	Bool	I、Q、M、D、L	I、Q、M、D、L、P	超过时间 PT 后，置位的输出
ET	Output	Time	Time、LTime	I、Q、M、D、L	I、Q、M、D、L、P	当前时间值

11) CMP ==：等于。

定义：可以使用等于指令判断第一个比较值（<操作数 1>）是否等于第二个比较值（<操作数 2>），如图 3-103 所示。

如果满足比较条件，则指令返回逻辑运算结果（RLO）"1"。如果不满足比较条件，则指令返回 RLO "0"。

该指令的 RLO 通过以下方式与整个程序段中的 RLO 进行逻辑运算：

① 串联比较指令时，将执行"与"运算。

② 并联比较指令时，将进行"或"运算。

在指令上方的操作数占位符中指定第一个比较值（<操作数 1>）。在指令下方的操作数占位符中指定第二个比较值（<操作数 2>）。

如果启用了 IEC 检查，则要比较的操作数必须属于同一数据类型。如果未启用 IEC 检查，则操作数的宽度必须相同。

12) CMP >：大于。

定义：可以使用"大于"指令确定第一个比较值（<操作数 1>）是否大于第二个比较值（<操作数 2>）。要比较的两个值必须为相同的数据类型，如图 3-104 所示。

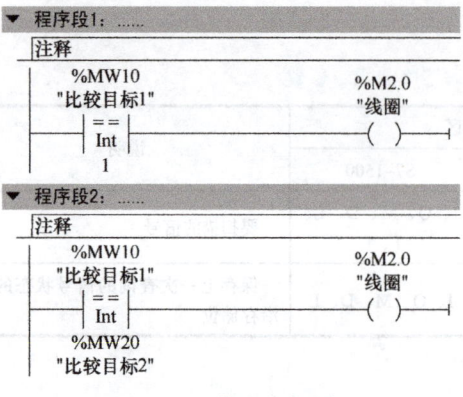

图 3-103 等于指令示例

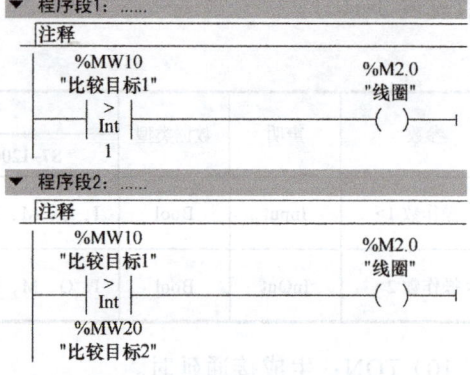

图 3-104 大于指令示例

如果满足比较条件,则指令返回逻辑运算结果(RLO)"1"。如果不满足比较条件,则指令返回 RLO "0"。

该指令的 RLO 通过以下方式与整个程序段中的 RLO 进行逻辑运算:

① 串联比较指令时,将执行"与"运算。

② 并联比较指令时,将进行"或"运算。

在指令上方的操作数占位符中指定第一个比较值(<操作数 1>)。在指令下方的操作数占位符中指定第二个比较值(<操作数 2>)。

13) MOVE:移动值。

定义:可以使用移动值指令将 IN 输入操作数中的内容传送给 OUT1 输出的操作数中。始终沿地址升序方向进行传送,如图 3-105 所示。

如果满足下列条件之一,使能输出 ENO 将返回信号状态"0":

① 使能输入 EN 的信号状态为"0"。

② IN 参数的数据类型与 OUT1 参数的指定数据类型不对应。

14) CONV:转换值。

定义:转换值指令将读取参数 IN 的内容,并根据指令框中选择的数据类型对其进行转换。转换值输出在 OUT 输出处。

如果满足下列条件之一,则使能输出 ENO 的信号状态为"0":

① 使能输入 EN 的信号状态为"0"。

② 执行过程中发生溢出等错误。

将整型数据 MW10 转换为浮点型数据 MD20,指令示例如图 3-106 所示。

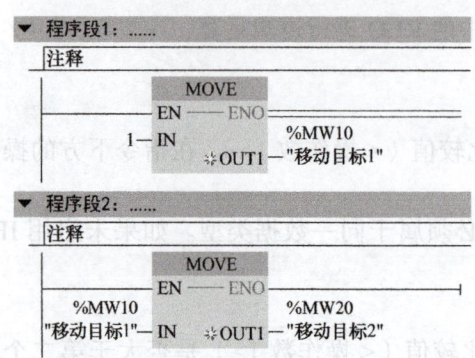

图 3-105 移动值指令示例

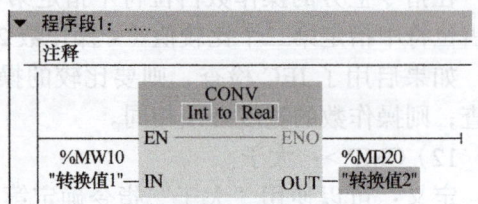

图 3-106 转换值指令示例

3.3.2 PLC 编程实例

1. 任务概要

（1）任务描述　起动按钮按下前三色灯为初始状态（三色灯全部熄灭）。

① 按下起动按钮。

② 仅绿色指示灯常亮 10s。

③ 10s 后转为闪烁保持 5s，闪烁频率为 0.5Hz。

④ 5s 后绿色指示灯熄灭，仅黄色指示灯常亮 3s。

⑤ 3s 后黄灯熄灭，仅红灯常亮保持 10s。

如起动按钮没有再次按下则程序在②～⑤间循环执行。

运行中再次按下起动/停止按钮，程序执行至红色指示灯熄灭后回到初始状态（三色灯全部熄灭）。

运行中按下急停按钮，三色灯以 0.5Hz 频率同时闪烁。

旋开急停按钮后，三色灯继续闪烁，按下复位按钮后，三色灯回到初始状态（三色灯全部熄灭，若在没有急停错误时按下复位按钮无反应，即不影响正常运行）。

运行流程如图 3-107 所示，控制面板及三色灯如图 3-108 所示。

（2）I/O 地址分配　分配如下：急停按钮 I0.0，启动停止按钮 I0.1，复位按钮 I0.2。绿色指示灯 Q0.0，黄色指示灯 Q0.1，红色指示灯 Q0.2。

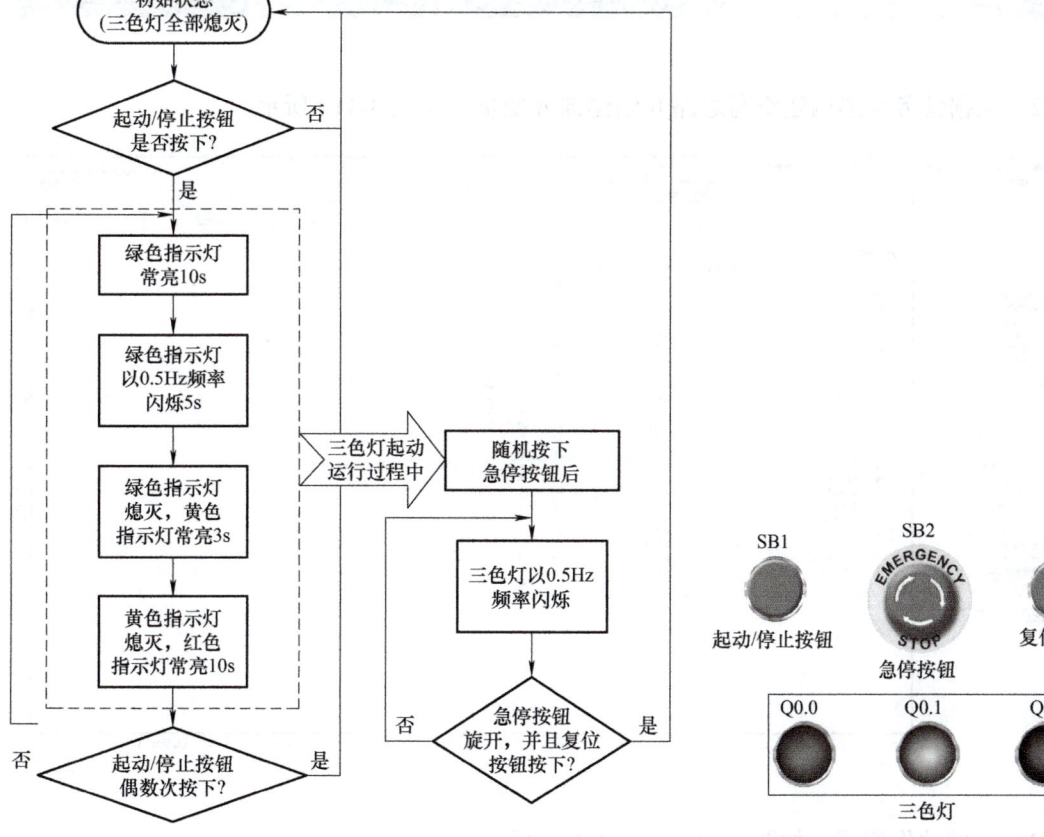

图 3-107　运行流程图　　　　　　　　图 3-108　控制面板及三色灯

2. 程序编写

说明：示例程序只做参考。

1）打开控制器辅助功能——系统和时钟存储器，如图 3-109 所示。

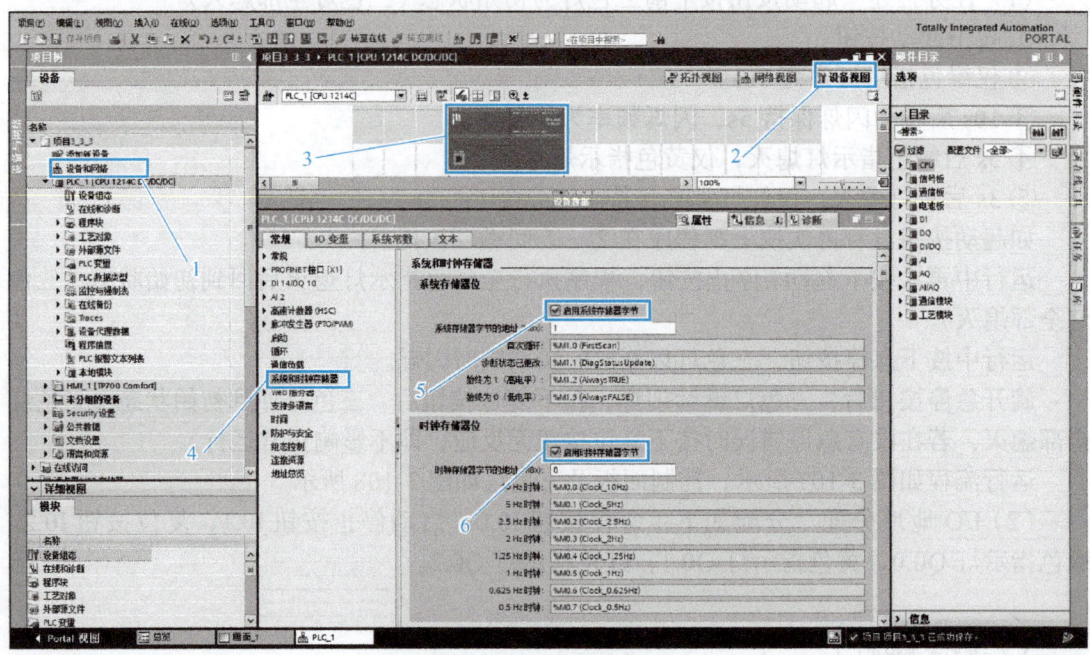

图 3-109　系统和时钟存储器

2）根据任务描述构建编写思路并创建部分变量，如图 3-110 所示。

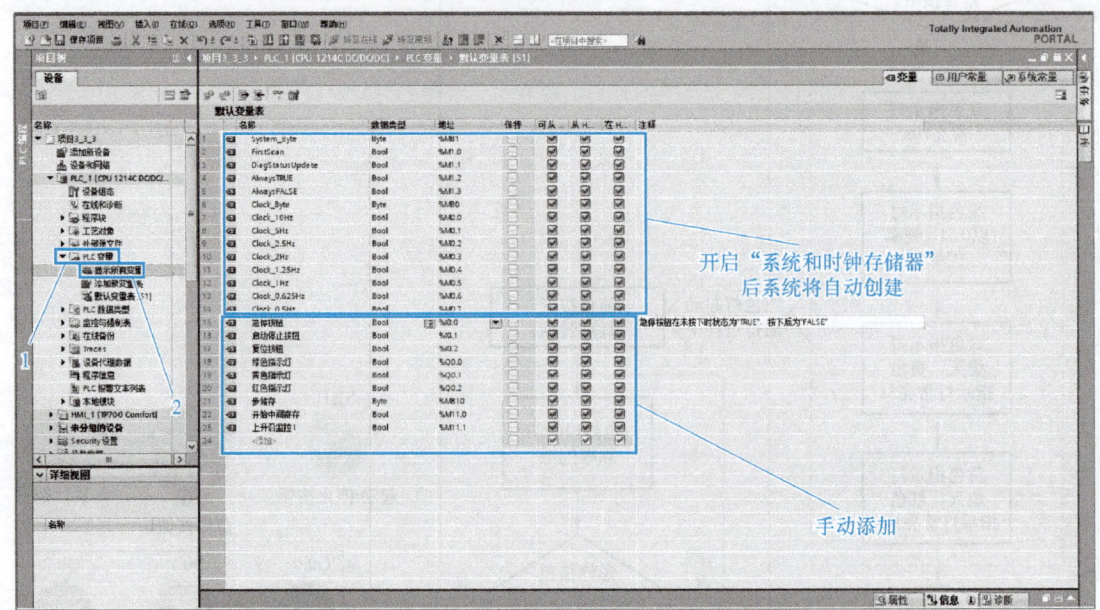

图 3-110　变量表

3）基础动作编写，如图 3-111～图 3-115 所示。

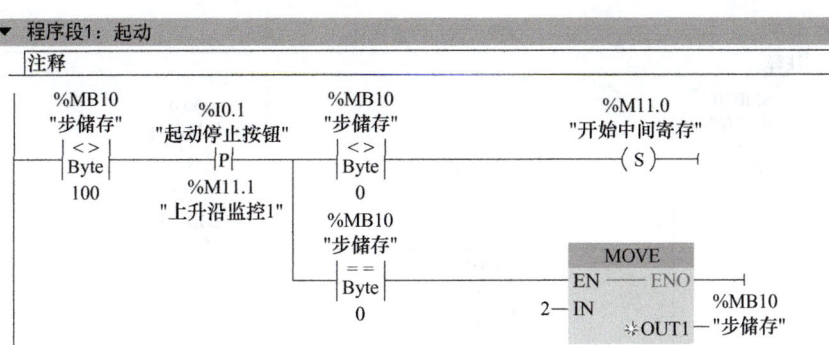

图 3-111　基础动作 1

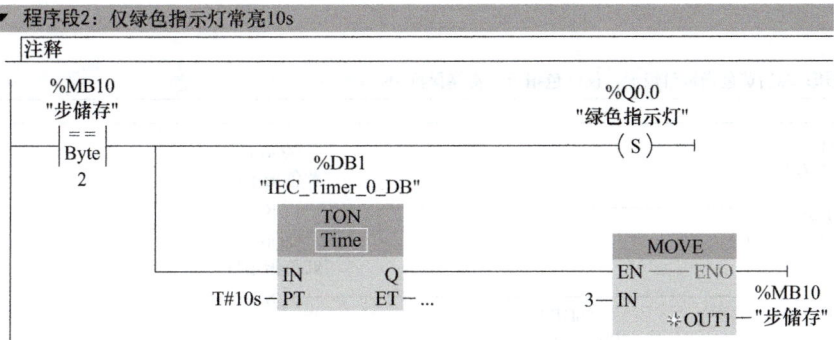

图 3-112　基础动作 2

图 3-113　基础动作 3

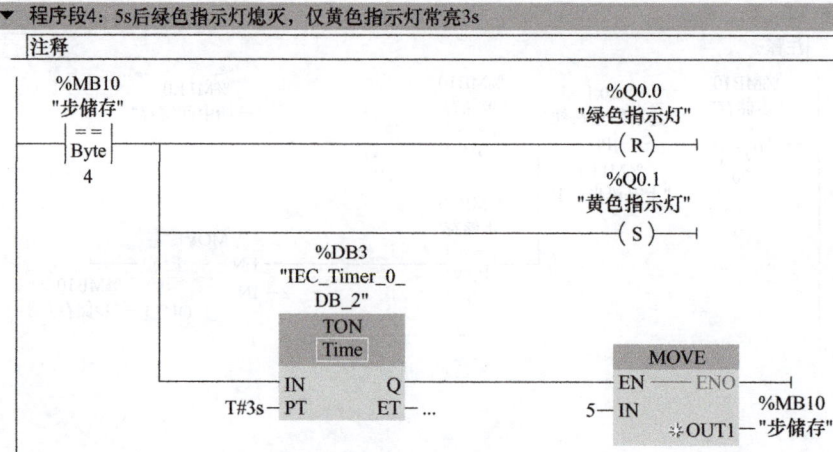

图 3-114　基础动作 4

图 3-115　基础动作 5

4）急停复位功能编写，如图 3-116～图 3-118 所示。

图 3-116　急停复位程序 1

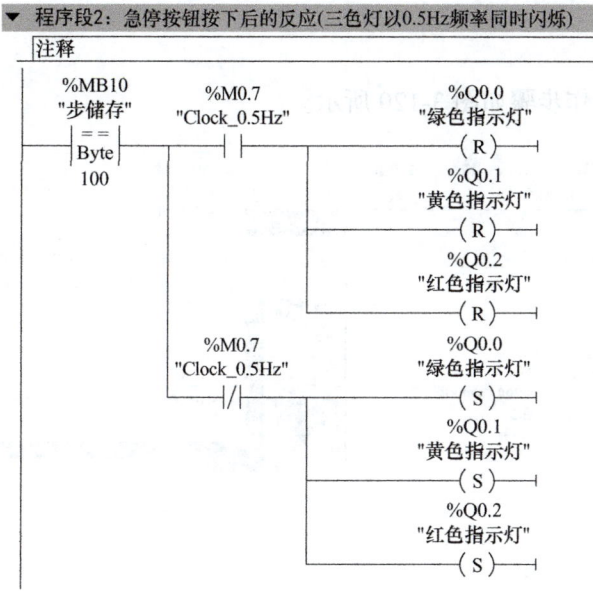

图 3-117　急停复位程序 2

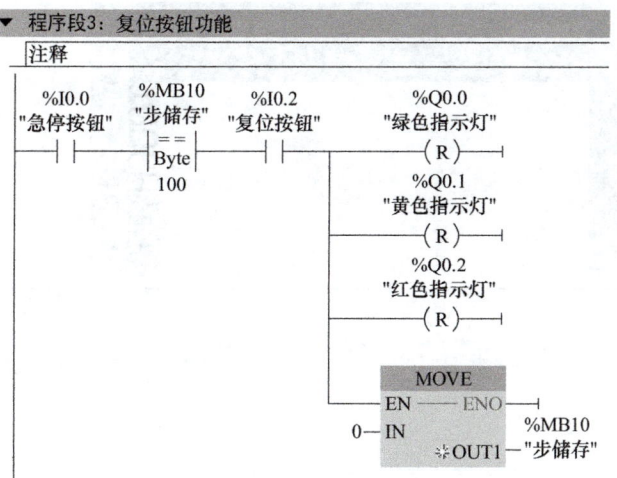

图 3-118　急停复位程序 3

5) 主程序编写，如图 3-119 所示。

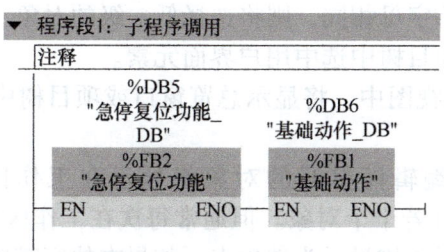

图 3-119　主程序

3.3.3 触摸屏软件界面功能介绍

1. 恢复默认布局

恢复默认布局操作步骤如图 3-120 所示。

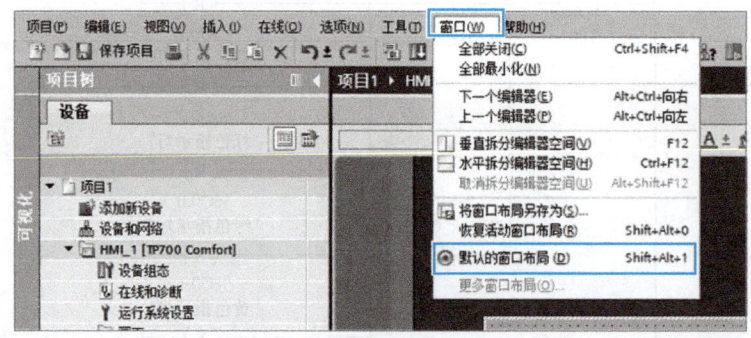

图 3-120 恢复默认布局操作步骤

2. 功能区（见图 3-121）

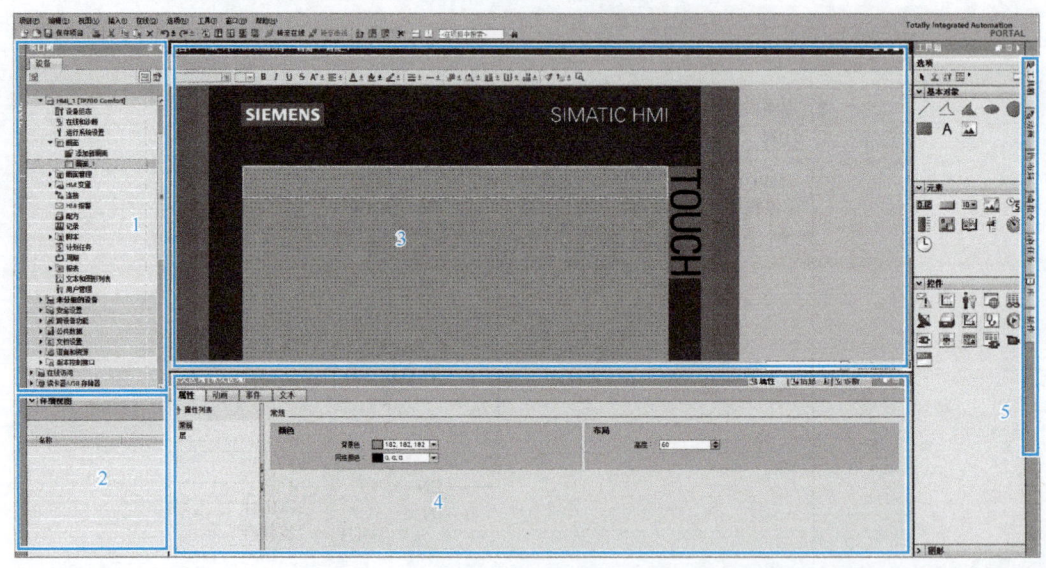

图 3-121 功能区介绍

1）项目树：可在项目树中执行"添加组件""编辑现有组件""扫描和修改现有组件的属性"等。注：可以通过鼠标或键盘输入指定对象的第一个字母，选择项目树中的各个对象。如果有多个对象的首字母相同，则将选择低一级的对象。为了便于使用者通过输入首字母选择对象，必须在项目树中选中用户界面元素。

2）详细视图：在详细视图中，将显示总览窗口或项目树中所选对象的特定内容，其中可包含文本列表或变量。

3）工作区：为进行编辑而打开的对象将显示在工作区内，例如"编辑器和视图""表格"，注：可以打开若干个对象。但通常每次在工作区中只能看到其中一个对象。在编辑器栏中，所有其他对象均显示为选项卡。如果在执行某些任务时要同时查看两个对象，则可以水平或垂直方式平铺工作区，或浮动停靠工作区的元素。如果没有打开任何对象，则工作区是空的。

4）巡视窗口：有关所选对象或所执行操作的附加信息均显示在巡视窗口中，可通过"属性""信息""诊断"选项卡进行切换从而查看对应内容。

5）任务卡：根据所编辑对象或所选对象，提供了用于执行附加操作的任务卡。这些操作有"从库中或者从硬件目录中选择对象""在项目中搜索和替换对象""将预定义的对象拖入工作区"，注：在条形栏中可以找到可用的任务卡，可以随时折叠和重新打开这些任务卡，哪些任务卡可用取决于所安装的产品。比较复杂的任务卡会划分为多个窗格，这些窗格也可以折叠和重新打开。

3.3.4 工程文件的创建及应用

1. 设备创建及组态

（1）直接生成 HMI 设备

1）双击项目树中的"添加新设备"，单击打开对话框中的"HMI"按钮，选择 SIMATIC 精智面板中的 TP700 紧凑型，如图 3-122 中的 1～2 所示。

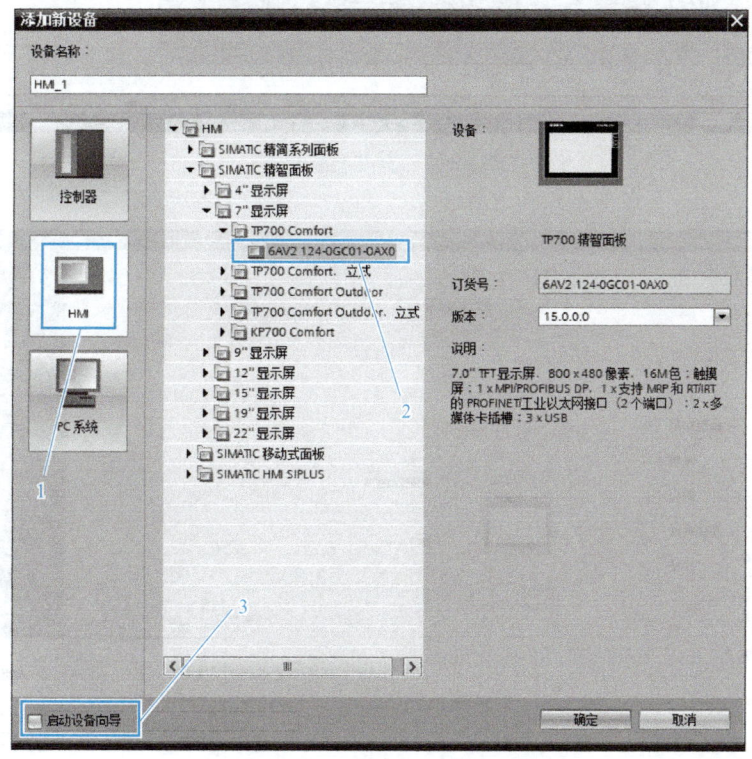

图 3-122　TP700 设备创建

2）如果不勾选"启动设备向导"，单击"确定"按钮将生成名为"HML_1"的面板，如图 3-123 所示。

（2）使用 HMI 设备向导生成 HMI 设备

1）如果在添加新设备时，勾选"启动设备向导"，将会出现"HMI 设备向导：TP700 Comfort"对话框，如图 3-124 所示，左边的橙色"圆球"用来表示当前的进度，帮助用户实现项目的建立。单击选择 PLC 下"浏览"右侧的下拉箭头，进入"PLC 连接"设置，选择与 HMI 设备所连接的 PLC，单击 ☑ 按钮，如图 3-124 中的 1～3 所示，这时将出现 HMI 设备与 PLC 之间的连线。

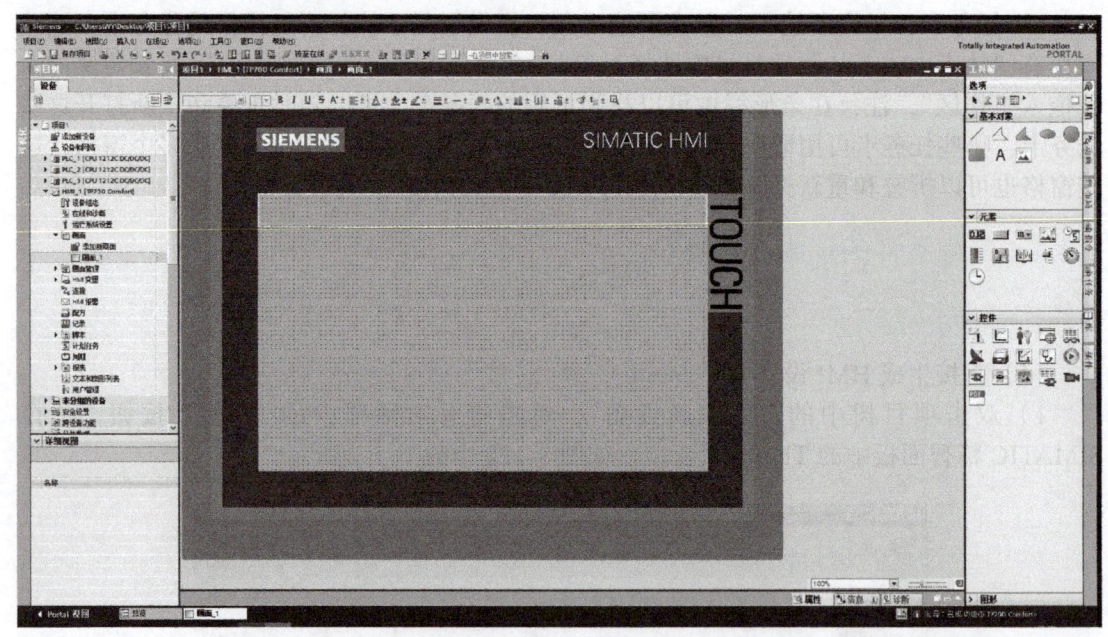

图 3-123　直接生成设备

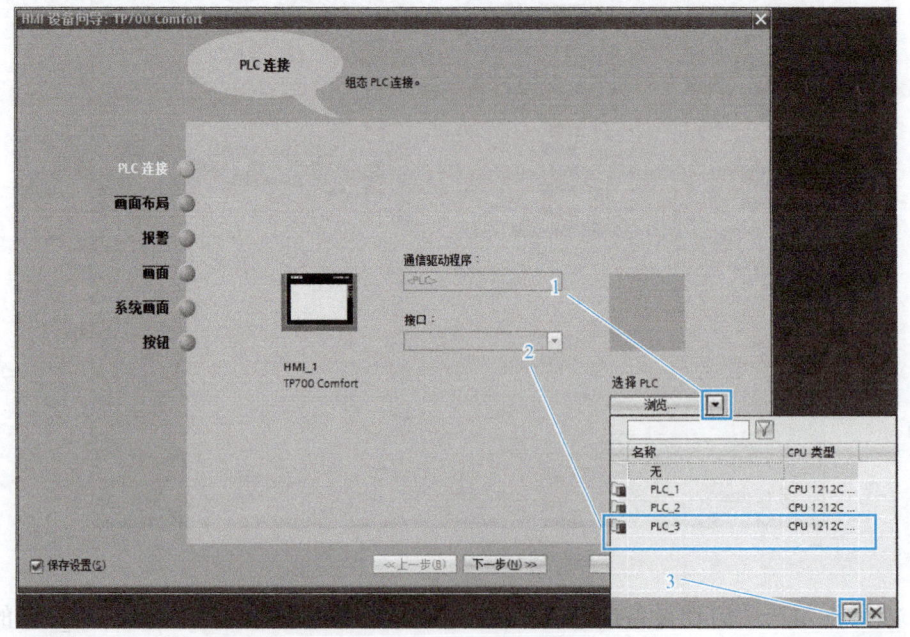

图 3-124　向导生成设备 1

2）单击"下一步"按钮，进入"画面布局"设置，选择要显示的画面对象。在左侧可以对画面的分辨率和背景色进行设置。单击复选框"页眉"，可以对画面的页眉进行设置。右侧的预览区域将生成对画面的预览，如图 3-125 所示。

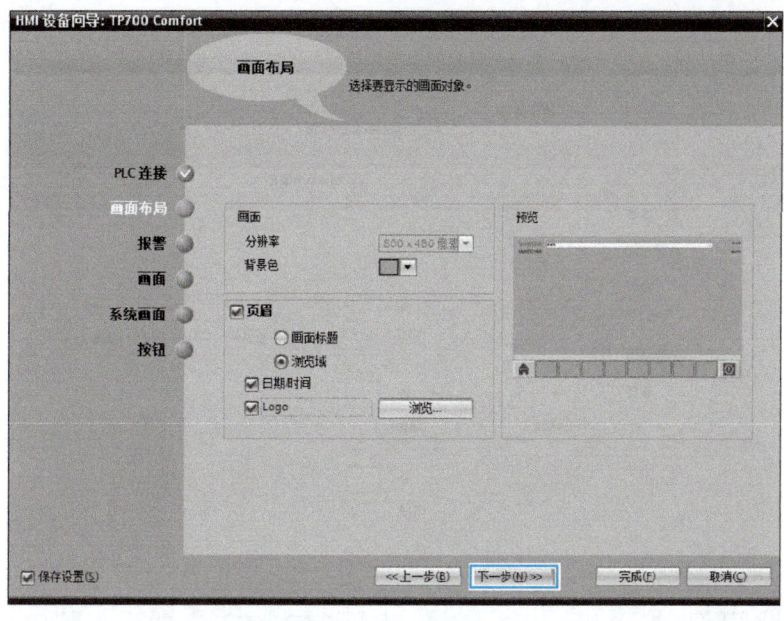

图 3-125　向导生成设备 2

3）单击"下一步"按钮，进入"报警"设置，组态报警设置，选择在画面中出现的报警。如果复选框"未确认的报警""未决报警"和"未决的系统事件"全部勾选，则在画面预览中将会出现 3 个窗口。对于"未确认的报警"，可以选择使用"报警窗口""报警行在顶部"和"报警行在底部"，如图 3-126 所示。

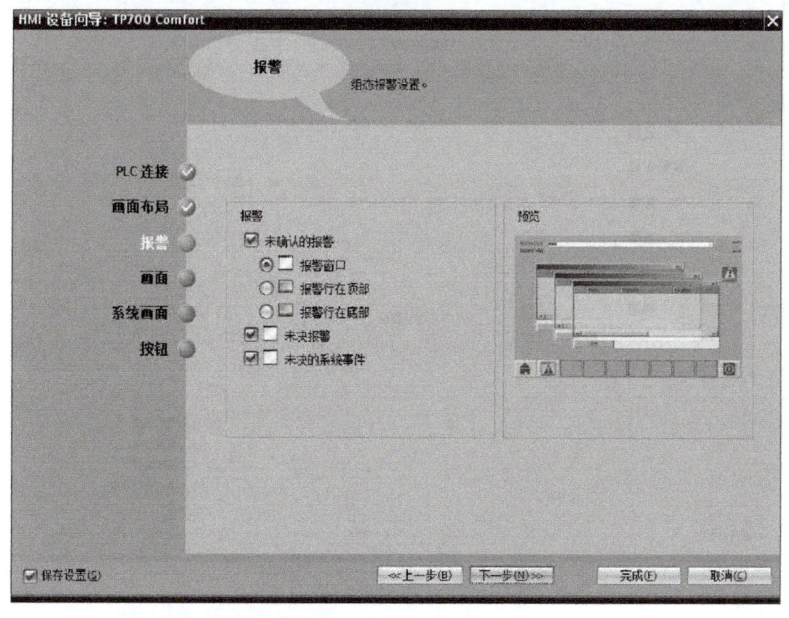

图 3-126　向导生成设备 3

4）单击"下一步"按钮，进入"画面浏览"设置。开始时只有根画面，单击 按钮，将生成一个下一级画面，如图 3-127 所示。对于选中的画面，可以对其进行重命名或删除操作。

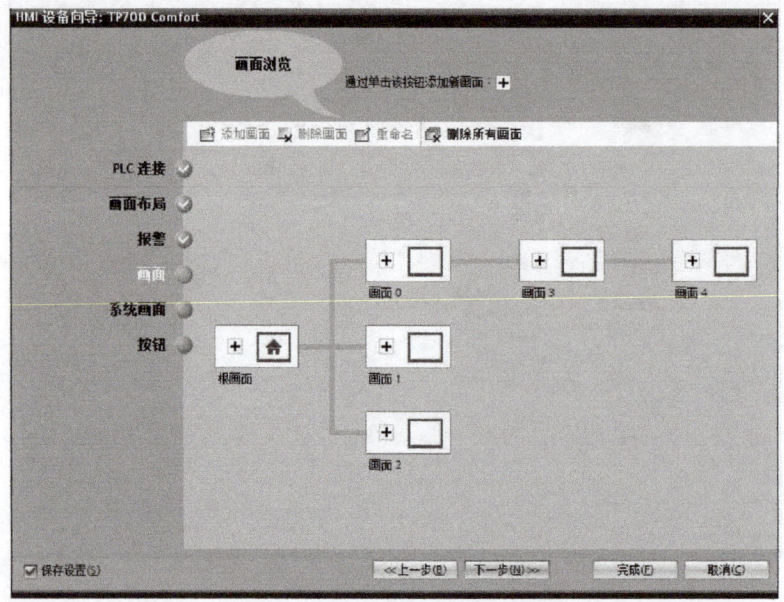

图 3-127　向导生成设备 4

5）单击"下一步"按钮,进入"系统画面"设置,选择需要的系统画面,如图 3-128 所示。

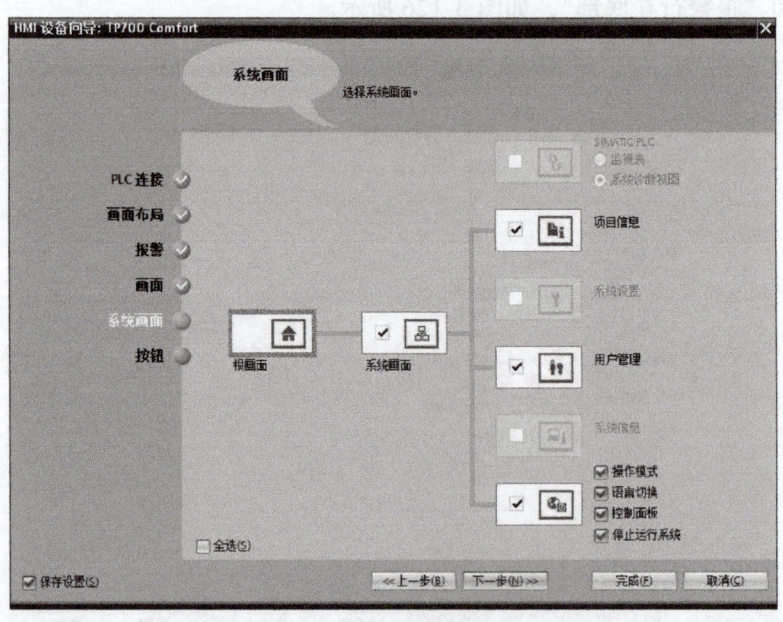

图 3-128　向导生成设备 5

6）单击"下一步"按钮,进入"按钮"设置,选择需要的系统按钮。单击某个系统按钮,该按钮的图标将出现在画面上未放置图标的按钮上;也可以使用鼠标拖曳放入未放置图标的按钮上。勾选"按钮区域"中的"左"或"右"复选框,将在画面的左边或右边生成新的按钮。单击"全部重置"按钮,各按钮上设置的图标将会消失,如图 3-129 所示。

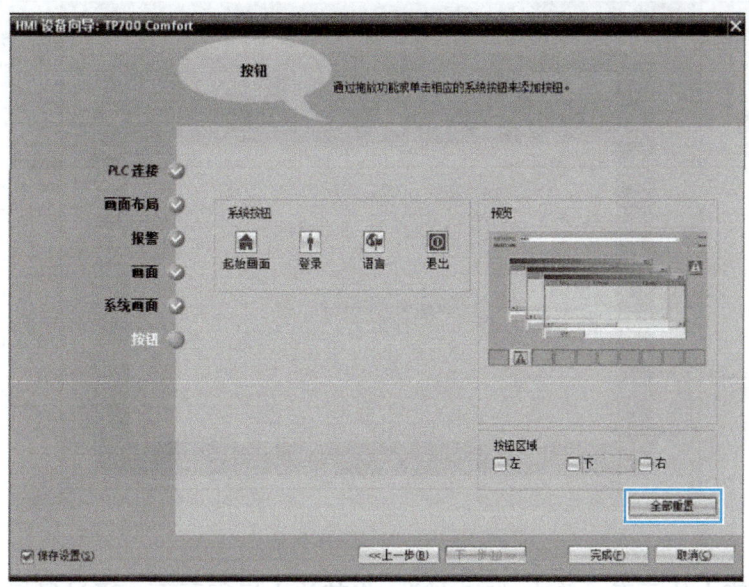

图 3-129　向导生成设备 6

7）如果考虑到面板的画面很小，可以不设置按钮区域，如图 3-130 所示。

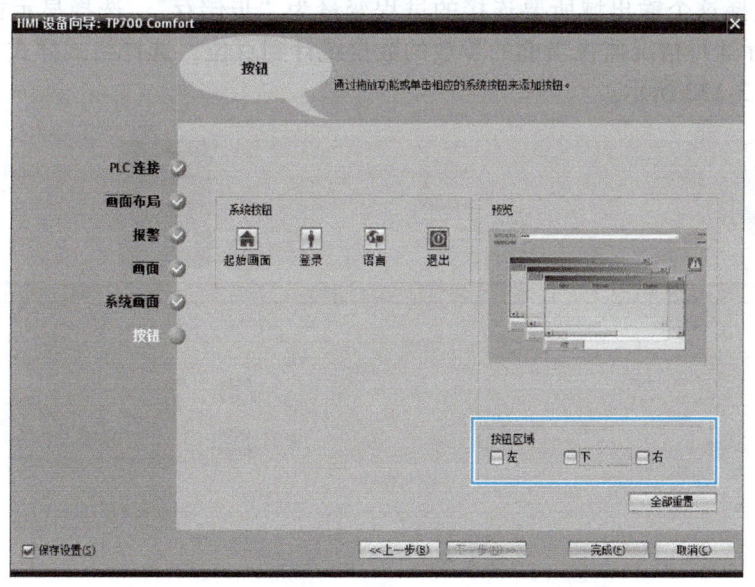

图 3-130　向导生成设备 7

8）单击"完成"按钮，HMI 设备建立完成，如图 3-131 所示。

2. 创建 I/O 域功能

"I"是输入（input）的简称，"O"是输出（output）的简称，I/O 域即输入域与输出域的统称。I/O 域分为 3 种模式：输出域、输入域和输入 / 输出域。其中，输出域只显示变量的数值，不能修改数值；输入域用于操作员输入要传送到 PLC 的数字、字母或符号，将输入的数值保存到指定的变量中；输入 / 输出域同时具有输入和输出的功能，操作员可以用它来修改变量的数值，并将修改后的数值显示出来。

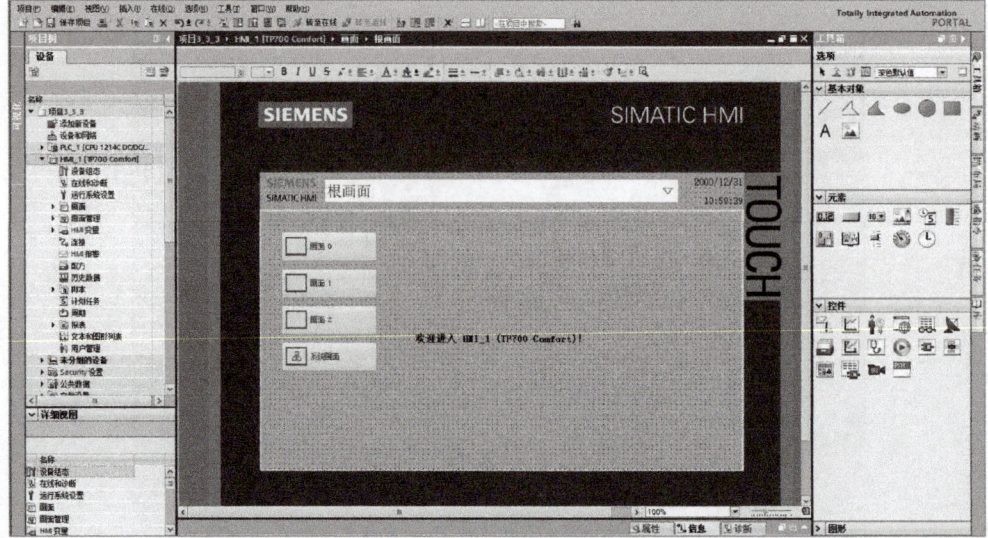

图 3-131　向导生成设备 8

使用工具箱中的元素，单击"I/O 域"，将其放入运行画面，通过鼠标的拖曳调整输出域的大小。为了清晰地说明输出域显示的数据，在其旁边放置文本域"步骤监控"。

在 I/O 域的"属性"视图的"属性"选项卡中选择"常规"，I/O 域的类型选择为"输出"模式。选择这个输出域所要连接的过程变量为"步储存"，选择显示格式为"十进制"。根据实际运行情况监视当前的步数的数量统计到百位，选择格式样式为"999"，不带小数，如图 3-132 所示。

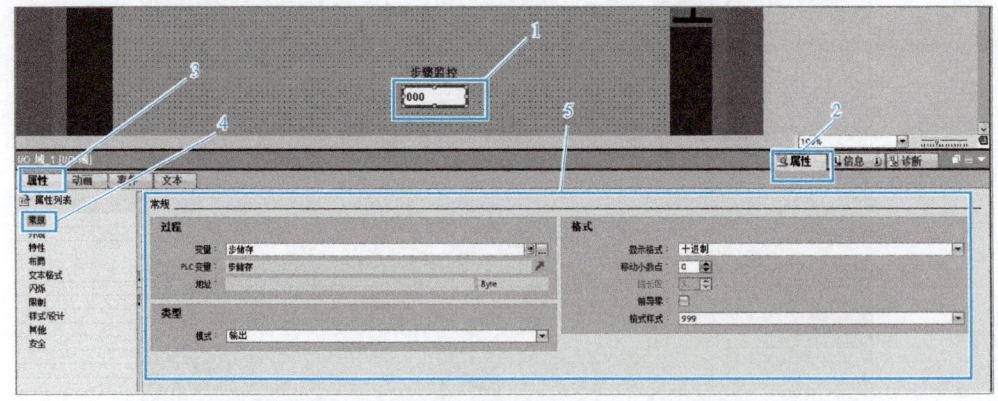

图 3-132　I/O 域功能设置

3. 创建按钮功能

HMI 上组态的按钮与接在 PLC 输入端的物理按钮的功能是相同的，主要用来给 PLC 提供开关量输入信号，通过 PLC 的用户程序控制生产过程。这样，整条生产线的控制既可以通过控制面板中的按钮实现，也可以通过 HMI 上的按钮实现。例如，在 HMI 设备的运行画面中增加上位启动和停止按钮，实现远程（上位）的系统启停控制。

画面中的按钮元件是 HMI 画面上的虚拟键。为了模拟按钮的功能，可以组态按下该键使连接的变量"置位"，释放该键使连接的变量"复位"。该变量不能是实际的启动按钮或停止按钮的输入地址 I0.0 或 I0.1。因为 I0.0 或 I0.1 是输入过程映像区的存储位，每个扫描周期都要被实际按钮的状态刷新，使上位控制所做的操作无效。因此，必须将画面按钮连接的变量保存在 PLC 的 M 存储器区或数据块区。本例中设 M11.2 为 "HMI 启动 / 停止按钮"。

使用工具箱中的元素，单击 "按钮"，将其放入运行画面，通过鼠标的拖曳可以调整按钮的大小。为了提示操作人员该按钮的功能，在按钮 "属性" 视图的 "属性" 选项卡中选择 "常规"，输入相应的文字 "HMI 启动 / 停止按钮"，如图 3-133 所示。

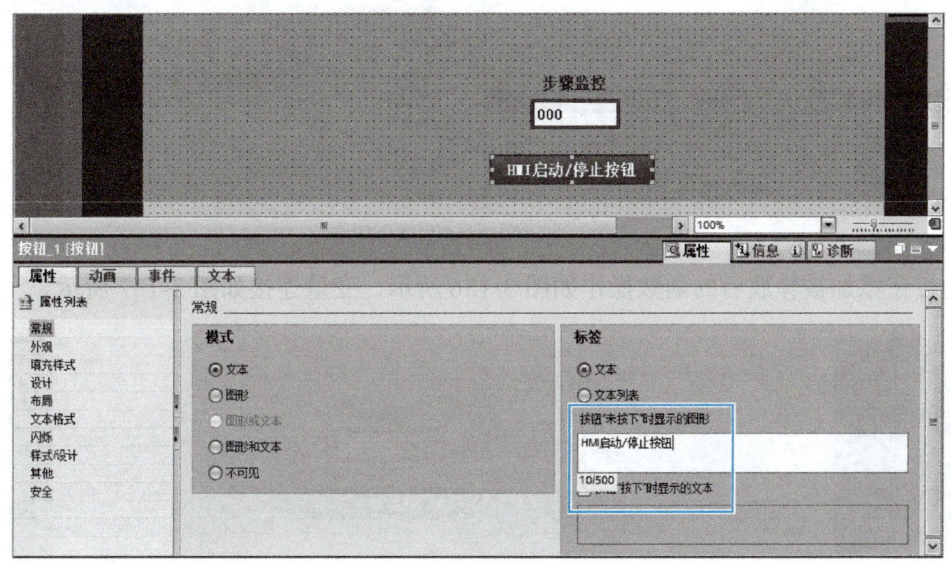

图 3-133　按钮文本设置

为按钮操作事件选择功能，功能的执行总是与指定的事件相连接。只有当该事件发生时，才触发功能。例如，通过 "HMI 启动 / 停止按钮" 控制设备，当 "HMI 启动 / 停止按钮" 按下时，系统启动或停止。

为按钮添加被按下后的函数操作如图 3-134 所示，变量连接如图 3-135 所示。

图 3-134　按钮按下时函数

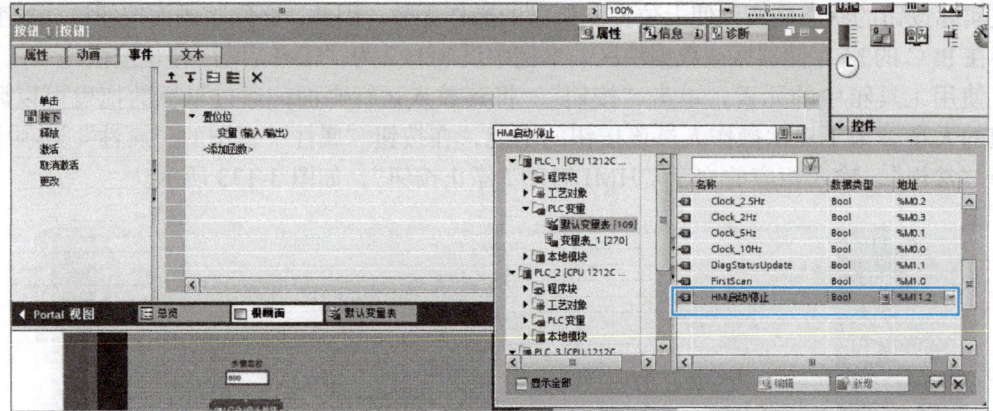

图 3-135 按钮按下时变量连接

为按钮添加被释放后的函数操作如图 3-136 所示,变量连接如图 3-137 所示。

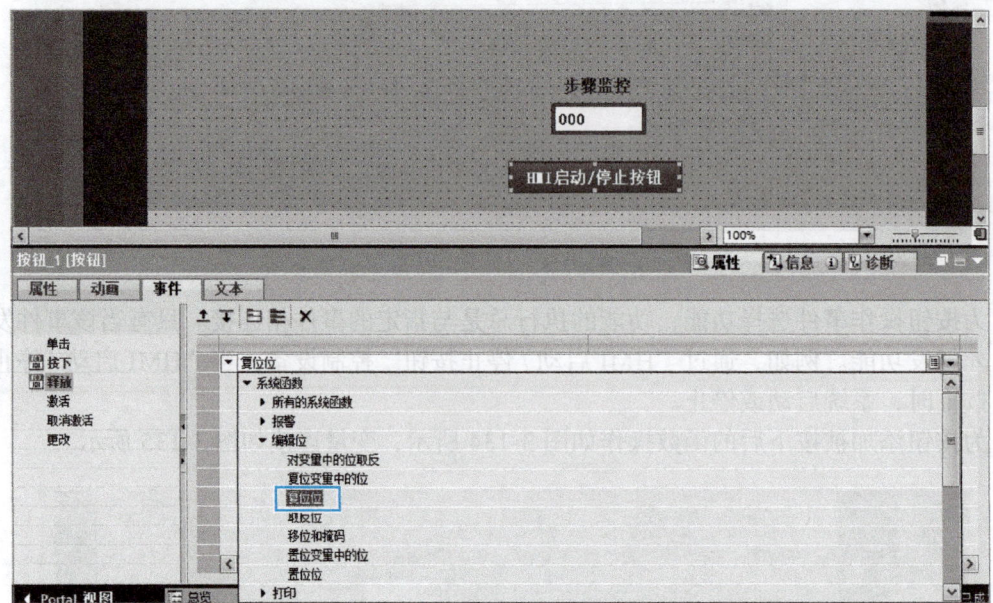

图 3-136 按钮释放时函数

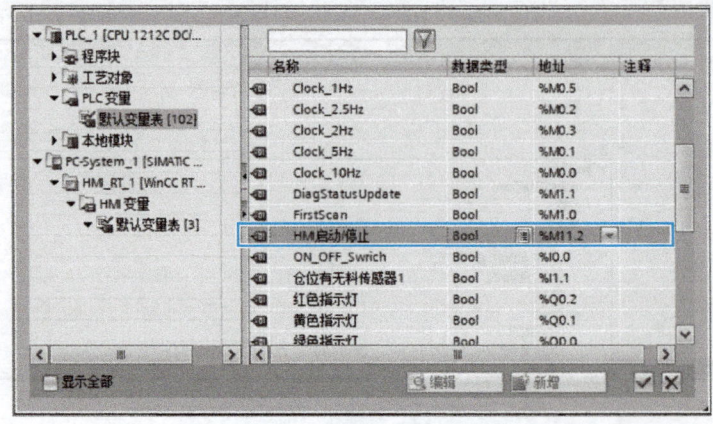

图 3-137 按钮释放时变量连接

3.3.5 WinCC 任务实例

1. 任务要求

1）能够通过 WinCC 监控仓储单元有无料状态。
2）通过 WinCC 控制仓储单元仓位推出。
3）通过 WinCC 向机器人发送信号。

2. 组态 WinCC

1）设备组态如图 3-138 所示。

图 3-138　WinCC 组态过程

2）为 WinCC 添加通信模块，如图 3-139 所示。

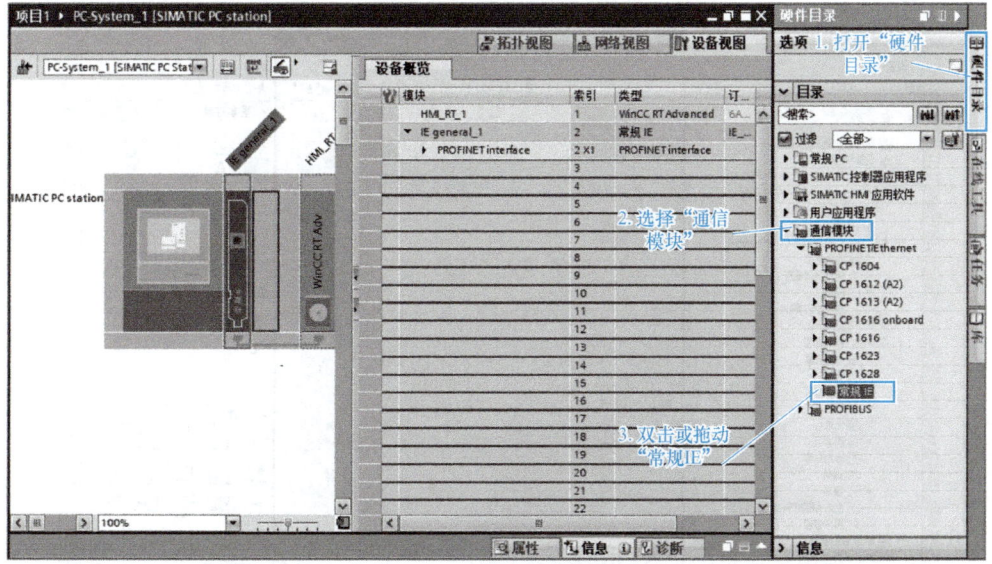

图 3-139　WinCC 通信连接

3. 制作界面

1) 单击"添加新画面",如图 3-140 所示。

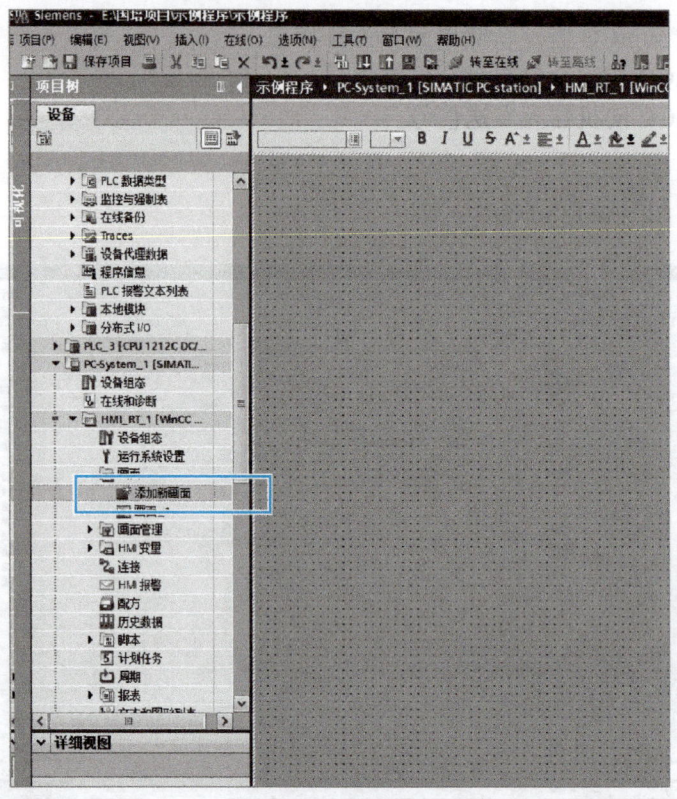

图 3-140 添加新画面

2) 添加圆形组件。

① 在"工具箱"中添加圆形组件,如图 3-141 所示。

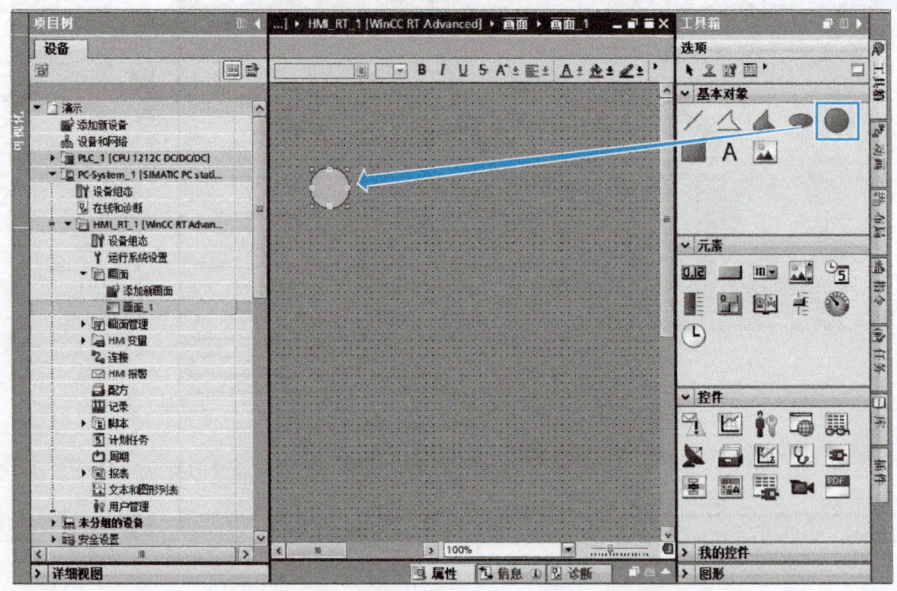

图 3-141 添加圆形组件

② 进行属性设置，如图 3-142 所示。

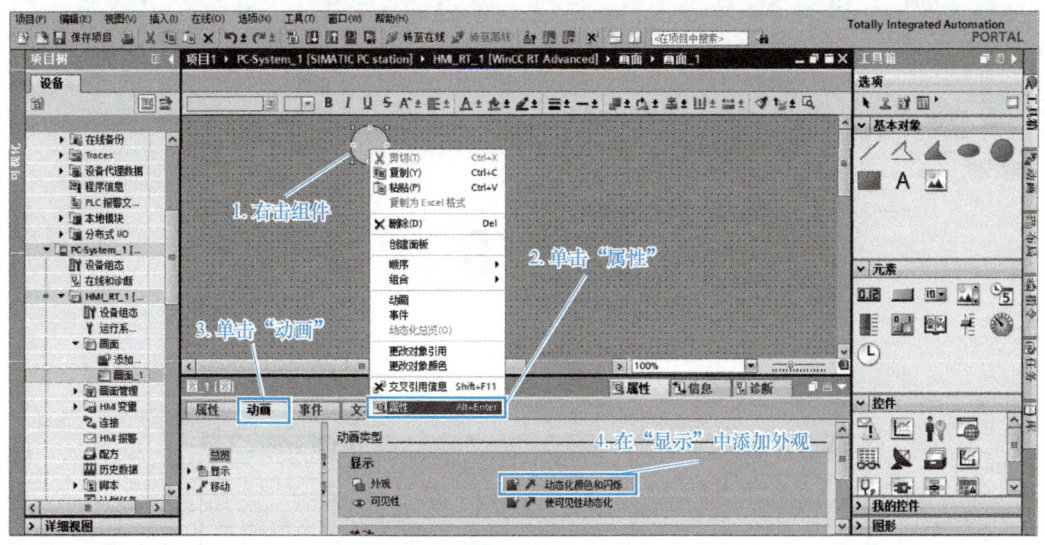

图 3-142　图形组件属性设置 1

③ 进行变量关联，如图 3-143 所示。

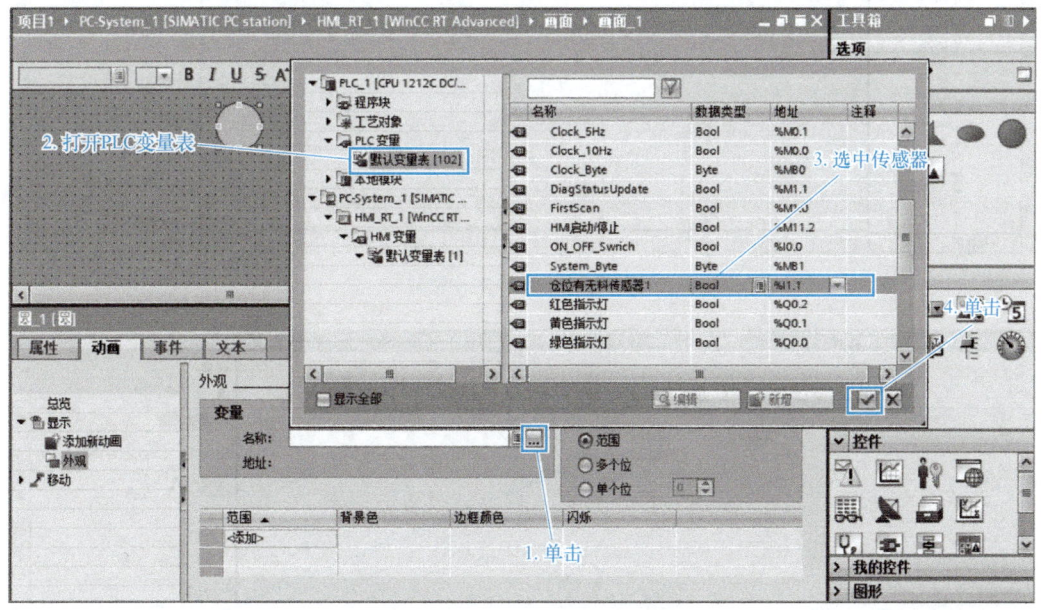

图 3-143　图形组件属性设置 2

④ 添加变化特征，如图 3-144 所示。

3）添加文本控件，如图 3-145 所示。

4）添加按钮控件。

① 添加按钮控件，如图 3-146 所示。

② 添加事件，如图 3-147 和图 3-148 所示。

③ 进行变量关联。在按钮控件的按下取反位函数中关联中间变量，如图 3-149 所示。

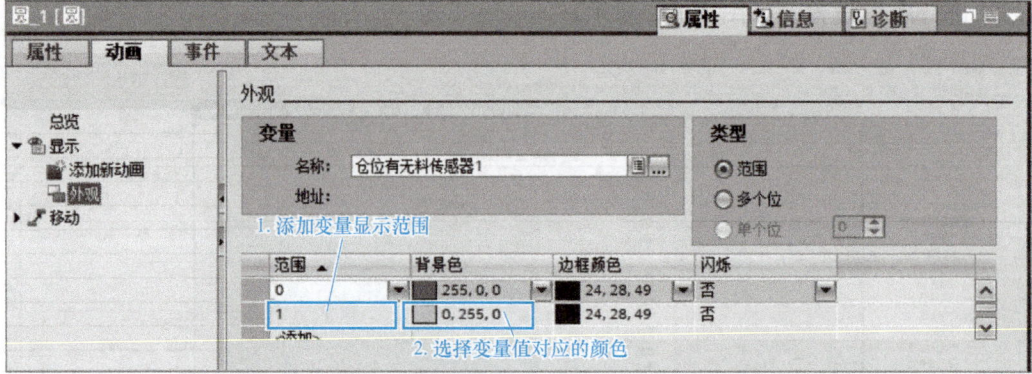

图 3-144　图形组件属性设置 3

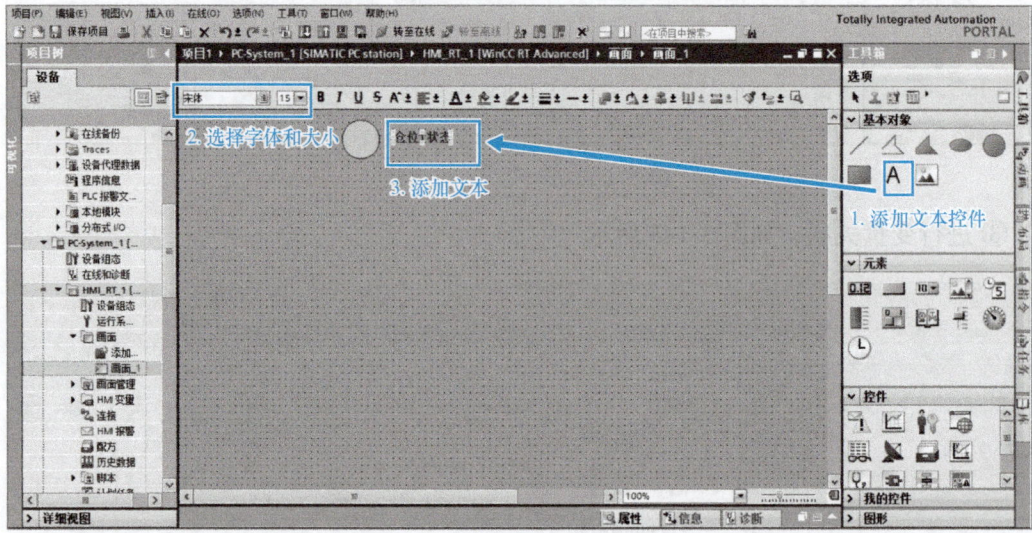

图 3-145　添加文本控件

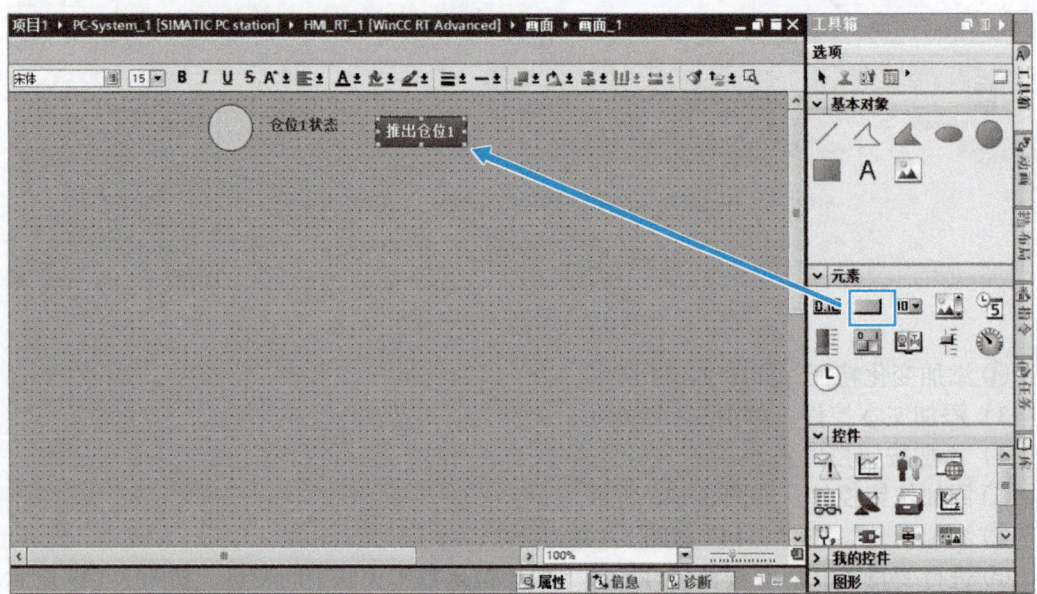

图 3-146　添加按钮控件

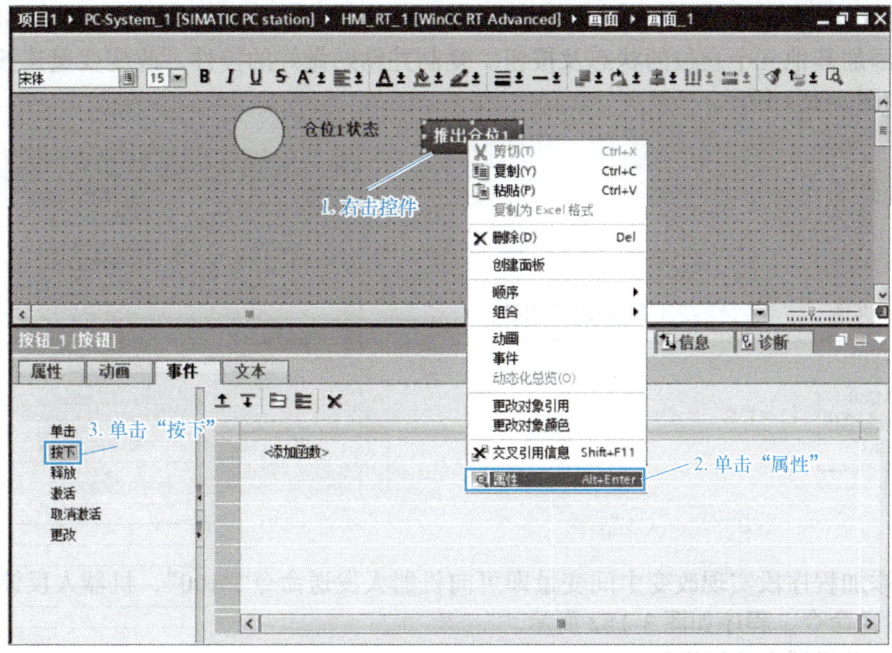

图 3-147　按钮属性设置 1

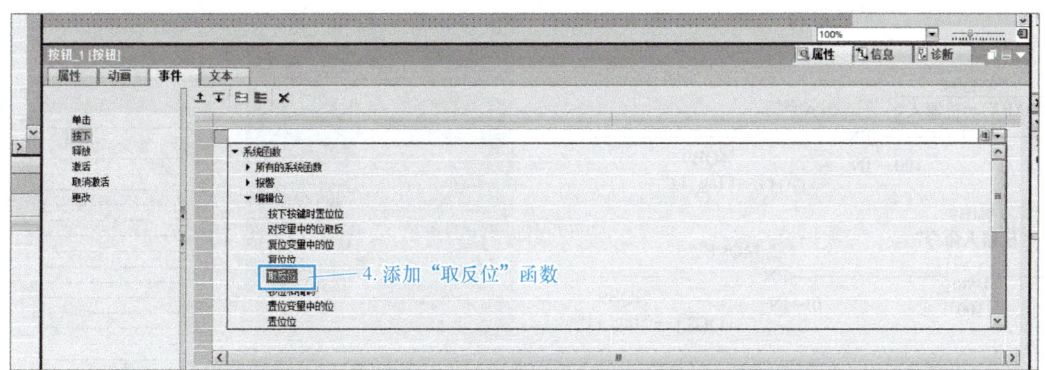

图 3-148　按钮属性设置 2

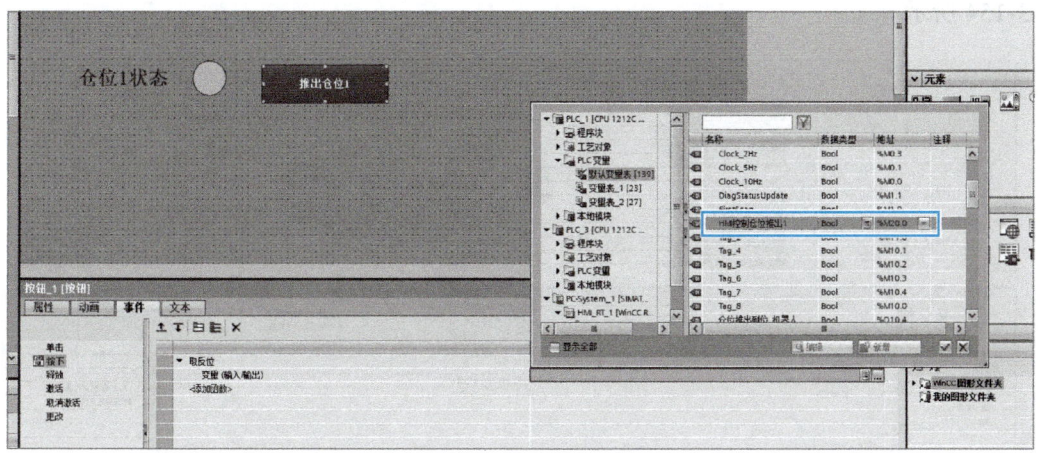

图 3-149　按钮属性设置 3

④ PLC 程序修改。在仓储程序中添加中间变量并下载程序，梯形图如图 3-150 所示。

5）添加其他五个仓位的状态及按钮。复制并粘贴做好的控件，改变变量连接和文本即可，如图 3-151 所示。

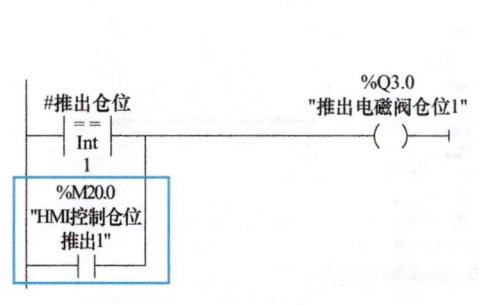

图 3-150　按钮对应 PLC 梯形图

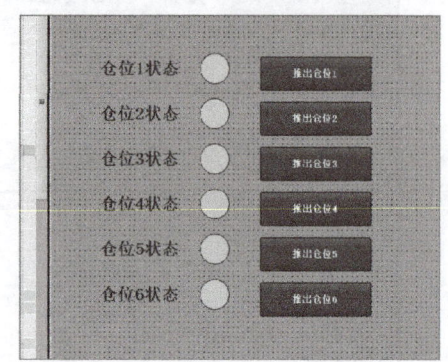

图 3-151　仓储单元 WinCC 画面

6）添加程序段实现改变中间变量即可向机器人发送命令"100"，机器人反馈"100"时清零发送命令，程序如图 3-152 所示。

7）启动机器人按钮设置。

① 复制一个做好的按钮控件，更改文本，如图 3-153 所示。

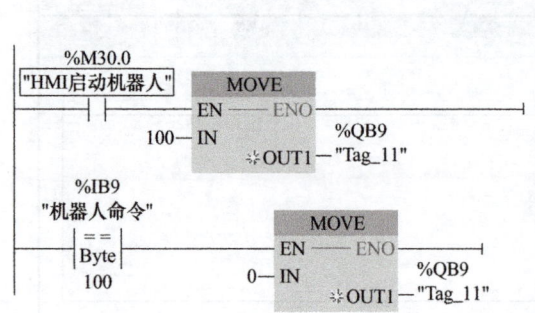

图 3-152　仓储单元 PLC 程序

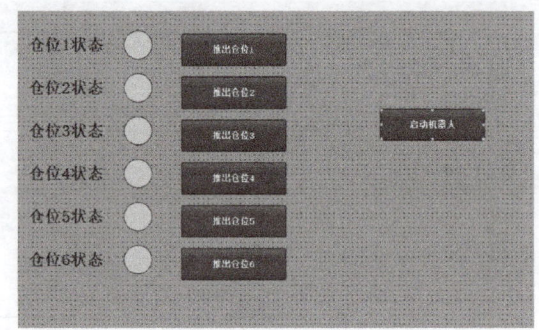

图 3-153　仓储单元启动画面

② 变量关联。更改变量关联，连接到程序中的中间变量即可实现功能，如图 3-154 所示。

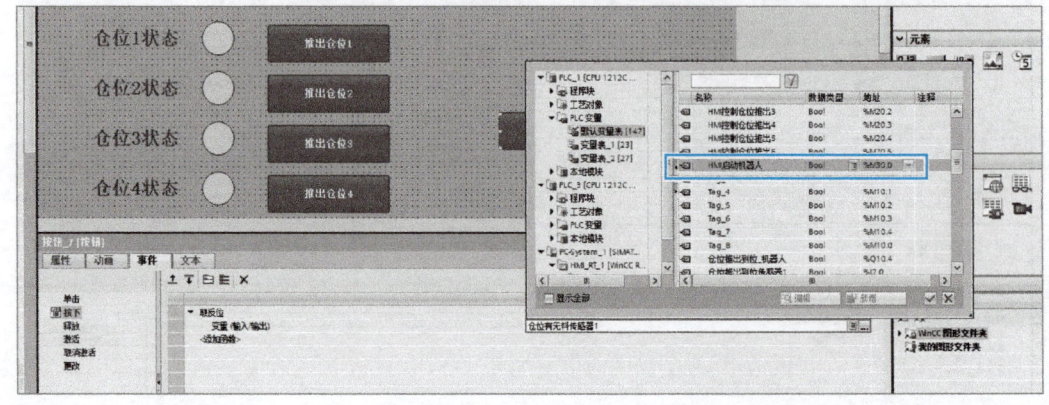

图 3-154　启动变量关联

8)启动调试。

① 选中 WinCC,单击在 PC 上运行按钮 ,如图 3-155 所示。

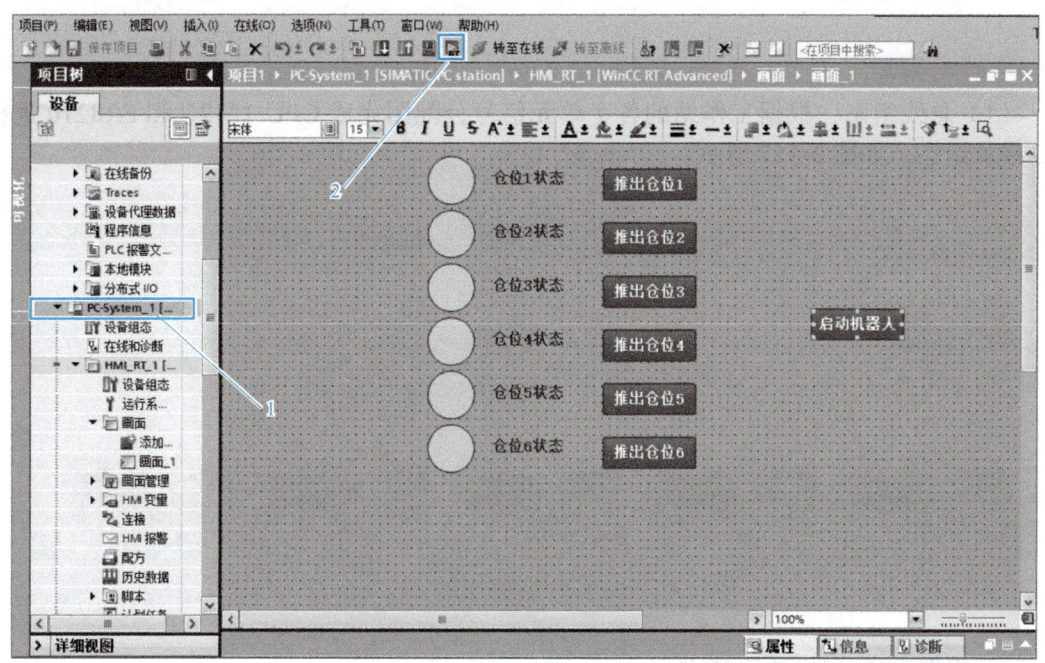

图 3-155　WinCC 调试

② 仓储单元调试如图 3-156 所示。调试内容如下:

a. 在料仓中随机放入轮毂观察指示灯是否正确工作。

b. 单击仓位推出按钮观察仓位是否能正确推出。

c. 单击"启动机器人"按钮,在示教器上查看是否能收到"100"命令。

d. 通过示教器发送命令"100"检查 PLC 向机器人发送的命令号是否清零。

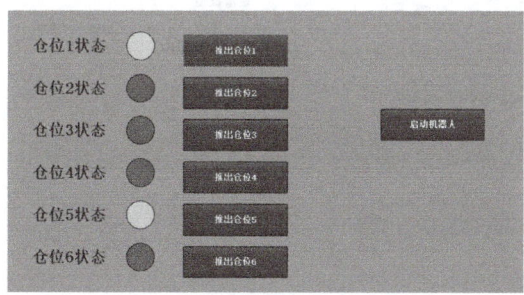

图 3-156　仓储单元调试

3.4　单元任务集成与调试

教学目标

1)掌握 PLC 的硬件组态。

2）掌握仓储单元、分拣单元、打磨单元、加工单元任务的程序编写与调试。

3.4.1 硬件组态

1. PLC 组态

（1）总线组态　根据工作站的各个单元信号分配图完成 CPU 1212C 和 FR8210 远程 I/O 模块组态，如图 3-157 所示。

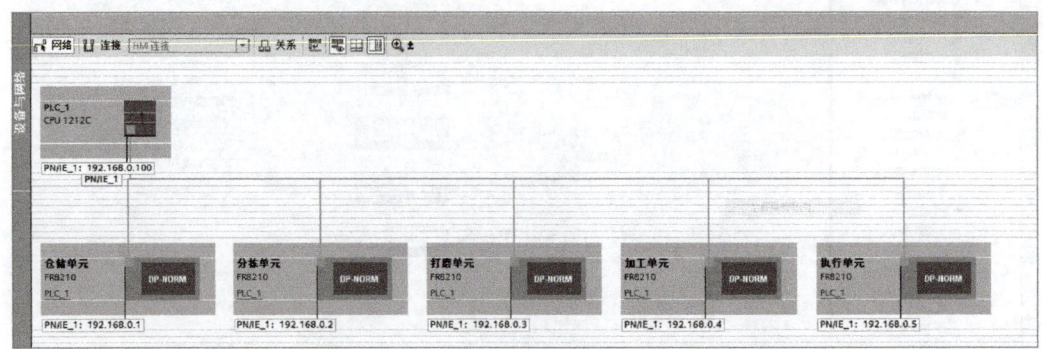

图 3-157　硬件组态

1）组态 CPU 1212C 的 IP 地址。
2）组态仓储单元、分拣单元、打磨单元、加工单元和执行单元的远程 I/O 模块。

（2）分配 I/O 地址　根据工作站的各个单元信号分配图完成 FR8210 远程 I/O 模块的 I/O 地址分配。

1）根据仓储单元的信号分配图进行 I/O 地址分配，如图 3-158 所示。

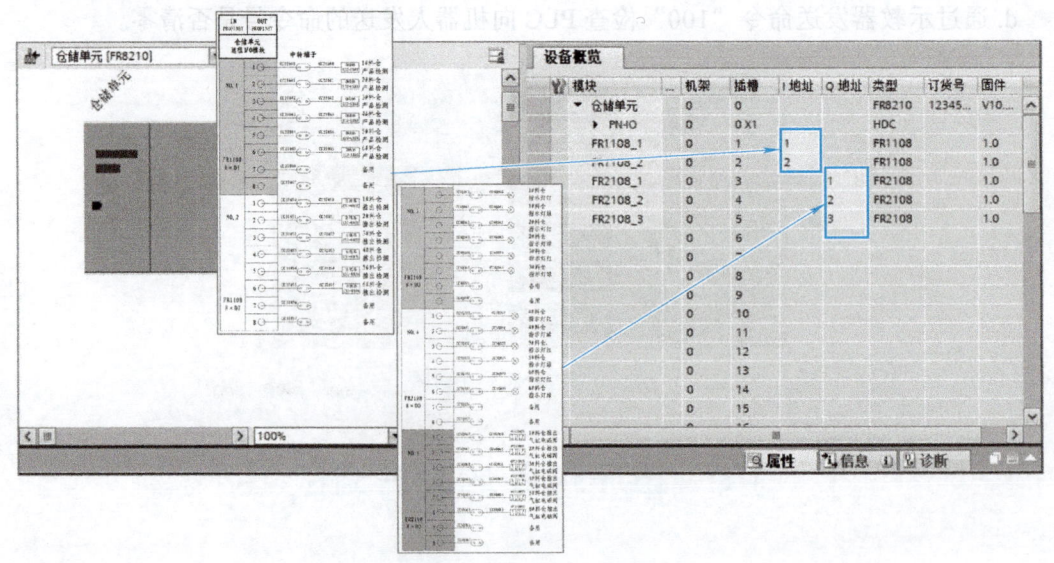

图 3-158　仓储单元 I/O 地址分配

2）根据分拣单元的信号分配图进行 I/O 地址分配，如图 3-159 所示。

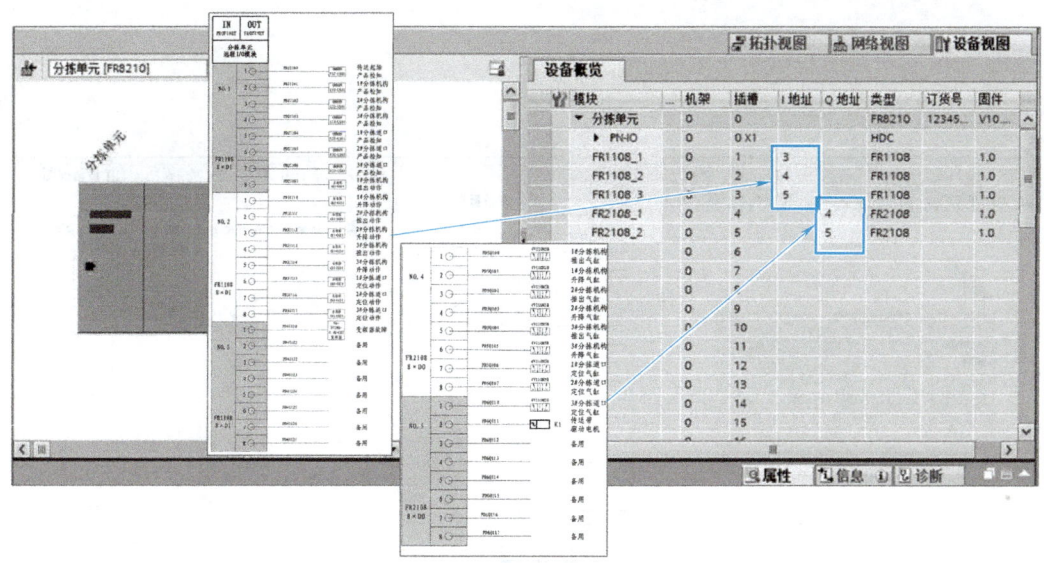

图 3-159　分拣单元 I/O 地址分配

3）根据打磨单元的信号分配图进行 I/O 地址分配，如图 3-160 所示。

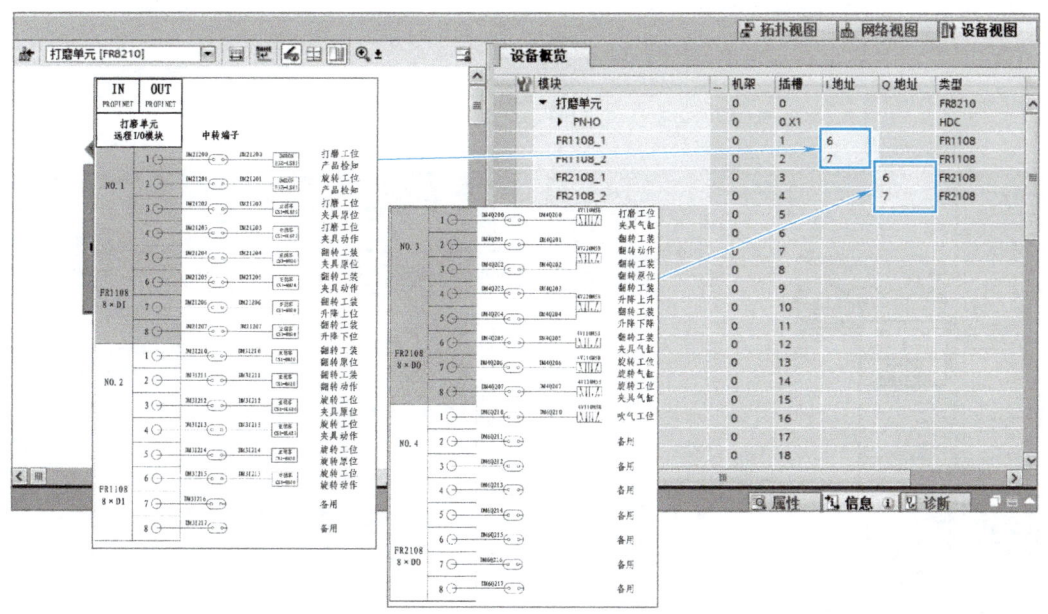

图 3-160　打磨单元 I/O 地址分配

4）根据加工单元的信号分配图进行 I/O 地址分配，如图 3-161 所示。
5）根据执行单元的信号分配图进行 I/O 地址分配，如图 3-162 所示。
（3）变量定义　根据图 3-162 进行信号定义，如图 3-163 所示。

2. 工业机器人组态

（1）I/O 模块配置　利用机器人的 DeviceNet 协议配置 DSQC652 板卡和 FR8030 适配器及其输入输出模块，配置过程参照 3.1.4 节，配置参数及配置结果见表 3-12 和图 3-164 所示。

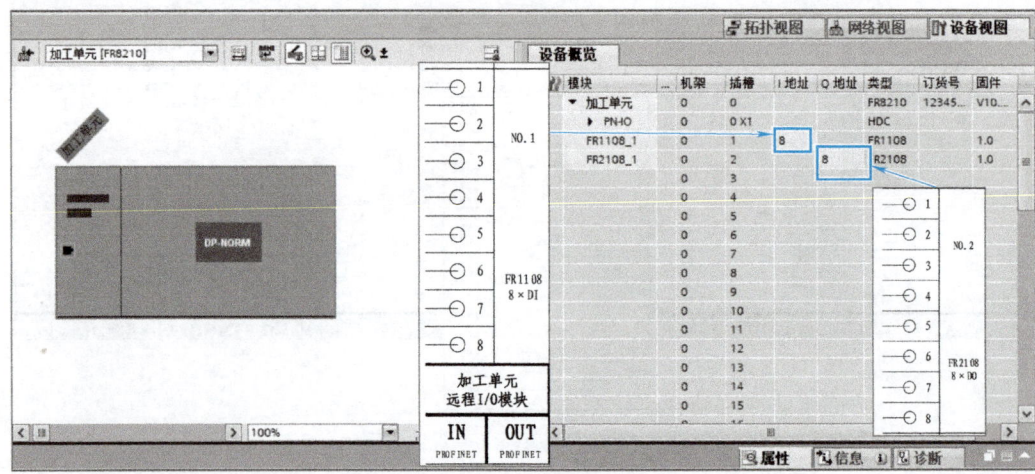

图 3-161 加工单元 I/O 地址分配

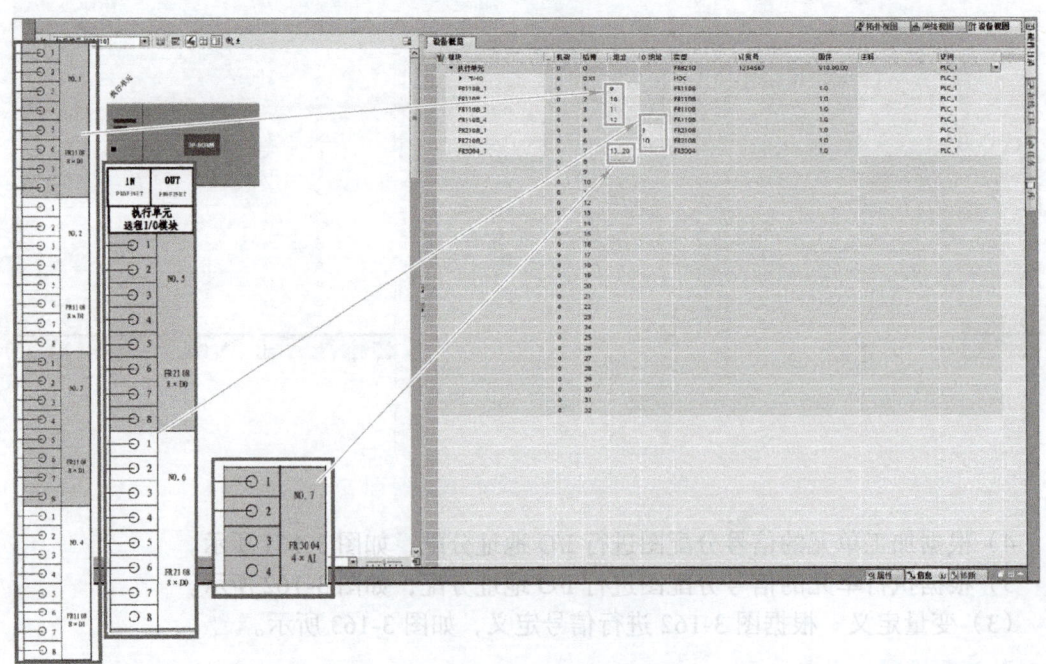

图 3-162 执行单元 I/O 地址分配

图 3-163 执行单元 PLC 信号定义

注意：DeviceNet 协议需要工业机器 709-1 选项及硬件支持，由于 DSQC652 板卡为 ABB 机器人标准板卡，在配置时只需选取对应模板后更改"地址（Address）"，其他参数可使用默认配置。

表 3-12 I/O 模块配置参数表

序号	模块	参数项	参数值
1	DSQC652	地址（Address）	10
2	FR8030	地址（Address）	11
3		设备代码（Vendor ID）	9999
4		产品代码（Product Code）	67
5		设备类型（Device Type）	12
6		通信类型（Connection Type）	Polled
7		输出长度（Connection Output Size）	12
8		输入长度（Connection Input Size）	2

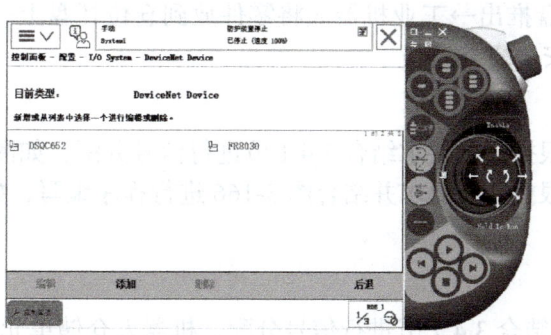

图 3-164 I/O 模块配置结果

（2）通用 I/O 信号配置　配置过程参照 3.1.4 节，配置参数及配置结果见表 3-13 和图 3-165 所示。

表 3-13　通用 I/O 信号配置参数表

名称	类型	挂载模块	位值	备注
Tool_Open	Digital Output	DSQC652	2	控制夹具打开与关闭

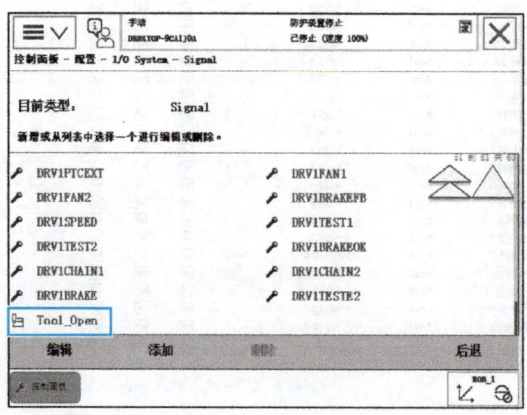

图 3-165　通用 I/O 信号配置结果

3.4.2　工业机器人工作站与仓储单元任务调试

1. 任务要求

根据仓储单元集所提供的内部接线图，实现以下功能：

1）由机器人信号控制指定编号的仓位托盘推出和缩回。

2）每个仓位传感器可以感知当前是否有零件存放在仓位中。

3）仓位指示灯根据仓位内零件存储状态点亮，当仓位内没有存放零件时亮红灯，当仓位内存放有零件时亮绿灯。

4）机器人对仓储零件进行取出与放回，取出与放回工艺流程如下：

① 仓储单元取料工艺流程：工业机器人恢复安全姿态→工业机器人到达抓取预备姿态→仓储单元仓位托盘推出→工业机器人由仓位托盘上取出零件→仓储单元仓位托盘缩回→工业机器人恢复安全姿态。

② 仓储单元放料工艺流程：工业机器人恢复安全姿态→工业机器人到达放置预备姿态→仓储单元仓位托盘推出→工业机器人将零件放到仓位托盘上→仓储单元仓位托盘缩回→工业机器人恢复安全姿态。

2. PLC 程序

（1）定义变量　根据任务要求结合 3.4.1 节进行信号分配，如图 3-166 所示。

（2）程序编写　根据任务要求并结合图 3-166 进行程序编写，如图 3-167 所示。

3. 工业机器人程序

（1）定义变量

1）根据任务要求结合 3.4.1 节进行信号分配，机器人仓储单元信号配置参照表 3-14，信号配置结果如图 3-168 所示。

模块 3　工业机器人集成系统程序开发

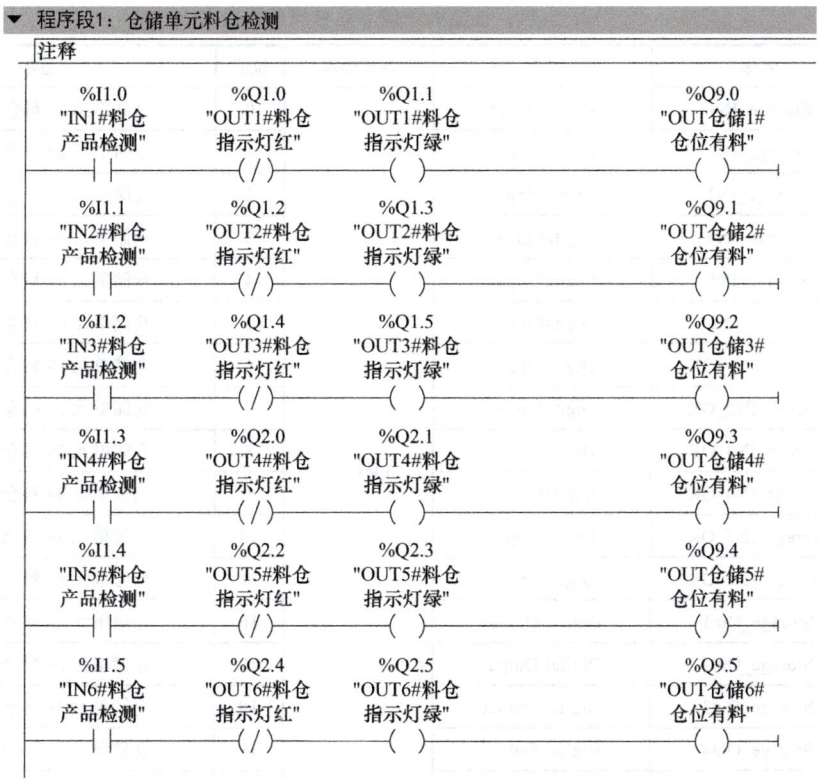

图 3-166　仓储单元变量表

图 3-167　PLC 仓储单元程序

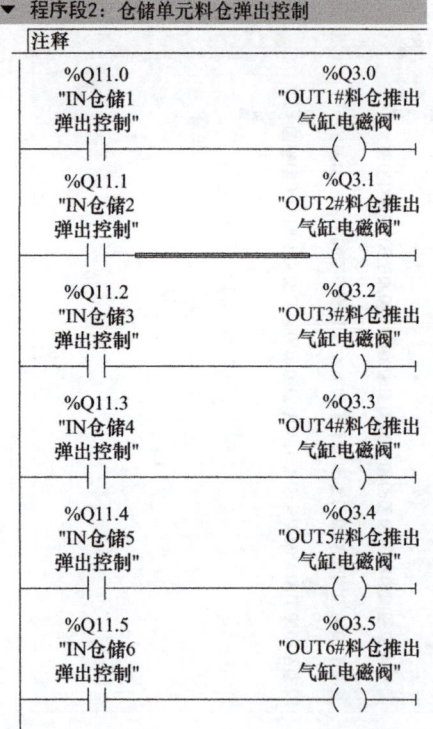
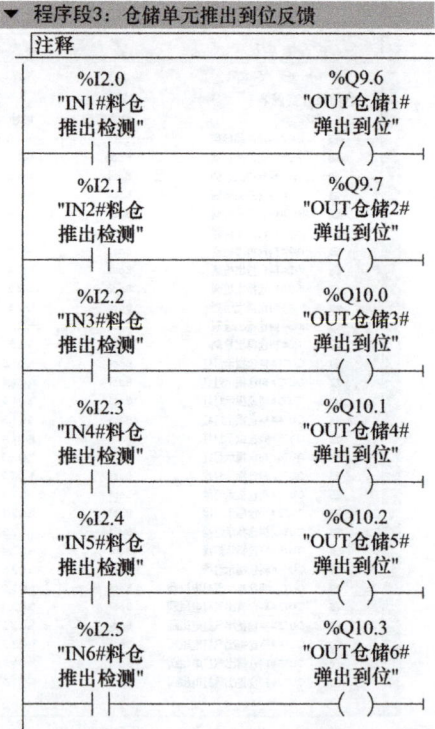

图 3-167　PLC 仓储单元程序（续）

表 3-14　机器人仓储单元信号配置表

序号	名称	类型	挂载模块	位值	备注
1	Storage_IN1	Digital Input		0	仓储单元1#料仓产品检测
2	Storage_IN2	Digital Input		1	仓储单元2#料仓产品检测
3	Storage_IN3	Digital Input		2	仓储单元3#料仓产品检测
4	Storage_IN4	Digital Input		3	仓储单元4#料仓产品检测
5	Storage_IN5	Digital Input		4	仓储单元5#料仓产品检测
6	Storage_IN6	Digital Input		5	仓储单元6#料仓产品检测
7	Storage_IN1_OK	Digital Input		6	仓储单元1#料仓推出检测
8	Storage_IN2_OK	Digital Input		7	仓储单元2#料仓推出检测
9	Storage_IN3_OK	Digital Input	FR8030	8	仓储单元3#料仓推出检测
10	Storage_IN4_OK	Digital Input		9	仓储单元4#料仓推出检测
11	Storage_IN5_OK	Digital Input		10	仓储单元5#料仓推出检测
12	Storage_IN6_OK	Digital Input		11	仓储单元6#料仓推出检测
13	Storage_Out1	Digital Output		16	仓储单元1#料仓推出控制
14	Storage_Out2	Digital Output		17	仓储单元2#料仓推出控制
15	Storage_Out3	Digital Output		18	仓储单元3#料仓推出控制
16	Storage_Out4	Digital Output		19	仓储单元4#料仓推出控制
17	Storage_Out5	Digital Output		20	仓储单元5#料仓推出控制
18	Storage_Out6	Digital Output		21	仓储单元6#料仓推出控制

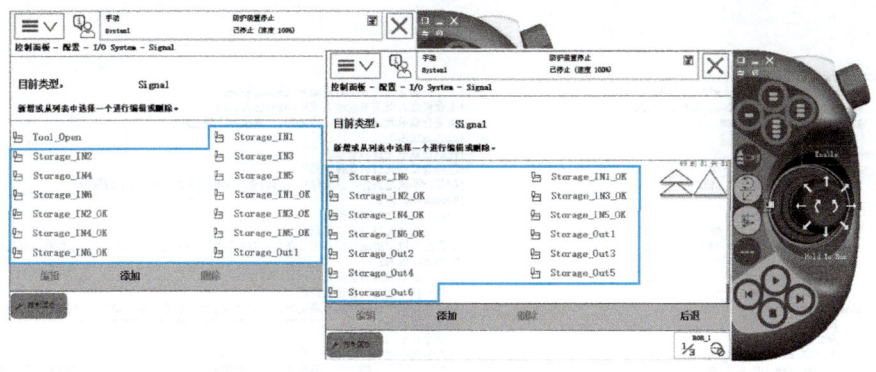

图 3-168　仓储单元 I/O 信号配置结果

2）根据任务要求进行程序变量建立，可参照表 3-15。

表 3-15　机器人仓储单元变量分配表

序号	名称	数据类型	备注
1	Home	jointtarget	工作安全点
2	StoragePos0	robtarget	仓储辅助点
3	StoragePos1To6{6}	robtarget{ 数组 }	仓储 6 个工位点
4	HubNum	num	仓储工位号寄存

（2）程序编写　根据任务要求并结合图 3-168 进行仓储零件抓取与放置的程序编写，如图 3-169 和图 3-170 所示。

```
PROC Storage_Pick()
    MoveAbsJ Home\NoEOffs, v1000, fine, tool0;    !工业机器人以关节绝对运动方式运动到Home
    MoveJ StoragePos0, v1000, fine, tool0;        !工业机器人以关节运动方式运动到StoragePos0
    Set Tool_Open;                                !夹具打开
    WaitTime 1;                                   !等待1秒
    IF Storage_IN1 = 1 THEN                       !如果仓储单元1#料仓产品检测为1，则执行下列程序
        HubNum := 1;                              !HubNum赋值为1
        Set Storage_Out1;                         !控制仓储单元1#料仓推出
        WaitDI Storage_IN1_OK, 1;                 !等待仓储单元1#料仓弹出到位
    ELSEIF Storage_IN2 = 1 THEN                   !如果不满足上ELSEIF均不满足条件，且仓储单元2#料仓产品检测为1，则执行下列程序
        HubNum := 2;                              !HubNum赋值为2
        Set Storage_Out2;                         !控制仓储单元2#料仓推出
        WaitDI Storage_IN2_OK, 1;                 !等待仓储单元2#料仓弹出到位
    ELSEIF Storage_IN3 = 1 THEN                   !如果与以上ELSEIF均不满足条件，且仓储单元3#料仓产品检测为1，则执行下列程序
        HubNum := 3;                              !HubNum赋值为3
        Set Storage_Out3;                         !控制仓储单元3#料仓推出
        WaitDI Storage_IN3_OK, 1;                 !等待仓储单元3#料仓弹出到位
    ELSEIF Storage_IN4 = 1 THEN                   !如果与以上ELSEIF均不满足条件，且仓储单元4#料仓产品检测为1，则执行下列程序
        HubNum := 4;                              !HubNum赋值为4
        Set Storage_Out4;                         !控制仓储单元4#料仓推出
        WaitDI Storage_IN4_OK, 1;                 !等待仓储单元4#料仓弹出到位
    ELSEIF Storage_IN5 = 1 THEN                   !如果与以上ELSEIF均不满足条件，且仓储单元5#料仓产品检测为1，则执行下列程序
        HubNum := 5;                              !HubNum赋值为5
        Set Storage_Out5;                         !控制仓储单元5#料仓推出
        WaitDI Storage_IN5_OK, 1;                 !等待仓储单元5#料仓弹出到位
    ELSEIF Storage_IN6 = 1 THEN                   !如果与以上ELSEIF均不满足条件，且仓储单元6#料仓产品检测为1，则执行下列程序
        HubNum := 6;                              !HubNum赋值为6
        Set Storage_Out6;                         !控制仓储单元6#料仓推出
        WaitDI Storage_IN6_OK, 1;                 !等待仓储单元6#料仓弹出到位
    ELSE                                          !如果与以上ELSEIF均不满足条件，则执行下列程序
        HubNum := 0;
        TPWrite "HubNumError";                    !在FlexPendant示教器上写入文本HubNumError进行提示
        Stop;                                     !停止程序执行
    ENDIF                                         !IF语句结束表达式
    MoveL Offs(StoragePos1To6{HubNum},0,0,30), v1000, fine, tool0;   !工业机器人以直线运动方式，运动至StoragePos1To6{hubnum},Z轴偏移30的位置
    MoveL StoragePos1To6{HubNum}, v1000, fine, tool0;                !工业机器人以直线运动方式，运动至StoragePos1To6{hubnum}
    Reset Tool_Open;                              !抓住零件
    WaitTime 1;                                   !等待1秒
    MoveL Offs(StoragePos1To6{HubNum},0,0,30), v1000, fine, tool0;   !工业机器人以直线运动方式，运动至StoragePos1To6{hubnum},Z轴偏移30的位置
    MoveL StoragePos0, v1000, fine, tool0;        !工业机器人以直线运动方式运动到StoragePos0
    IF HubNum = 1 THEN                            !如果HubNum为1，则执行下列程序
        Reset Storage_Out1;                       !控制仓储单元1#料仓缩回
        WaitDI Storage_IN1_OK, 0;                 !等待仓储单元1#料仓弹出到位为0
    ELSEIF HubNum = 2 THEN                        !如果HubNum为2，则执行下列程序
        Reset Storage_Out2;                       !控制仓储单元2#料仓缩回
        WaitDI Storage_IN2_OK, 0;                 !等待仓储单元2#料仓弹出到位为0
    ELSEIF HubNum = 3 THEN                        !如果HubNum为3，则执行下列程序
        Reset Storage_Out3;                       !控制仓储单元3#料仓缩回
        WaitDI Storage_IN3_OK, 0;                 !等待仓储单元3#料仓弹出到位为0
    ELSEIF HubNum = 4 THEN                        !如果HubNum为4，则执行下列程序
        Reset Storage_Out4;                       !控制仓储单元4#料仓缩回
        WaitDI Storage_IN4_OK, 0;                 !等待仓储单元4#料仓弹出到位为0
    ELSEIF HubNum = 5 THEN                        !如果HubNum为5，则执行下列程序
        Reset Storage_Out5;                       !控制仓储单元5#料仓缩回
        WaitDI Storage_IN5_OK, 0;                 !等待仓储单元5#料仓弹出到位为0
    ELSEIF HubNum = 6 THEN                        !如果HubNum为6，则执行下列程序
        Reset Storage_Out6;                       !控制仓储单元6#料仓缩回
        WaitDI Storage_IN6_OK, 0;                 !等待仓储单元6#料仓弹出到位为0
    ELSE                                          !如果与以上ELSEIF均不满足条件，则执行下列程序
        TPWrite "HubNumError";                    !在FlexPendant示教器上写入文本HubNumError进行提示
        Stop;                                     !停止程序执行
    ENDIF                                         !IF语句的结束表达式
    MoveAbsJ Home\NoEOffs, v1000, fine, tool0;    !工业机器人以关节绝对运动方式运动到Home
ENDPROC
```

图 3-169　机器人仓储取料程序

```
PROC Storage_Put()
    MoveAbsJ Home\NoEOffs, v1000, fine, tool0;    !工业机器人以关节绝对运动方式运动到Home
    MoveJ StoragePos0, v1000, fine, tool0;        !工业机器人以关节运动方式运动到StoragePos0
    IF Storage_IN1 = 0 THEN                        !如果仓储单元1#料仓产品检测为0,则执行下列程序
        HubNum := 1;                               !HubNum赋值为1
        Set Storage_Out1;                          !控制仓储单元1#料仓推出
        WaitDI Storage_IN1_OK, 1;                  !等待仓储单元1#料仓弹出到位
    ELSEIF Storage_IN2 = 0 THEN                    !如果IF不满足条件,且仓储单元2#料仓产品检测为0,则执行下列程序
        HubNum := 2;                               !HubNum赋值为2
        Set Storage_Out2;                          !控制仓储单元2#料仓推出
        WaitDI Storage_IN2_OK, 1;                  !等待仓储单元2#料仓弹出到位
    ELSEIF Storage_IN3 = 0 THEN                    !如果IF与以上ELSEIF均不满足条件,且仓储单元3#料仓产品检测为0,则执行下列程序
        HubNum := 3;                               !HubNum赋值为3
        Set Storage_Out3;                          !控制仓储单元3#料仓推出
        WaitDI Storage_IN3_OK, 1;                  !等待仓储单元3#料仓弹出到位
    ELSEIF Storage_IN4 = 0 THEN                    !如果IF与以上ELSEIF均不满足条件,且仓储单元4#料仓产品检测为0,则执行下列程序
        HubNum := 4;                               !HubNum赋值为4
        Set Storage_Out4;                          !控制仓储单元4#料仓推出
        WaitDI Storage_IN4_OK, 1;                  !等待仓储单元4#料仓弹出到位
    ELSEIF Storage_IN5 = 0 THEN                    !如果IF与以上ELSEIF均不满足条件,且仓储单元5#料仓产品检测为0,则执行下列程序
        HubNum := 5;                               !HubNum赋值为5
        Set Storage_Out5;                          !控制仓储单元5#料仓推出
        WaitDI Storage_IN5_OK, 1;                  !等待仓储单元5#料仓弹出到位
    ELSEIF Storage_IN6 = 0 THEN                    !如果IF与以上ELSEIF均不满足条件,且仓储单元6#料仓产品检测为0,则执行下列程序
        HubNum := 6;                               !HubNum赋值为6
        Set Storage_Out6;                          !控制仓储单元6#料仓推出
        WaitDI Storage_IN6_OK, 1;                  !等待仓储单元6#料仓弹出到位
    ELSE                                           !如果IF与以上ELSEIF均不满足条件,则执行下列程序
        HubNum := 0;                               !HubNum赋值为0
        TPWrite "HubNumError";                     !在FlexPendant示教器上写入文本HubNumError进行提示
        Stop;                                      !停止程序执行
    ENDIF                                          !IF语句结束表达式
    MoveL Offs(StoragePos1To6{HubNum},0,0,30), v1000, fine, tool0;  !工业机器人以直线运动方式,运动至点StoragePos1To6{hubnum},z轴偏移30的位置
    MoveL StoragePos1To6{HubNum}, v1000, fine, tool0;  !工业机器人以直线运动方式,运动至点StoragePos1To6{hubnum}
    Set Tool_Open;                                 !放置零件
    WaitTime 1;                                    !等待1秒
    MoveL Offs(StoragePos1To6{HubNum},0,0,30), v1000, fine, tool0;  !工业机器人以直线运动方式,运动至点StoragePos1To6{hubnum},z轴偏移30的位置
    MoveL StoragePos0, v1000, fine, tool0;         !工业机器人以直线运动方式运动到StoragePos0
    IF HubNum = 1 THEN                             !如果HubNum为1,则执行下列程序
        Reset Storage_Out1;                        !控制仓储单元1#料仓缩回
        WaitDI Storage_IN1_OK, 0;                  !等待仓储单元1#料仓弹出位为0
    ELSEIF HubNum = 2 THEN                         !如果HubNum2,则执行下列程序
        Reset Storage_Out2;                        !控制仓储单元2#料仓缩回
        WaitDI Storage_IN2_OK, 0;                  !等待仓储单元2#料仓弹出位为0
    ELSEIF HubNum = 3 THEN                         !如果HubNum为3,则执行下列程序
        Reset Storage_Out3;                        !控制仓储单元3#料仓缩回
        WaitDI Storage_IN3_OK, 0;                  !等待仓储单元3#料仓弹出位为0
    ELSEIF HubNum = 4 THEN                         !如果HubNum为4,则执行下列程序
        Reset Storage_Out4;                        !控制仓储单元4#料仓缩回
        WaitDI Storage_IN4_OK, 0;                  !等待仓储单元4#料仓弹出位为0
    ELSEIF HubNum = 5 THEN                         !如果HubNum为5,则执行下列程序
        Reset Storage_Out5;                        !控制仓储单元5#料仓缩回
        WaitDI Storage_IN5_OK, 0;                  !等待仓储单元5#料仓弹出位为0
    ELSEIF HubNum = 6 THEN                         !如果HubNum为6,则执行下列程序
        Reset Storage_Out6;                        !控制仓储单元6#料仓缩回
        WaitDI Storage_IN6_OK, 0;                  !等待仓储单元6#料仓弹出位为0
    ELSE                                           !如果IF与以上ELSEIF均不满足条件,则执行下列程序
        TPWrite "HubNumError";                     !在FlexPendant示教器上写入文本HubNumError进行提示
        Stop;                                      !停止程序执行
    ENDIF                                          !IF语句结束表达式
    MoveAbsJ Home\NoEOffs, v1000, fine, tool0;    !工业机器人以关节绝对运动方式运动到Home
ENDPROC
```

图 3-170 机器人仓储放料程序

3.4.3 工业机器人工作站与分拣单元任务调试

一个轮毂的分拣编程

1. 任务要求

根据分拣单元集所提供的内部接线图,实现以下功能:

1)当零件被机器人放置在传送带起始端并触发传送带起始端传感器后,机器人信号控制分拣机构起动。

2)根据机器人指令起动传送带,当零件运动到指定机构前,传送带停止。

3)零件运动到分拣气缸前,分拣机构推料气缸将零件推入分拣道口,再通过定位气缸将零件定位到V形槽处,保持3s后缩回。

注意:分拣道口由小到大依次使用。

4)机器人将零件放置分拣单元传送带起始端,放置工艺流程如下:工业机器人恢复安全姿态→工业机器人到达放置预备姿态→工业机器人将零件放置于分拣单元传送带起始端→工业机器人控制分拣单元起动分拣→工业机器人恢复安全姿态。

2. PLC 程序

（1）定义变量　根据任务要求结合 3.4.1 节进行信号分配，变量表如图 3-171 所示。

图 3-171　分拣单元变量表

（2）程序编写　根据任务要求并结合图 3-171 进行程序编写，如图 3-172 所示。

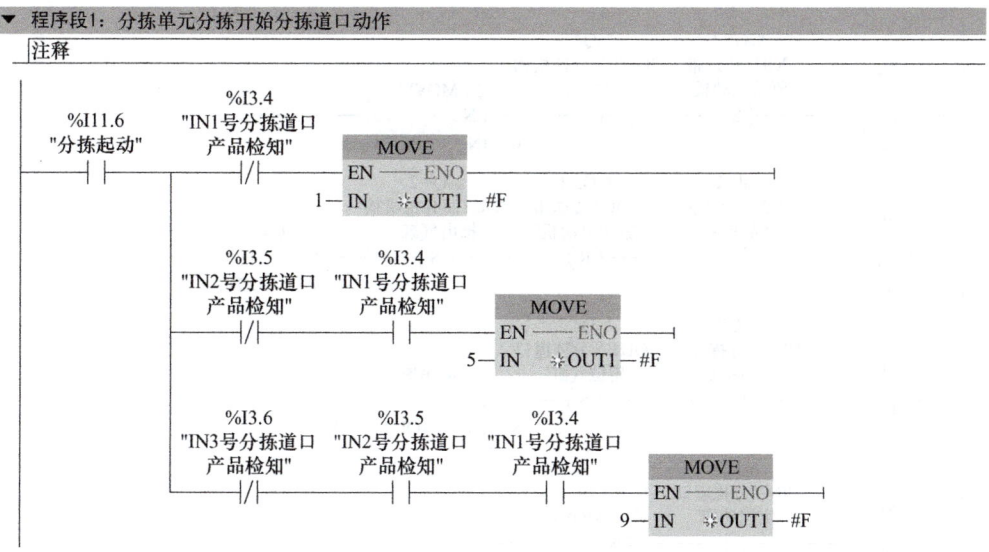

图 3-172　PLC 分拣单元程序

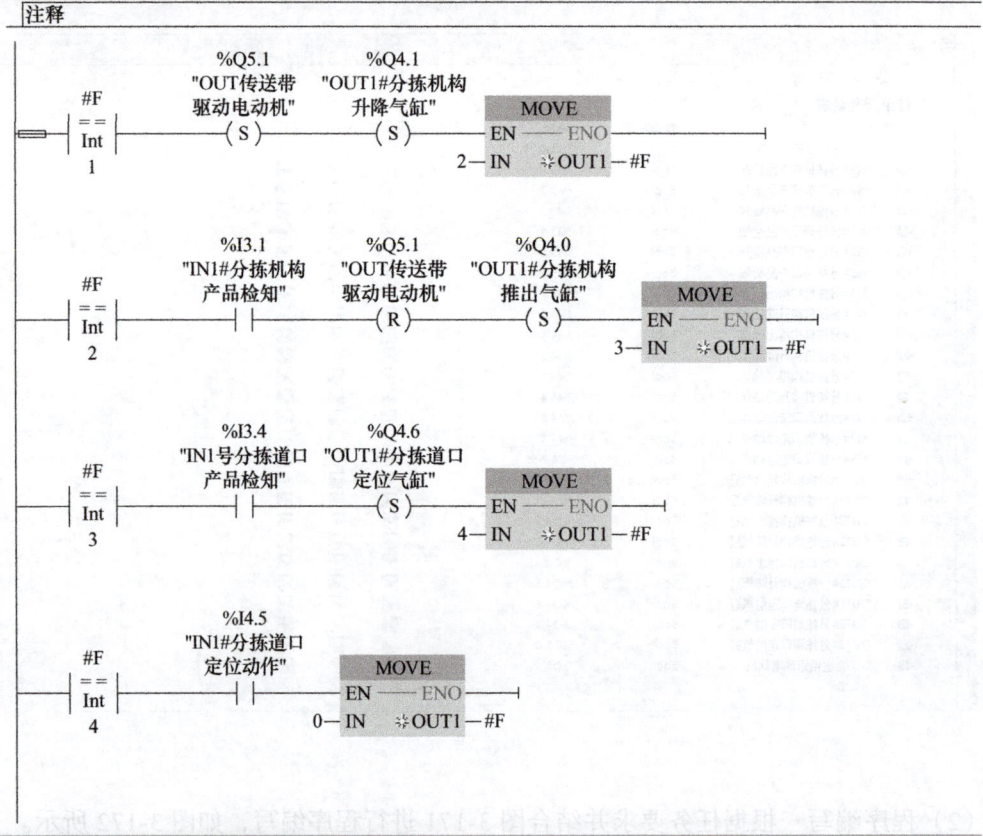
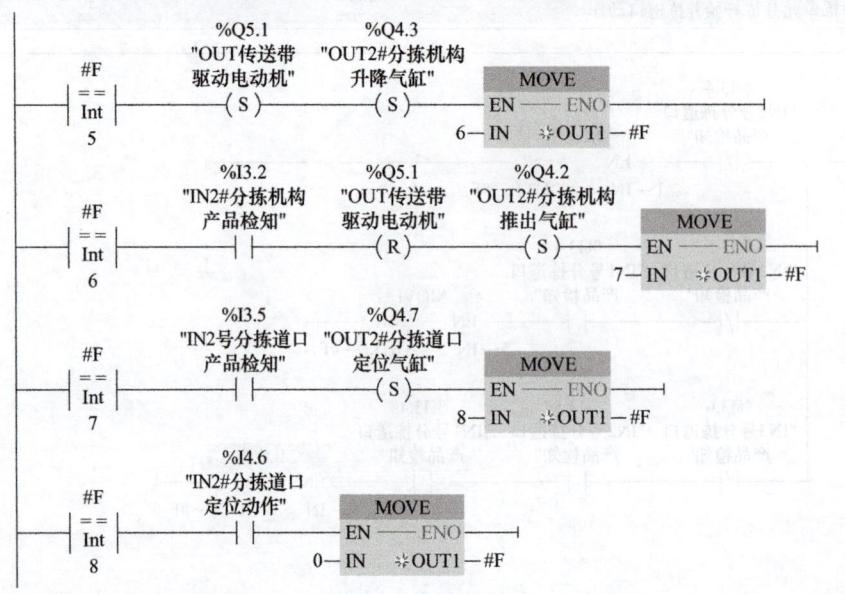

图 3-172　PLC 分拣单元程序（续）

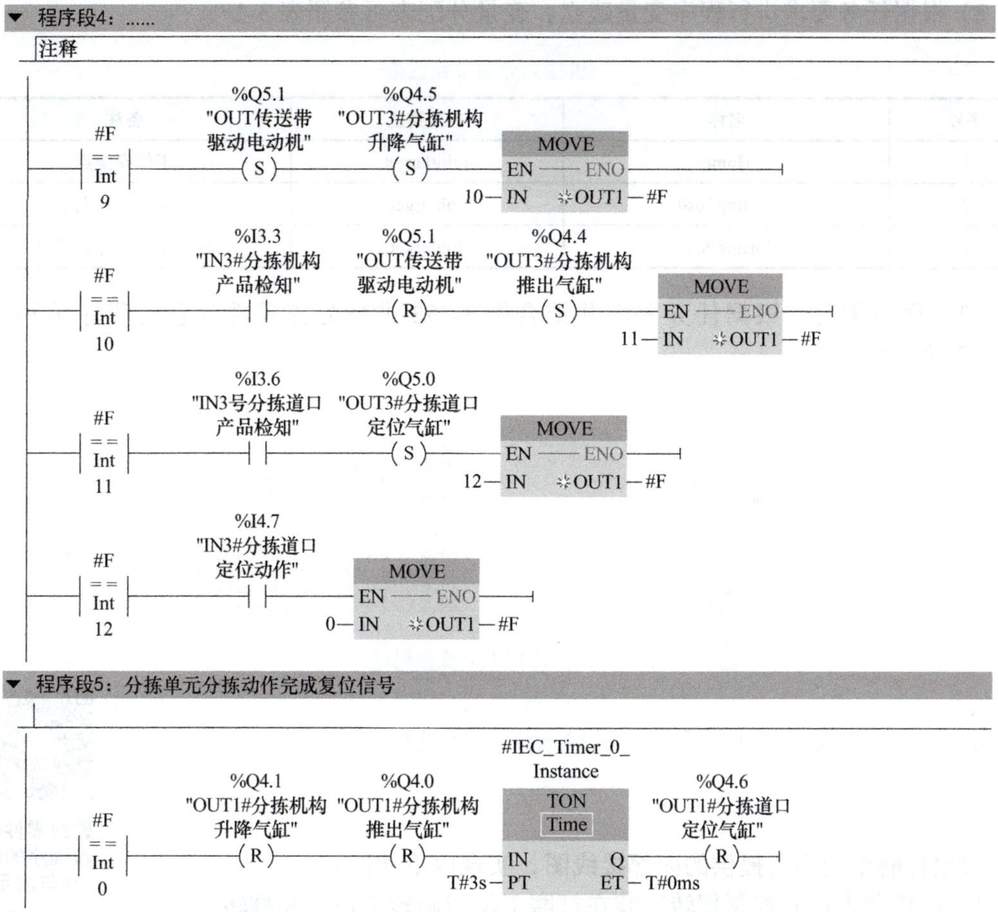

▼ 程序段4：……
注释

```
        %Q5.1           %Q4.5
     "OUT传送带      "OUT3#分拣机构
#F    驱动电动机"      升降气缸"          MOVE
==      —( S )—         —( S )—         EN — ENO
Int                                  10—IN  ❋OUT1—#F
 9

        %I3.3           %Q5.1           %Q4.4
     "IN3#分拣机构   "OUT传送带      "OUT3#分拣机构
#F    产品检知"      驱动电动机"      推出气缸"         MOVE
==      —| |—          —( R )—         —( S )—        EN — ENO
Int                                              11—IN  ❋OUT1—#F
10

        %I3.6           %Q5.0
     "IN3号分拣道口  "OUT3#分拣道口
#F    产品检知"      定位气缸"          MOVE
==      —| |—          —( S )—         EN — ENO
Int                                  12—IN  ❋OUT1—#F
11

        %I4.7
     "IN3#分拣道口
#F    定位动作"                          MOVE
==      —| |—                           EN — ENO
Int                                   0—IN  ❋OUT1—#F
12
```

▼ 程序段5：分拣单元分拣动作完成复位信号

```
        %Q4.1           %Q4.0         #IEC_Timer_0_
     "OUT1#分拣机构  "OUT1#分拣机构      Instance       %Q4.6
#F    升降气缸"      推出气缸"          TON          "OUT1#分拣道口
==      —( R )—         —( R )—        Time           定位气缸"
Int                                  IN      Q        —( R )—
 0                               T#3s—PT  ET—T#0ms
```

图 3-172　PLC 分拣单元程序（续）

3. 工业机器人程序

（1）定义变量

1）根据任务要求结合 3.4.1 节进行信号分配，机器人分拣单元信号配置参照表 3-16，配置结果如图 3-173 所示。

表 3-16　机器人分拣单元信号配置表

名称	类型	挂载模块	位值	备注
Sorting_Start	Digital Output	FR8030	22	分拣起动

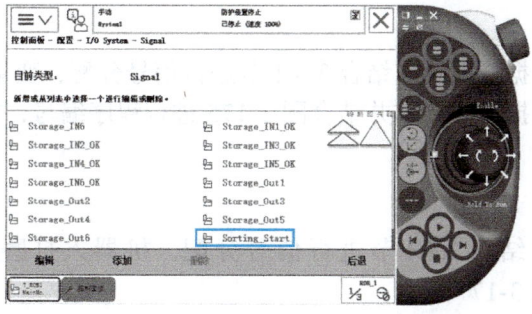

图 3-173　分拣单元 I/O 信号配置结果

2）根据任务要求进行程序变量建立，变量分配表可参照表3-17。

表3-17　机器人分拣单元变量分配表

序号	名称	数据类型	备注
1	Home	jointtarget	工作安全点
2	SortingPos0	robtarget	分拣单元辅助点
3	SortingPos1	robtarget	分拣单元零件放置点

（2）程序编写　根据任务要求并结合图3-173进行分拣零件放置的程序编写，如图3-174所示。

```
PROC Sorting_Put()
    MoveAbsJ Home\NoEOffs, v1000, fine, tool0;      !工业机器人以关节绝对运动方式运动到Home
    MoveJ SortingPos0, v1000, fine, tool0;          !工业机器人以关节运动方式运动到SortingPos0
    MoveL Offs(SortingPos1,0,0,50), v1000, fine, tool0;  !工业机器人以直线运动方式，运动至点SortingPos1,Z轴偏移50的位置
    MoveL SortingPos1, v1000, fine, tool0;          !工业机器人以直线运动方式运动到StoragePos0
    Set Tool_Open;                                   !夹具打开
    WaitTime 1;                                      !等待1秒
    MoveL Offs(SortingPos1,0,0,50), v1000, fine, tool0;  !工业机器人以直线运动方式，运动至点SortingPos1,Z轴偏移50的位置
    PulseDO\PLength:=2, Sorting_Start;              !输出信号Sorting_Start产生脉冲长度为2s的脉冲
    MoveL SortingPos0, v1000, fine, tool0;          !工业机器人以直线运动方式运动到StoragePos0
    MoveAbsJ Home\NoEOffs, v1000, fine, tool0;      !工业机器人以关节绝对运动方式运动到Home
ENDPROC
```

图3-174　机器人分拣放料程序

3.4.4　工业机器人工作站与打磨单元任务调试

轮毂零件翻转程序的编写与演示

1. 任务要求

根据打磨单元集所提供的内部接线图，实现以下功能：

1）由机器人信号控制翻转工装在打磨工位与旋转工位之间翻转。
2）由机器人信号控制打磨工位夹具气缸夹紧与松开。
3）由机器人信号控制旋转工位夹具气缸夹紧与松开。
4）机器人将零件放置与取出旋转工位与打磨工位，放置与取出工艺流程如下：

① 打磨或旋转单元放料工艺流程：工业机器人恢复安全姿态→翻转工装动作到被放置工位的另一侧（同时打磨工位或旋转工位夹具气缸松开）→工业机器人到达放置预备姿态→工业机器人将零件放置于打磨工位（或旋转工位）→工业机器人控制打磨工位（或旋转工位）夹具气缸夹紧→工业机器人恢复安全姿态。

② 打磨或旋转单元取料工艺流程：工业机器人恢复安全姿态→翻转工装动作到被放置工位的另一侧（同时打磨工位或旋转工位夹具气缸松开）→工业机器人到达放置预备姿态→工业机器人将打磨工位（或旋转工位）中的零件取出→工业机器人恢复安全姿态。

2. PLC程序

（1）定义变量　根据任务要求结合3.4.1节进行信号分配，变量表如图3-175所示。
（2）程序编写　根据任务要求并结合图3-175进行程序编写，如图3-176所示。

3. 工业机器人程序

（1）定义变量

1）根据任务要求结合3.4.1节进行信号分配，机器人打磨单元信号配置表参照表3-18，配置结果如图3-177所示。

图 3-175　打磨单元变量表

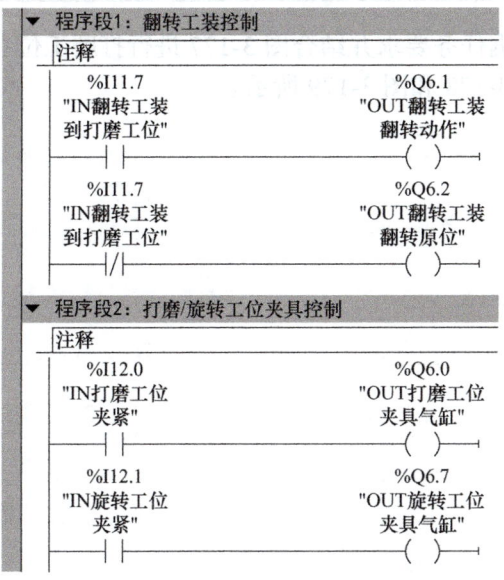

图 3-176　PLC 打磨单元程序

表 3-18　机器人打磨单元信号配置表

序号	名称	类型	挂载模块	位值	备注
1	Polish_Control_0	Digital Output	FR8030	23	打磨工装控制： 0 时处于打磨工位 1 时处于旋转工位
2	Polish_Control_1	Digital Output		24	打磨工位夹具控制： 0 时处于松开状态 1 时处于夹紧状态
3	Polish_Control_2	Digital Output		25	旋转工位夹具控制： 0 时处于松开状态 1 时处于夹紧状态

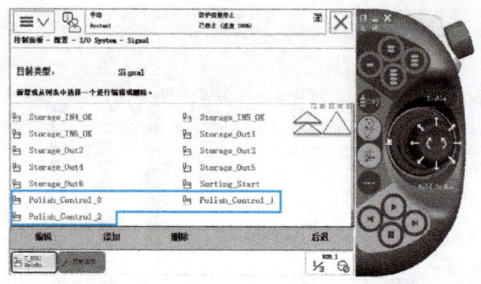

图 3-177　打磨单元 I/O 信号配置结果

2）根据任务要求进行程序变量建立，变量分配表可参照表 3-19。

表 3-19　机器人打磨单元变量分配表

序号	名称	数据类型	备注
1	Home	jointtarget	工作安全点
2	PolishPos0	robtarget	打磨单元辅助点
3	PolishPos1	robtarget	打磨工位零件放置点
4	PolishPos2	robtarget	旋转工位零件放置点

（2）程序编写　根据任务要求并结合图 3-177 进行打磨工位、旋转工位的零件抓取与放置的程序编写，如图 3-178 和图 3-179 所示。

```
PROC PolishPick1()
    MoveAbsJ Home\NoEOffs, v1000, fine, tool0;    !工业机器人以关节绝对运动方式运动到Home
    Set Tool_Open;                                 !夹具打开
    Set Polish_Control_0;                          !机器人控制打磨工装翻转至旋转工位
    Reset Polish_Control_1;                        !机器人控制打磨夹具松开
    MoveJ PolishPos0, v1000, fine, tool0;          !工业机器人以关节运动方式运动到PolishPos0
    MoveL Offs(PolishPos1,0,0,50), v1000, fine, tool0;  !工业机器人以直线运动方式，运动至点PolishPos1,Z轴偏移50的位置
    MoveL PolishPos1, v1000, fine, tool0;          !工业机器人以直线运动方式运动到PolishPos1
    Reset Tool_Open;                               !夹具关闭
    WaitTime 1;                                    !等待1s
    MoveL Offs(PolishPos1,0,0,50), v1000, fine, tool0;  !工业机器人以直线运动方式，运动至点PolishPos1,Z轴偏移50的位置
    MoveL PolishPos0, v1000, fine, tool0;          !工业机器人以直线运动方式运动到PolishPos0
    MoveAbsJ Home\NoEOffs, v1000, fine, tool0;    !工业机器人以关节绝对运动方式运动到Home
ENDPROC
PROC PolishPut1()
    MoveAbsJ Home\NoEOffs, v1000, fine, tool0;    !工业机器人以关节绝对运动方式运动到Home
    Set Polish_Control_0;                          !机器人控制打磨工装翻转至旋转工位
    Reset Polish_Control1_1;                       !机器人控制打磨夹具松开
    MoveJ PolishPos0, v1000, fine, tool0;          !工业机器人以关节运动方式运动到PolishPos0
    MoveL Offs(PolishPos1,0,0,50), v1000, fine, tool0;  !工业机器人以直线运动方式，运动至点PolishPos1,Z轴偏移50的位置
    MoveL PolishPos1, v1000, fine, tool0;          !工业机器人以直线运动方式运动到PolishPos1
    Set Tool_Open;                                 !夹具打开
    WaitTime 1;                                    !等待1s
    MoveL Offs(PolishPos1,0,0,50), v1000, fine, tool0;  !工业机器人以直线运动方式，运动至点PolishPos1,Z轴偏移50的位置
    Set Polish_Control_1;                          !机器人控制打磨夹具夹紧
    MoveL PolishPos0, v1000, fine, tool0;          !工业机器人以直线运动方式运动到PolishPos0
    MoveAbsJ Home\NoEOffs, v1000, fine, tool0;    !工业机器人以关节绝对运动方式运动到Home
ENDPROC
```

图 3-178　机器人打磨工位零件抓取与放置程序

```
PROC PolishPick2()
    MoveAbsJ Home\NoEOffs, v1000, fine, tool0;    !工业机器人以关节绝对运动方式运动到Home
    Set Tool_Open;                                 !夹具打开
    Reset Polish_Control_0;                        !机器人控制打磨工装翻转至打磨工位
    Reset Polish_Control_2;                        !机器人控制旋转夹具松开
    MoveJ PolishPos0, v1000, fine, tool0;          !工业机器人以关节运动方式运动到PolishPos0
    MoveL Offs(PolishPos2,0,0,50), v1000, fine, tool0;  !工业机器人以直线运动方式，运动至点PolishPos2,Z轴偏移50的位置
    MoveL PolishPos2, v1000, fine, tool0;          !工业机器人以直线运动方式运动到PolishPos2
    Reset Tool_Open;                               !夹具关闭
    WaitTime 1;                                    !等待1s
    MoveL Offs(PolishPos2,0,0,50), v1000, fine, tool0;  !工业机器人以直线运动方式，运动至点PolishPos2,Z轴偏移50的位置
    MoveL PolishPos0, v1000, fine, tool0;          !工业机器人以直线运动方式运动到PolishPos0
    MoveAbsJ Home\NoEOffs, v1000, fine, tool0;    !工业机器人以关节绝对运动方式运动到Home
ENDPROC
PROC PolishPut2()
    MoveAbsJ Home\NoEOffs, v1000, fine, tool0;    !工业机器人以关节绝对运动方式运动到Home
    Reset Polish_Control_0;                        !机器人控制打磨工装翻转至打磨工位
    Reset Polish_Control_2;                        !机器人控制旋转夹具松开
    MoveJ PolishPos0, v1000, fine, tool0;          !工业机器人以关节运动方式运动到PolishPos0
    MoveL Offs(PolishPos2,0,0,50), v1000, fine, tool0;  !工业机器人以直线运动方式，运动至点PolishPos2,Z轴偏移50的位置
    MoveL PolishPos2, v1000, fine, tool0;          !工业机器人以直线运动方式运动到PolishPos2
    Set Tool_Open;                                 !夹具打开
    WaitTime 1;                                    !等待1s
    MoveL Offs(PolishPos2,0,0,50), v1000, fine, tool0;  !工业机器人以直线运动方式，运动至点PolishPos2,Z轴偏移50的位置
    Set Polish_Control_2;                          !机器人控制旋转夹具夹紧
    MoveL PolishPos0, v1000, fine, tool0;          !工业机器人以直线运动方式运动到PolishPos0
    MoveAbsJ Home\NoEOffs, v1000, fine, tool0;    !工业机器人以关节绝对运动方式运动到Home
ENDPROC
```

图 3-179　机器人旋转工位零件抓取与放置程序

3.4.5　工业机器人工作站与加工单元任务调试

1. 任务要求

根据加工单元集所提供的内部接线图，实现以下功能：

1）由机器人信号控制加工单元安全门的打开与关闭。

2）由机器人信号控制加工单元夹具的打开与关闭。

3）机器人能够识别加工单元的安全门与夹具打开与关闭状态。

4）机器人将轮毂放置与取出旋转工位与打磨工位，放置与取出工艺流程如下：

① 加工单元放料工艺流程：工业机器人恢复安全姿态→工业机器人控制加工单元安全门与夹具打开→工业机器人到达放置预备姿态→工业机器人将零件放置于加工单元工位中→工业机器人恢复安全姿态→工业机器人控制加工单元安全门与夹具关闭。

② 加工单元取料工艺流程：工业机器人恢复安全姿态→工业机器人控制加工单元安全门与夹具打开→工业机器人到达放置预备姿态→工业机器人将放置于加工单元工位中的零件取出→工业机器人恢复安全姿态→工业机器人控制加工单元安全门与夹具关闭。

2. PLC 程序

（1）定义变量　根据任务要求结合 3.4.1 节进行信号分配，变量表如图 3-180 所示。

图 3-180　加工单元变量表

（2）程序编写　根据任务要求并结合图 3-180 进行程序编写，如图 3-181 所示。

3. 工业机器人程序

（1）定义变量

1）根据任务要求结合 3.4.1 节进行信号分配，机器人加工单元信号配置表参照表 3-20，配置结果如图 3-182 所示。

2）根据任务要求进行程序变量建立，可参照表 3-21。

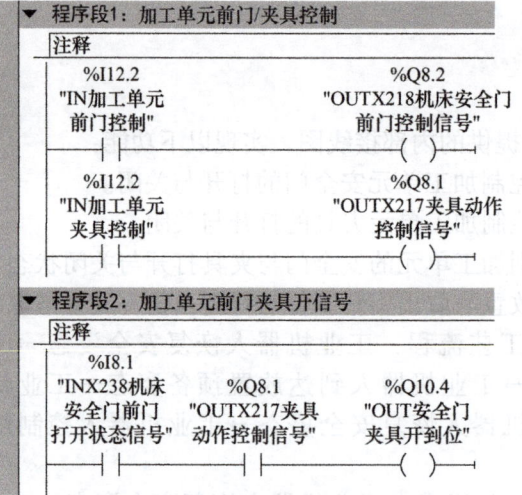

图 3-181　PLC 加工单元程序

表 3-20　机器人加工单元信号配置表

序号	名称	类型	挂载模块	位值	备注
1	CNC_IN_OK	Digital Input		12	加工单元门与夹具状态： 0 时门或夹具未打开到位 1 时门或夹具已打开到位
2	CNC_SafeDoor	Digital Output	FR8030	26	加工单元门控制： 0 时门关闭 1 时门打开
3	CNC_Clamp	Digital Output		27	加工单元夹具控制： 0 时夹具关闭 1 时夹具打开

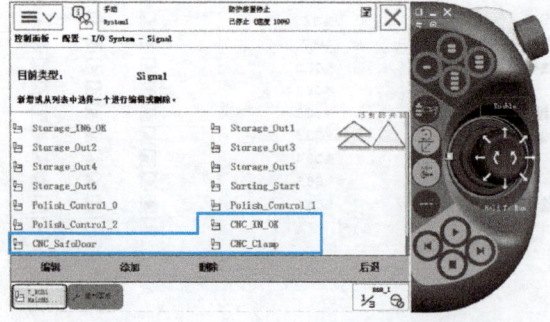

图 3-182　加工单元 I/O 信号配置结果

表 3-21　机器人加工单元变量分配表

序号	名称	数据类型	备注
1	Home	jointtarget	工作安全点
2	CNCPos0	robtarget	加工单元辅助点
3	CNCPos1	robtarget	加工单元零件放置点

（2）程序编写　根据任务要求并结合图 3-182 进行加工单元零件抓取与放置的程序编写，如图 3-183、图 3-184 所示。

```
PROC CNC_Pick()
    MoveAbsJ Home\NoEOffs, v1000, fine, tool0;    !工业机器人以关节绝对运动方式运动到Home
    Set Tool_Open;                                !夹具打开
    Set CNC_Clamp;                                !加工单元夹具打开
    Set CNC_SafeDoor;                             !加工单元安全门打开
    WaitDI CNC_IN_OK, 1;                          !等待加工单元安全门与夹具打开
    MoveJ CNCPos0, v1000, fine, tool0;            !工业机器人以关节运动方式运动到CNCPos0
    MoveL Offs(CNCPos1,0,0,50), v1000, fine, tool0;  !工业机器人以直线运动方式，运动至点CNCPos1,Z轴偏移50的位置
    MoveL CNCPos1, v1000, fine, tool0;            !工业机器人以直线运动方式运动到CNCPos1
    Reset Tool_Open;                              !夹具关闭
    WaitTime 1;                                   !等待1s
    MoveL Offs(CNCPos1,0,0,50), v1000, fine, tool0;  !工业机器人以直线运动方式，运动至点CNCPos1,Z轴偏移50的位置
    Reset CNC_Clamp;                              !加工单元夹具关闭
    MoveL CNCPos0, v1000, fine, tool0;            !工业机器人以直线运动方式运动到CNCPos0
    MoveAbsJ Home\NoEOffs, v1000, fine, tool0;    !工业机器人以关节绝对运动方式运动到Home
    Reset CNC_SafeDoor;                           !加工单元安全门关闭
ENDPROC
```

图 3-183　机器人加工单元零件抓取程序

```
PROC CNC_Put()
    MoveAbsJ Home\NoEOffs, v1000, fine, tool0;    !工业机器人以关节绝对运动方式运动到Home
    Set CNC_Clamp;                                !加工单元夹具打开
    Set CNC_SafeDoor;                             !加工单元安全门打开
    WaitDI CNC_IN_OK, 1;                          !等待加工单元安全门与夹具打开
    MoveJ CNCPos0, v1000, fine, tool0;            !工业机器人以关节运动方式运动到CNCPos0
    MoveL Offs(CNCPos1,0,0,50), v1000, fine, tool0;  !工业机器人以直线运动方式，运动至点CNCPos1,Z轴偏移50的位置
    MoveL CNCPos1, v1000, fine, tool0;            !工业机器人以直线运动方式运动到CNCPos1
    Set Tool_Open;                                !夹具打开
    WaitTime 1;                                   !等待1秒
    MoveL Offs(CNCPos1,0,0,50), v1000, fine, tool0;  !工业机器人以直线运动方式，运动至点CNCPos1,Z轴偏移50的位置
    Reset CNC_Clamp;                              !加工单元夹具关闭
    MoveL CNCPos0, v1000, fine, tool0;            !工业机器人以直线运动方式运动到CNCPos0
    MoveAbsJ Home\NoEOffs, v1000, fine, tool0;    !工业机器人以关节绝对运动方式运动到Home
    Reset CNC_SafeDoor;                           !加工单元安全门关闭
ENDPROC
```

图 3-184　机器人加工单元零件放置程序

模块 4

工业机器人集成系统案例分析

工业机器人自动生产线是按照工艺顺序整合而成的,能够自动完成产品全部或部分制造过程的生产系统,它可在无人干预的情况下按规定的程序或指令自动进行操作或控制,其目标是"稳、准、快"。工业机器人自动生产线不仅可以把人从繁重的体力劳动与恶劣的工作环境中解放出来,而且还能极大地提高劳动生产效率。本模块主要介绍轮毂加工产线集成系统和智能制造产线集成系统的设计方案,进而对轮毂典型工艺流程的工业机器人集成系统和典型件加工的工业机器人集成系统进行调试。

4.1 轮毂加工产线集成系统

教学目标

1)能识读轮毂加工生产线中各个单元模块和整个轮毂的工艺流程图。
2)能合理的设计系统布局图和控制系统网络拓扑图。
3)掌握典型工艺流程的工业机器人集成系统调试。

4.1.1 轮毂集成系统方案

1. 单模块工艺流程

(1)仓储单元工艺流程　仓储单元工艺流程用于制定取出或放回时的标准动作,如图 4-1 所示。

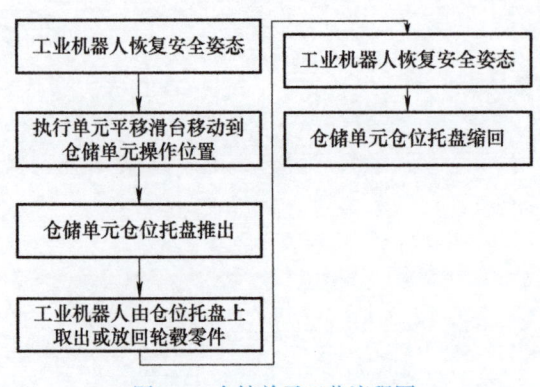

图 4-1　仓储单元工艺流程图

（2）加工单元工艺流程　加工单元工艺流程用于制定标准加工动作，如图4-2所示。

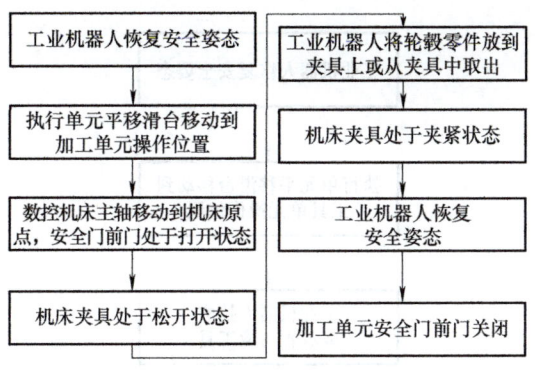

图4-2　加工单元工艺流程图

（3）打磨单元工艺流程　打磨单元工艺流程用于制定打磨单元的标准动作，如图4-3所示。

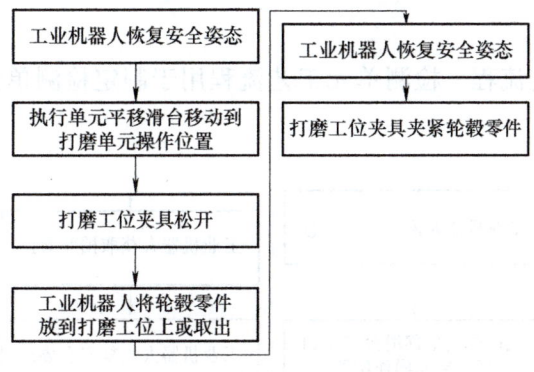

图4-3　打磨单元工艺流程图

（4）分拣单元工艺流程　分拣单元工艺流程用于制定分拣标准动作，如图4-4所示。

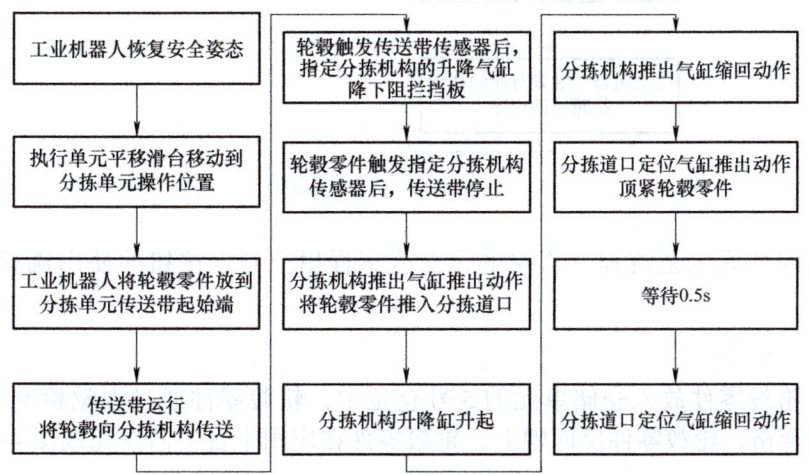

图4-4　分拣单元工艺流程图

（5）工具单元工艺流程　工具单元工艺流程用于制定工具取放的标准动作，如图4-5所示。

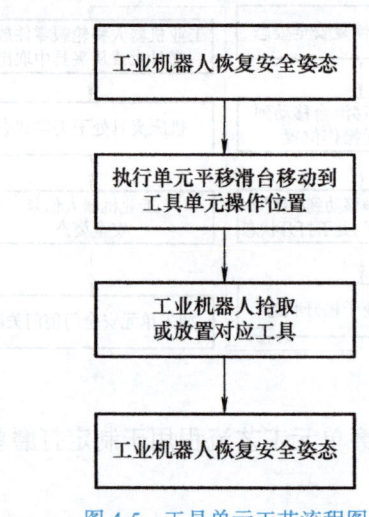

图 4-5　工具单元工艺流程图

（6）检测单元工艺流程　检测单元工艺流程用于制定检测单元标准动作，如图4-6所示。

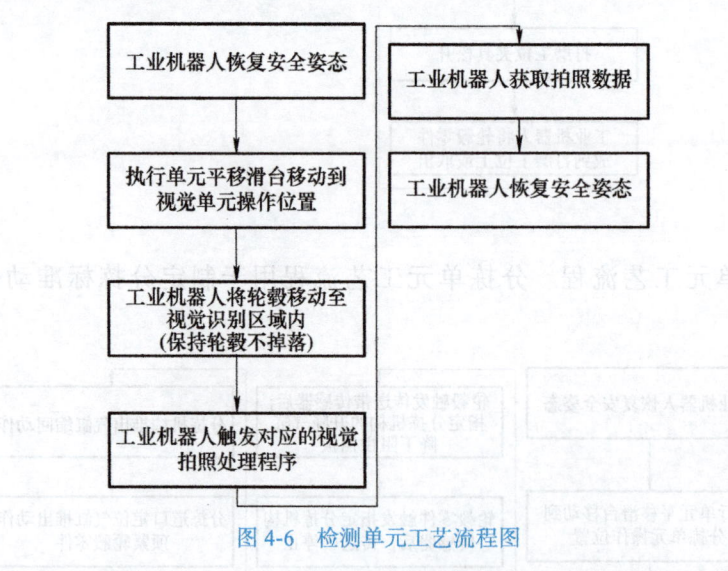

图 4-6　检测单元工艺流程图

（7）总控单元工艺流程　总控单元工艺流程用于制定按钮的使用流程，如图4-7所示。

2. 生产工艺流程

将一个轮毂零件放入仓储单元的5号仓位中，轮毂零件通过视觉检测区域颜色判定零件是否合格，轮毂零件反面朝上，轮毂零件在应用平台中需要完成图4-8所示工艺流程。

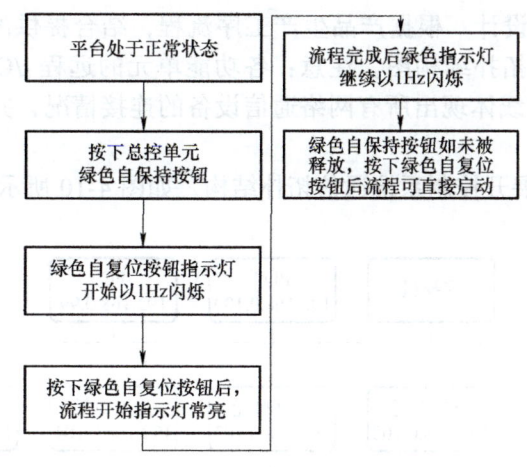

图 4-7　总控单元工艺流程图

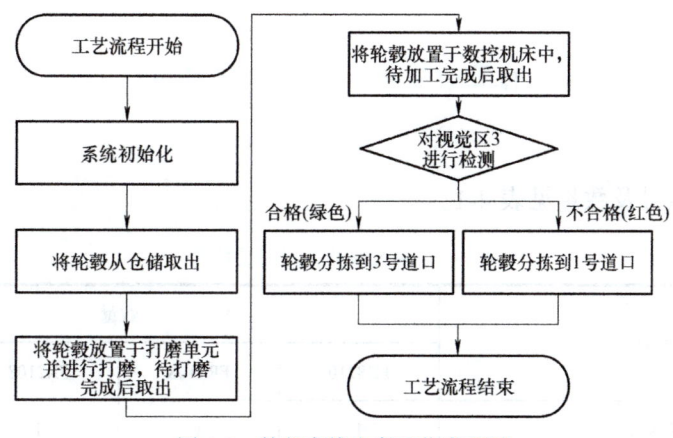

图 4-8　轮毂产线生产工艺流程图

3. 系统方案

（1）绘制布局方案　根据轮毂零件所要求的生产工艺流程，结合机器人的工作范围以及所提供的硬件单元尺寸和功能，合理设计各单元的布局分布。注意：各单元用框图表示并用文字标识，比例适当。机台操作台上所有未固定的模块与功能单元，均可以合理布局，但需保证功能模块固定紧固不松晃、功能正确不受影响、功能单元间互不干涉。

根据已知信息可以展开布局设计，如图 4-9 所示。

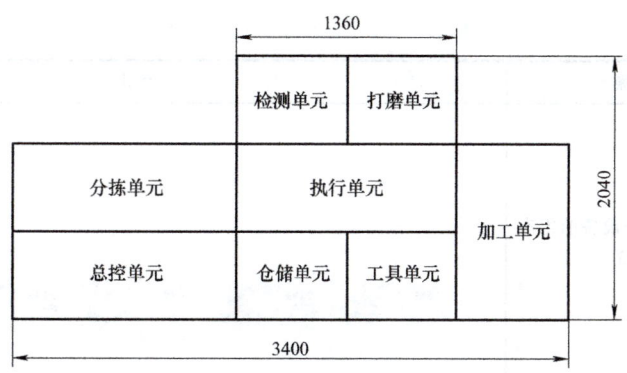

图 4-9　轮毂产线布局图

（2）控制系统方案设计　根据产品生产工序流程，结合提供的硬件单元功能，合理设计绘制控制系统通信拓扑结构图。注意：各功能单元的远程 I/O 模块必须连接到总控单元的 PLC 上，通过连线体现出所有网络通信设备的连接情况，并注明设备名称和其 IP 地址。

根据已知信息可以展开控制系统通信拓扑结构，如图 4-10 所示。

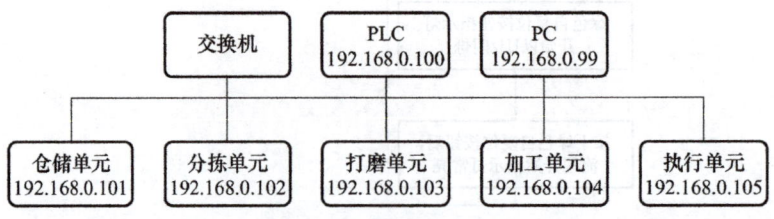

图 4-10　轮毂产线控制系统通信拓扑结构

4.1.2　轮毂典型工艺流程的工业机器人集成系统调试

1. PLC 调试

单元名称、型号及数量见表 4-1。

表 4-1　单元名称、型号及数量

单元名称	数量			
	FR8210	FR1108	FR2108	FR3004
加工单元	1	1	1	
仓储单元	1	2	3	
打磨单元	1	2	2	
分拣单元	1	3	2	
执行单元	1	4	2	1

（1）PLC 基础功能编程操作（见表 4-2）

表 4-2　PLC 基础功能编程操作

序号	操作步骤	说明
1	组态 PLC，每个设备的组态型号及数量见表 4-3	

(续)

序号	操作步骤	说明
	总控单元打磨控制及反馈，CNC 控制及反馈	程序段11：打磨控制及反馈，CNC控制及反馈 注释 %I14.1 "机器人打磨夹紧" —— %Q6.0 "打磨夹紧" %I14.2 "机器人开机床夹具" —— %Q8.1 "机床夹具开" %I14.3 "机器人开机床门" —— %Q8.2 "机床门开" %I6.3 "打磨夹紧到位" —— %Q10.2 "机器人打磨夹紧到位" %I8.1 "门开到位" —— %Q10.3 "机器人门开到位"
2	总控工艺启动控制	程序段12：工艺启动控制 注释 %MW60 "主控按钮流程寄存器" == Word 0，%I0.6 "自保持按钮"，%M0.5 "Clock_1Hz" —— %Q0.5 "自复位灯" (S) %M0.5 "Clock_1Hz" —— %Q0.5 "自复位灯" (R) %I0.7 "自复位按钮" —— MOVE EN ENO，1—IN，OUT1—%MW60 "主控按钮流程寄存器" %MW60 "主控按钮流程寄存器" == Word 1，%M0.5 "Clock_1Hz" —— %Q10.0 "启动机器人信号" %I14.4 "机器人运行程序中" —— MOVE EN ENO，2—IN，OUT1—%MW60 "主控按钮流程寄存器" %MW60 "主控按钮流程寄存器" == Word 2，%I14.4 "机器人运行程序中" —— MOVE EN ENO，0—IN，OUT1—%MW60 "主控按钮流程寄存器"

(续)

序号	操作步骤	说明
3	料仓弹出及反馈	程序段6：料仓弹出及反馈 注释 %I13.0 "机器人1仓推出" —— %Q3.0 "1仓推出" %I13.1 "机器人2仓推出" —— %Q3.1 "2仓推出" %I13.2 "机器人3仓推出" —— %Q3.2 "3仓推出" %I13.3 "机器人4仓推出" —— %Q3.3 "4仓推出" %I13.4 "机器人5仓推出" —— %Q3.4 "5仓推出" %I13.5 "机器人6仓推出" —— %Q3.5 "6仓推出" %IB2 "所有料仓传感器" > Int 0 —— %Q10.1 "仓库推出到位"
4	分拣启动条件	程序段7：分拣启动条件 注释 %MW52 "分拣流程寄存器" == Int 0 —— %I13.6 "机器人1号分拣" —— P_TRIG CLK Q %M50.0 "Tag_1" —— MOVE EN ENO 1—IN ❋OUT1— %MW52 "分拣流程寄存器" %I13.7 "机器人2号分拣" —— P_TRIG CLK Q %M55.0 "Tag_2" —— MOVE EN ENO 4—IN ❋OUT1— %MW52 "分拣流程寄存器" %I14.0 "机器人3号分拣" —— P_TRIG CLK Q %M55.1 "Tag_3" —— MOVE EN ENO 7—IN ❋OUT1— %MW52 "分拣流程寄存器"

(续)

序号	操作步骤	说明
4	分拣到 1 号道口 分拣到 2 号道口	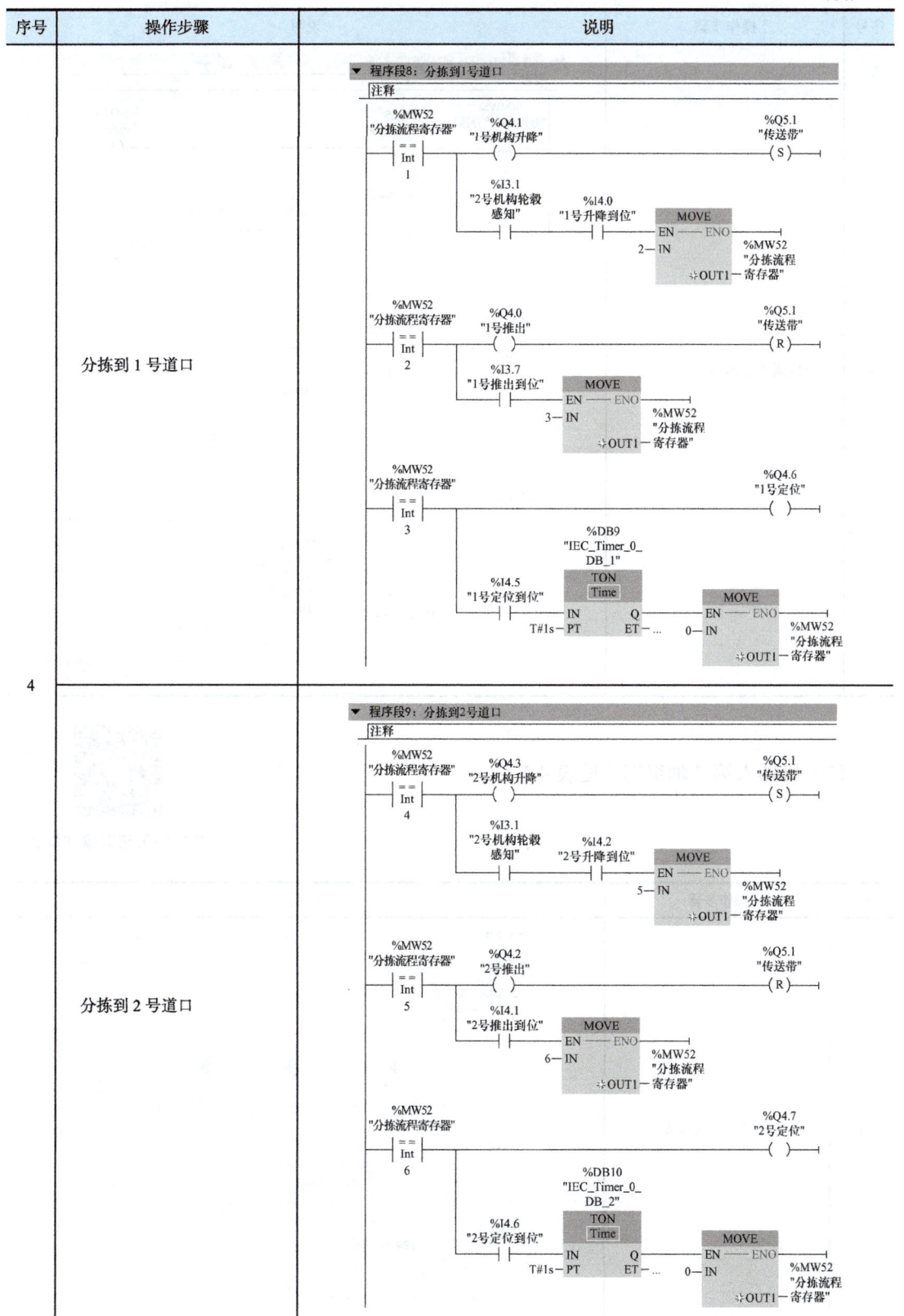

(续)

序号	操作步骤	说明
4	分拣到3号道口	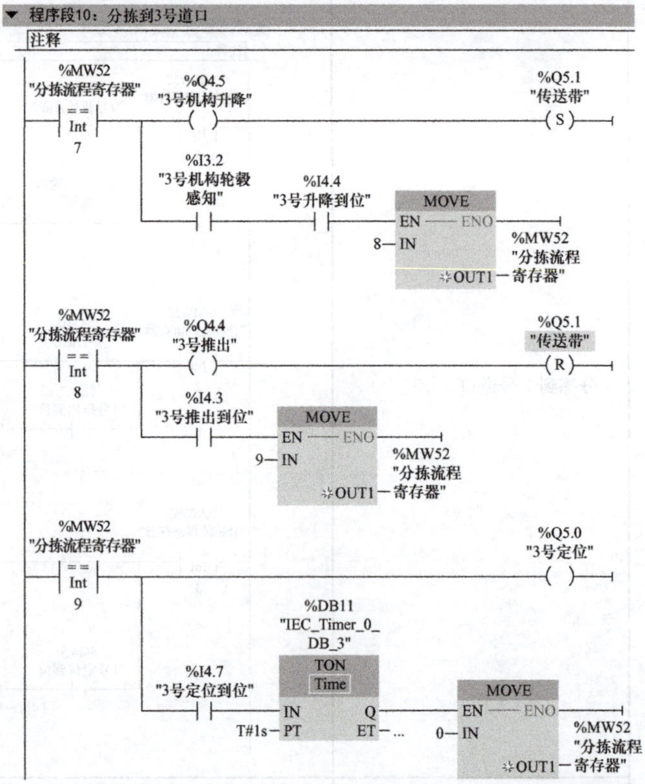 程序段10：分拣到3号道口（梯形图程序，包含%MW52"分拣流程寄存器"==7时，%Q4.5"3号机构升降"动作，%Q5.1"传送带"置位(S)；%I3.2"3号机构轮毂感知"与%I4.4"3号升降到位"串联后通过MOVE指令将8传送到%MW52；%MW52==8时，%Q4.4"3号推出"动作，%Q5.1"传送带"复位(R)，%I4.3"3号推出到位"通过MOVE指令将9传送到%MW52；%MW52==9时，%Q5.0"3号定位"动作，%I4.7"3号定位到位"启动%DB11"IEC_Timer_0_DB_3" TON定时器T#1s，定时到达后通过MOVE指令将0传送到%MW52"分拣流程寄存器"）

（2）机器人第7轴组态（见表4-3）

PLC轴工艺对象的配置

表4-3 机器人第7轴组态

序号	操作步骤	说明
1	基本参数-常规设置	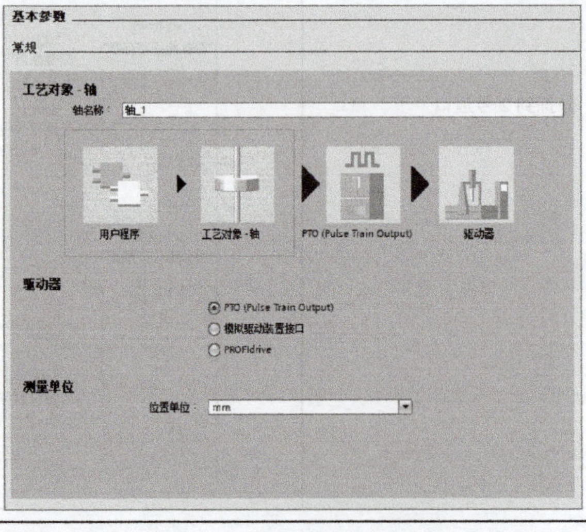 （基本参数-常规界面截图：工艺对象-轴，轴名称：轴_1；流程示意：用户程序→工艺对象-轴→PTO (Pulse Train Output)→驱动器；驱动器选项：PTO (Pulse Train Output)、模拟驱动装置接口、PROFIdrive；测量单位：位置单位 mm）

(续)

序号	操作步骤	说明
2	基本参数 – 驱动器设置	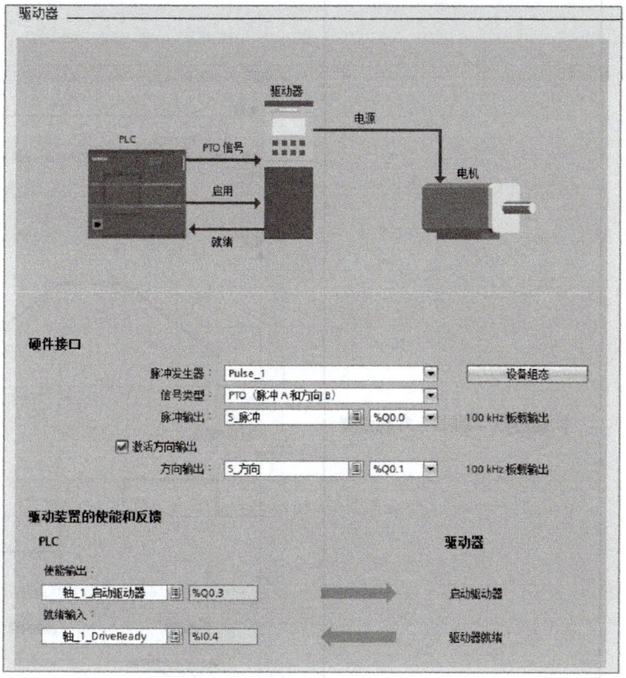
3	扩展参数 – 机械设置	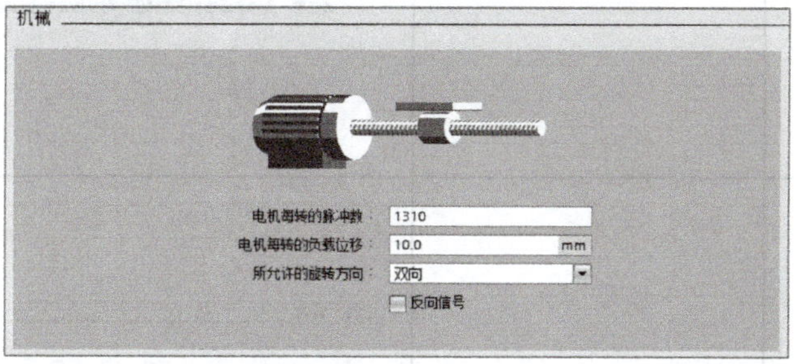
4	扩展参数 – 位置限制设置	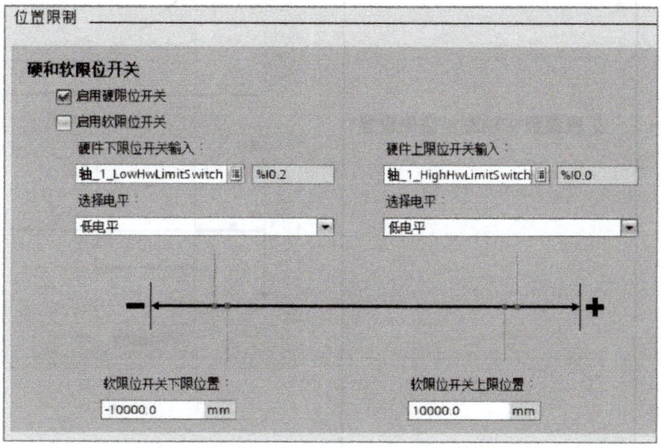

（续）

序号	操作步骤	说明
5	扩展参数–动态–常规设置	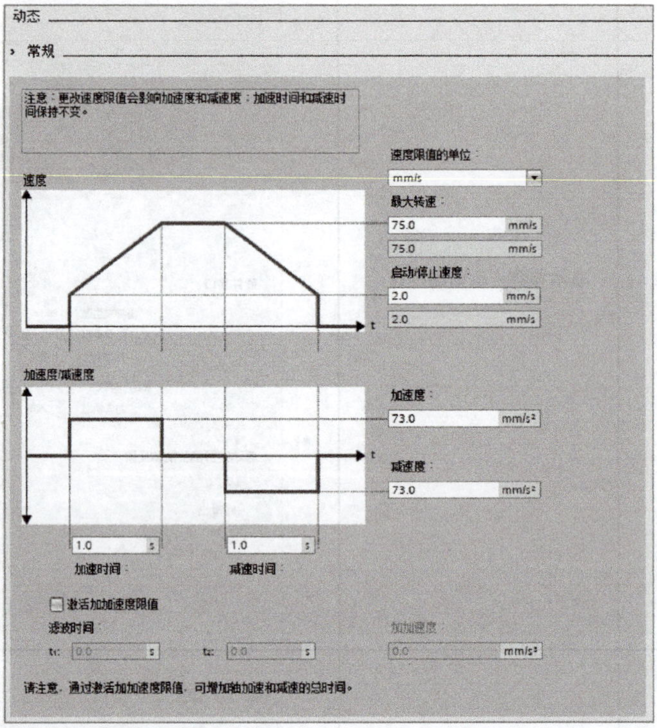 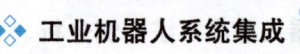
6	扩展参数–动态–急停设置	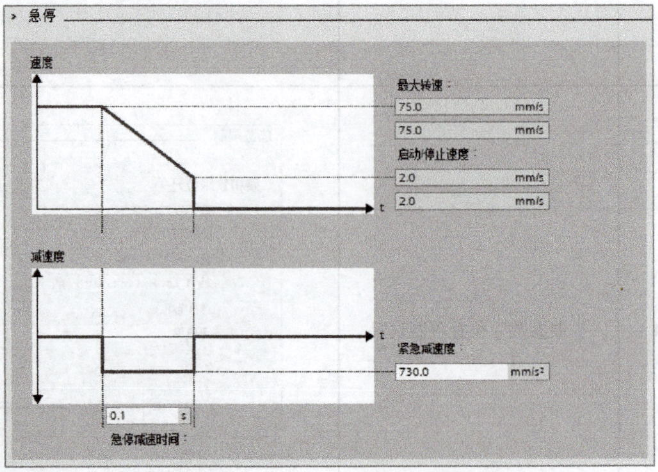

(续)

序号	操作步骤	说明
7	扩展参数 – 回原点设置	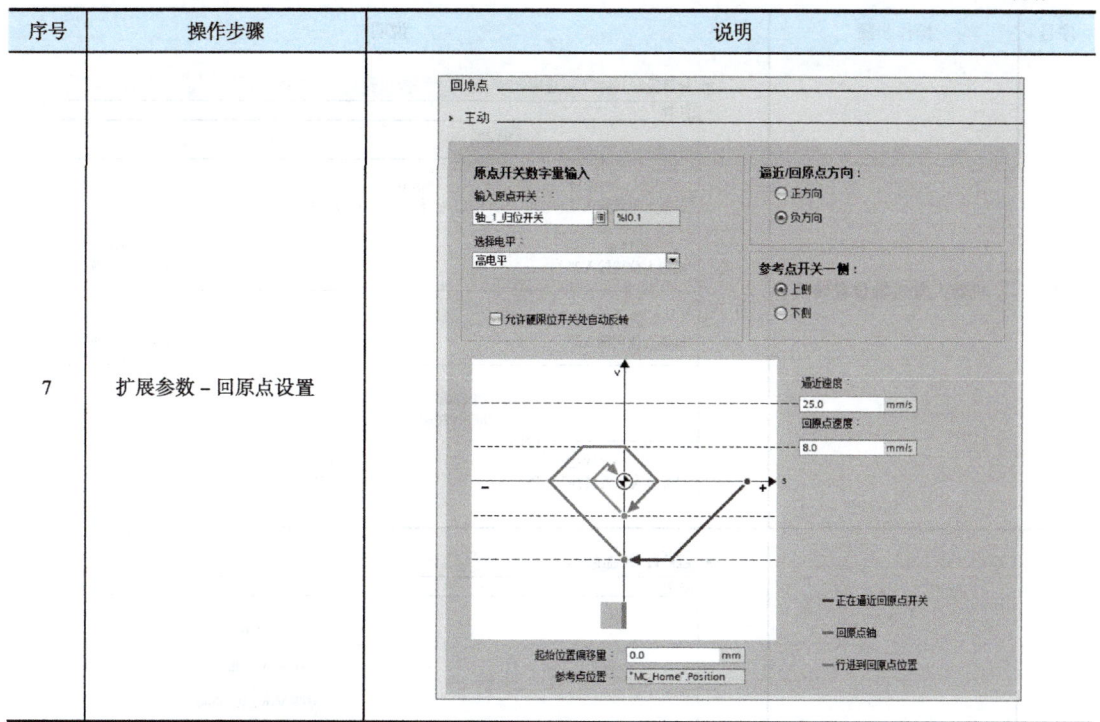

（3）机器人第 7 轴编程及控制（见表 4-4）

表 4-4　机器人第 7 轴编程及控制

序号	操作步骤	说明
1	轴启用及复位轴	程序段1：轴启用及复位轴 MC_Power (%DB2 "MC_Power_DB")：Axis=%DB1 "轴_1"，Enable=%M30.0 "复位轴"(/)，StartMode=1，StopMode=0 MC_Reset (%DB3 "MC_Reset_DB")：Axis=%DB1 "轴_1"，Execute=%M30.0 "复位轴"
2	轴回原点	程序段2：轴回原点 MC_Home (%DB4 "MC_Home_DB")：Axis=%DB1 "轴_1"，Execute=%I4.5 "轴回来原点"，Position=0.0，Mode=3，Done=%M30.2 "回原点完成"

（续）

序号	操作步骤	说明
3	机器人发送轴位置转换	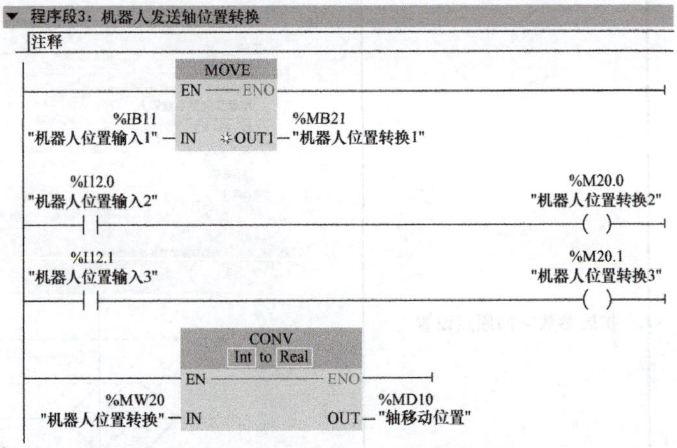程序段3：机器人发送轴位置转换 注释 MOVE EN ENO %IB11 "机器人位置输入1" IN OUT1 %MB21 "机器人位置转换1" %I12.0 "机器人位置输入2" %M20.0 "机器人位置转换2" %I12.1 "机器人位置输入3" %M20.1 "机器人位置转换3" CONV Int to Real EN ENO %MW20 "机器人位置转换" IN OUT %MD10 "轴移动位置"
4	轴绝对运动	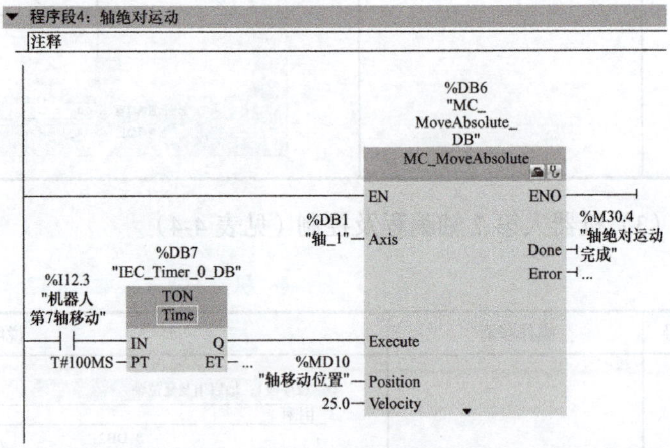程序段4：轴绝对运动 注释 %DB6 "MC_ MoveAbsolute_ DB" MC_MoveAbsolute EN ENO %DB1 "轴_1" Axis %M30.4 "轴绝对运动 完成" Done Error ... %DB7 "IEC_Timer_0_DB" %I12.3 "机器人 第7轴移动" TON Time IN Q T#100MS PT ET ... Execute %MD10 "轴移动位置" Position 25.0 Velocity
5	PLC反馈机器人轴运动到位	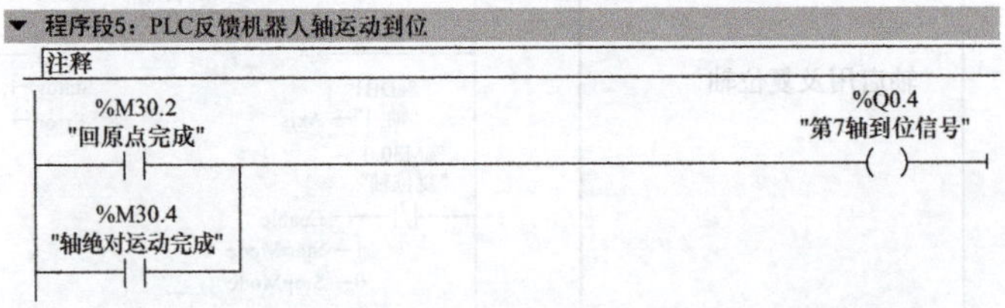程序段5：PLC反馈机器人轴运动到位 注释 %M30.2 "回原点完成" %Q0.4 "第7轴到位信号" %M30.4 "轴绝对运动完成"

2. 工业机器人调试（见表4-5）

表4-5　工业机器人调试

序号	操作步骤	说明
1	机器人轴控制程序	PROC MoveAxis(num AxisPos) SetGO AxisPosition, AxisPos; WaitTime 0.2; Set BeganToMoveAxis; WaitDI AxisMoveFinished, 1; Reset BeganToMoveAxis; ENDPROC

（续）

序号	操作步骤	说明
| 2 | 机器人取 1 号工具 | ```
PROC Clamp_Tool1()
    MoveAbsJ Home, v200, fine, tool0;
    MoveAbsJ ToolPos_1, v200, fine, tool0;
    Set ChuckOpen;
    MoveAbsJ ToolPos_2, v200, fine, tool0;
    MoveL Offs(ToolPos1,0,0,30), v100, fine, tool0;
    MoveL ToolPos1, v100, fine, tool0;
    Reset ChuckOpen;
    WaitTime 0.8;
    MoveL Offs(ToolPos1,0,0,15), v100, fine, tool0;
    MoveL Offs(ToolPos1,0,-50,15), v100, fine, tool0;
    MoveL Offs(ToolPos1,95,-50,15), v100, fine, tool0;
    MoveAbsJ ToolPos_2, v200, fine, tool0;
    MoveAbsJ ToolPos_1, v200, fine, tool0;
    MoveAbsJ Home, v200, fine, tool0;
ENDPROC
``` |
| 3 | 机器人放 1 号工具 | ```
PROC Release_tool1()
    MoveAbsJ Home, v200, fine, tool0;
    MoveAbsJ ToolPos_1, v200, fine, tool0;
    MoveAbsJ ToolPos_2, v200, fine, tool0;
    MoveL Offs(ToolPos1,95,-50,15), v100, fine, tool0;
    MoveL Offs(ToolPos1,0,-50,15), v100, fine, tool0;
    MoveL Offs(ToolPos1,0,0,15), v100, fine, tool0;
    MoveL ToolPos1, v100, fine, tool0;
    Set ChuckOpen;
    WaitTime 0.8;
    MoveL Offs(ToolPos1,0,0,30), v100, fine, tool0;
    MoveAbsJ ToolPos_2, v200, fine, tool0;
    MoveAbsJ ToolPos_1, v200, fine, tool0;
    MoveAbsJ Home, v200, fine, tool0;
ENDPROC
``` |
| 4 | 机器人取 2 号工具 | ```
PROC Clamp_tool2()
    MoveAbsJ Home, v200, fine, tool0;
    MoveAbsJ ToolPos_1, v200, fine, tool0;
    Set ChuckOpen;
    MoveAbsJ ToolPos_2, v200, fine, tool0;
    MoveL Offs(ToolPos2,0,0,30), v100, fine, tool0;
    MoveL ToolPos2, v100, fine, tool0;
    Reset ChuckOpen;
    WaitTime 0.8;
    MoveL Offs(ToolPos2,0,0,15), v100, fine, tool0;
    MoveL Offs(ToolPos2,95,0,15), v100, fine, tool0;
    MoveAbsJ ToolPos_2, v200, fine, tool0;
    MoveAbsJ ToolPos_1, v200, fine, tool0;
    MoveAbsJ Home, v200, fine, tool0;
ENDPROC
``` |
| 5 | 机器人放 2 号工具 | ```
PROC Release_Tool2()
    MoveAbsJ Home, v200, fine, tool0;
    MoveAbsJ ToolPos_1, v200, fine, tool0;
    MoveAbsJ ToolPos_2, v200, fine, tool0;
    MoveL Offs(ToolPos2,95,0,15), v100, fine, tool0;
    MoveL Offs(ToolPos2,0,0,15), v100, fine, tool0;
    MoveL ToolPos2, v100, fine, tool0;
    Set ChuckOpen;
    WaitTime 0.8;
    MoveL Offs(ToolPos2,0,0,30), v100, fine, tool0;
    MoveAbsJ ToolPos_2, v200, fine, tool0;
    MoveAbsJ ToolPos_1, v200, fine, tool0;
    Reset ChuckOpen;
    MoveAbsJ Home, v200, fine, tool0;
ENDPROC
``` |

(续)

序号	操作步骤	说明
| 6 | 机器人料仓取料（5号仓位） | ```
PROC Hub_Pick()
    MoveAbsJ Home, v200, fine, tool0;
    MoveAbsJ StockBitPos_1, v200, fine, tool0;
    MoveAbsJ StockBitPos_2, v200, fine, tool0;
    MoveL StockBitPos5_1, v100, fine, tool0;
    Set toolOpen1;
    Set StockBit5;
    WaitDI WarehouseMoveFinished, 1;
    MoveL StockBitPos5, v100, fine, tool0;
    Reset toolOpen1;
    WaitTime 1;
    MoveL StockBitPos5_1, v100, fine, tool0;
    Reset StockBit5;
    MoveAbsJ StockBitPos_2, v200, fine, tool0;
    MoveAbsJ StockBitPos_1, v200, fine, tool0;
    MoveAbsJ Home, v200, fine, tool0;
ENDPROC
``` |
| 7 | 机器人将轮毂放至打磨工位 | ```
PROC Polish_Place()
    MoveAbsJ Home, v200, fine, tool0;
    MoveAbsJ PolishPos_1, v200, fine, tool0;
    MoveL Offs(PolishPos,0,0,80), v200, fine, tool0;
    MoveL PolishPos, v200, fine, tool0;
    Set toolOpen1;
    WaitTime 1;
    MoveL Offs(PolishPos,0,0,80), v200, fine, tool0;
    MoveAbsJ PolishPos_1, v200, fine, tool0;
    MoveAbsJ Home, v200, fine, tool0;
ENDPROC
``` |
| 8 | 机器人打磨工位对轮毂打磨加工 | ```
PROC Polish_Polish()
    MoveAbsJ Home, v200, fine, Polish_PolishFLDaMo_A_TCP0;
    MoveAbsJ PolishPos_1, v200, fine, Polish_PolishFLDaMo_A_TCP0;
    MoveL Offs(PolishPos1,0,0,50), v100, fine, Polish_PolishFLDaMo_A_TCP0;
    Set toolOpen2;
    WaitTime 0.2;
    MoveL PolishPos1, v200, fine, Polish_PolishFLDaMo_A_TCP0;
    MoveC PolishPos2, PolishPos3, v100, z2, Polish_PolishFLDaMo_A_TCP0;
    MoveC PolishPos4, PolishPos5, v100, z2, Polish_PolishFLDaMo_A_TCP0;
    MoveC PolishPos6, PolishPos1, v100, z2, Polish_PolishFLDaMo_A_TCP0;
    MoveL PolishPos1, v200, fine, Polish_PolishFLDaMo_A_TCP0;
    MoveL Offs(PolishPos1,0,0,50), v200, fine, Polish_PolishFLDaMo_A_TCP0;
    Reset toolOpen2;
    MoveAbsJ Home, v200, fine, Polish_PolishFLDaMo_A_TCP0;
ENDPROC
``` |
| 9 | 机器人将轮毂由打磨工位取出 | ```
PROC PolishPick()
    MoveAbsJ Home, v200, fine, tool0;
    MoveAbsJ PolishPos_1, v200, fine, tool0;
    MoveL Offs(PolishPos,0,0,80), v200, fine, tool0;
    MoveL PolishPos, v200, fine, tool0;
    Reset toolOpen1;
    WaitTime 1;
    MoveL Offs(PolishPos,0,0,80), v200, fine, tool0;
    MoveAbsJ PolishPos_1, v200, fine, tool0;
    MoveAbsJ Home, v200, fine, tool0;
ENDPROC
``` |

(续)

序号	操作步骤	说明
| 10 | 机器人对加工中心操作 | ```
PROC CNC_MachineCNC()
    MoveAbsJ Home, v200, fine, tool0;
    Set OpenLeftDoorTongs;
    WaitDI CNCOpenLeftDoor, 1;
    MoveAbsJ CNCPos_1, v200, fine, tool0;
    MoveL Offs(CNCPos,0,0,100), v100, fine, tool0;
    MoveL CNCPos, v100, fine, tool0;
    Set tool0pen1;
    WaitTime 1;
    MoveL Offs(CNCPos,0,0,100), v100, fine, tool0;
    MoveAbsJ CNCPos_1, v200, fine, tool0;
    Reset OpenLeftDoorTongs;
    WaitTime 1;
    Set CNCStart;
    WaitTime 1;
    WaitDI CNCOpenLeftDoor, 1;
    Set OpenLeftDoorTongs;
    MoveAbsJ CNCPos_1, v200, fine, tool0;
    MoveL Offs(CNCPos,0,0,100), v100, fine, tool0;
    MoveL CNCPos, v100, fine, tool0;
    Reset tool0pen1;
    WaitTime 1;
    MoveL Offs(CNCPos,0,0,100), v100, fine, tool0;
    MoveAbsJ CNCPos_1, v200, fine, tool0;
    MoveAbsJ Home, v200, fine, tool0;
    Reset OpenLeftDoor;
ENDPROC
``` |
| 11 | 机器人视觉检测程序 | ```
PROC Vision()
    MoveAbsJ Home, v200, fine, tool0;
    MoveAbsJ VisionPos, v200, fine, tool0;
    SocketSend socket1\Str:="SCNGROUP 0";
    WaitTime 0.2;
    SocketSend socket1\Str:="SCENE 0";
    WaitTime 0.2;
    SocketSend socket1\Str:="MEASURE";
    WaitTime 1;
    SocketReceive socket1\Str:=string1;
    string2 := StrPart(string1,10,1);
    MoveAbsJ Home, v200, fine, tool0;
ENDPROC
``` |
| 12 | 机器人分拣至1号道口 | ```
PROC Sorting1()
    MoveAbsJ Home, v200, fine, tool0;
    MoveAbsJ SortingPos_1, v200, fine, tool0;
    MoveL Offs(SortingPos,0,0,150), v200, fine, tool0;
    MoveL SortingPos, v100, fine, tool0;
    Set tool0pen1;
    WaitTime 1;
    MoveL Offs(SortingPos,0,0,150), v200, fine, tool0;
    MoveAbsJ SortingPos_1, v200, fine, tool0;
    Set SortingMouth1;
    WaitTime 1;
    Reset SortingMouth1;
    MoveAbsJ Home, v200, fine, tool0;
ENDPROC
``` |
| 13 | 机器人分拣至3号道口 | ```
PROC Sorting3()
    MoveAbsJ Home, v200, fine, tool0;
    MoveAbsJ SortingPos_1, v200, fine, tool0;
    MoveL Offs(SortingPos,0,0,150), v200, fine, tool0;
    MoveL SortingPos, v100, fine, tool0;
    Set tool0pen1;
    WaitTime 1;
    MoveL Offs(SortingPos,0,0,150), v200, fine, tool0;
    MoveAbsJ SortingPos_1, v200, fine, tool0;
    Set SortingMouth3;
    WaitTime 1;
    Reset SortingMouth3;
    MoveAbsJ Home, v200, fine, tool0;
ENDPROC
``` |

(续)

序号	操作步骤	说明
| 14 | 机器人主程序 | ```
PROC main()
    MoveAxis 10;
    Clamp_Tool1;
    Hub_Pick;
    MoveAxis 110;
    Polish_Place;
    MoveAxis 10;
    Release_tool1;
    Clamp_tool2;
    MoveAxis 110;
    Polish_Polish;
    MoveAxis 10;
    Release_Tool2;
    Clamp_Tool1;
    MoveAxis 110;
    PolishPick;
    MoveAxis 720;
    CNC_MachineCNC;
    MoveAxis 680;
    Vision;
    IF string2 = "G" THEN
        Sorting3;
    ELSEIF string2 = "R" THEN
        Sorting1;
    ELSE
        Stop;
    ENDIF
    MoveAxis 10;
    Release_tool1;
    MoveAxis 0;
    Stop;
ENDPROC
``` |

4.2 智能制造产线集成系统

教学目标

1）了解智能制造产线的构成与功用。
2）能识读智能制造产线的生产工艺流程图并合理设计系统布局方案。
3）掌握典型件加工的工业机器人集成系统调试。

4.2.1 智能制造产线的构成与功用

1. 工业机器人系统

夹具：用于实现零件在不同工序设备之间的抓取。
导轨：可以实现机器人在立体仓库、数控车床、加工中心之间的来回搬运。
机器人本体：六自由度机器人。
```

2. 数控车床系统

数控车床主要实现毛坯工件的初步加工，作为智能制造系统的重要加工单元，还具备以下功能：

1）自动化夹具和自动门的控制与反馈信号可以直接接入机床自身的 I/O 模块，并且由机床自身来控制。

2）能够把原点位置状态通过网络传输给工控机。

3. 加工中心系统

加工中心系统包括加工中心、气动精密平口钳和在线测量装置。

1）气动精密平口钳安装在加工中心加工台上，用于固定待加工工件。

2）在线测量装置作为一种刀具，通过对加工中心进行编程实现测量，然后系统通过以太网获取检测数据。通过换刀实现测量装置的调用。

3）加工中心实现对工件的测量，以检测加工是否合格，同样具备与数控车床相同的功能。

4. 立体仓库

传感器：用于检测该位置是否有工件。

状态指示灯：分别用不同颜色指示毛坯、车床加工完成、加工中心加工完成、合格、不合格五种状态。

安全防护外罩及安全门：安全门设置工业标准的安全电磁锁。其操作面板配备急停开关、解锁许可（绿色灯）、门锁解除（绿色按钮）、运行（绿色按钮灯）。

5. 中央控制系统

中央控制系统采用西门子 S7-1200 系列 PLC 作为主控制器，并配有 Modbus TCP/IP 通信模块。

4.2.2 集成系统方案

1. 生产工艺流程

将 1 个零件随机放入立体仓库的 4 行 3 列仓位中，通过车床、加工中心完成零件的加工，应用平台需要完成图 4-11 所示工艺流程。

2. 绘制布局方案

根据零件所要求的生产工艺流程，结合机器人的工作范围以及所提供的硬件单元尺寸和功能，合理设计各模块的布局分布。

注意：各单元用框图表示并用文字标识，比例适当。保证功能模块功能正确不受影响、功能模块间互不干涉。

根据已知信息可以展开布局设计，如图 4-12 所示。

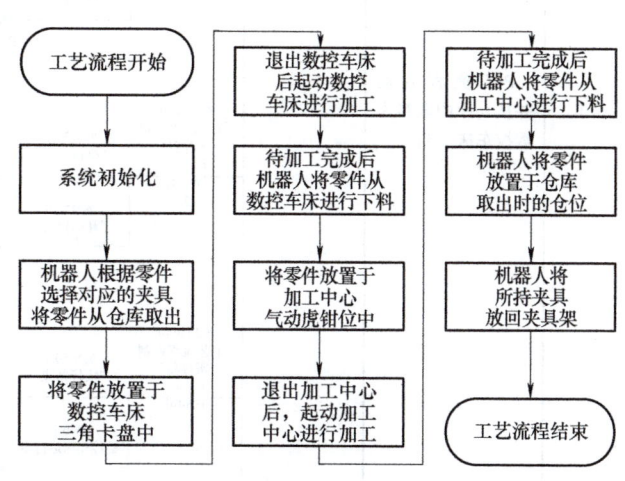

图 4-11 智能制造产线生产工艺流程图

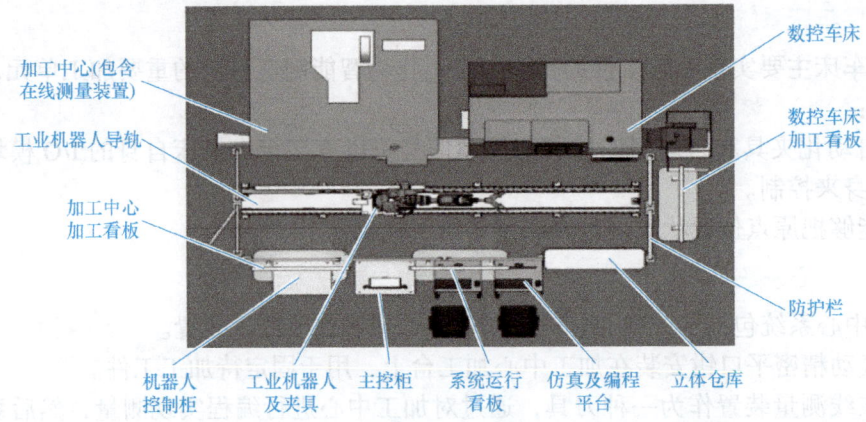

图 4-12 智能制造产线布局图

4.2.3 典型件加工的工业机器人集成系统调试

1. PLC 调试

典型件加工 PLC 程序控制步骤见表 4-6。

表 4-6 典型件加工 PLC 程序控制步骤

序号	步骤	说明
1	PLC 流程启动并从仓库中取料为数控车床上料	程序段2:流程启动及机器人控制 (梯形图:包含 TON 定时器 T#1s、MOVE 指令操作 %MW40 "工艺流程控制寄存器",条件包括 %I0.2 "启动"、%M50.0 "开始执行"、%M50.1 "执行结束"、%I6.1 "数控车床运行中",输出 %Q2.0 "仓库取料"、%Q2.1 "数控车床上料"、%Q6.2 "数控车床起动")

（续）

序号	步骤	说明
2	机器人对数控车床下料并为加工中心上料	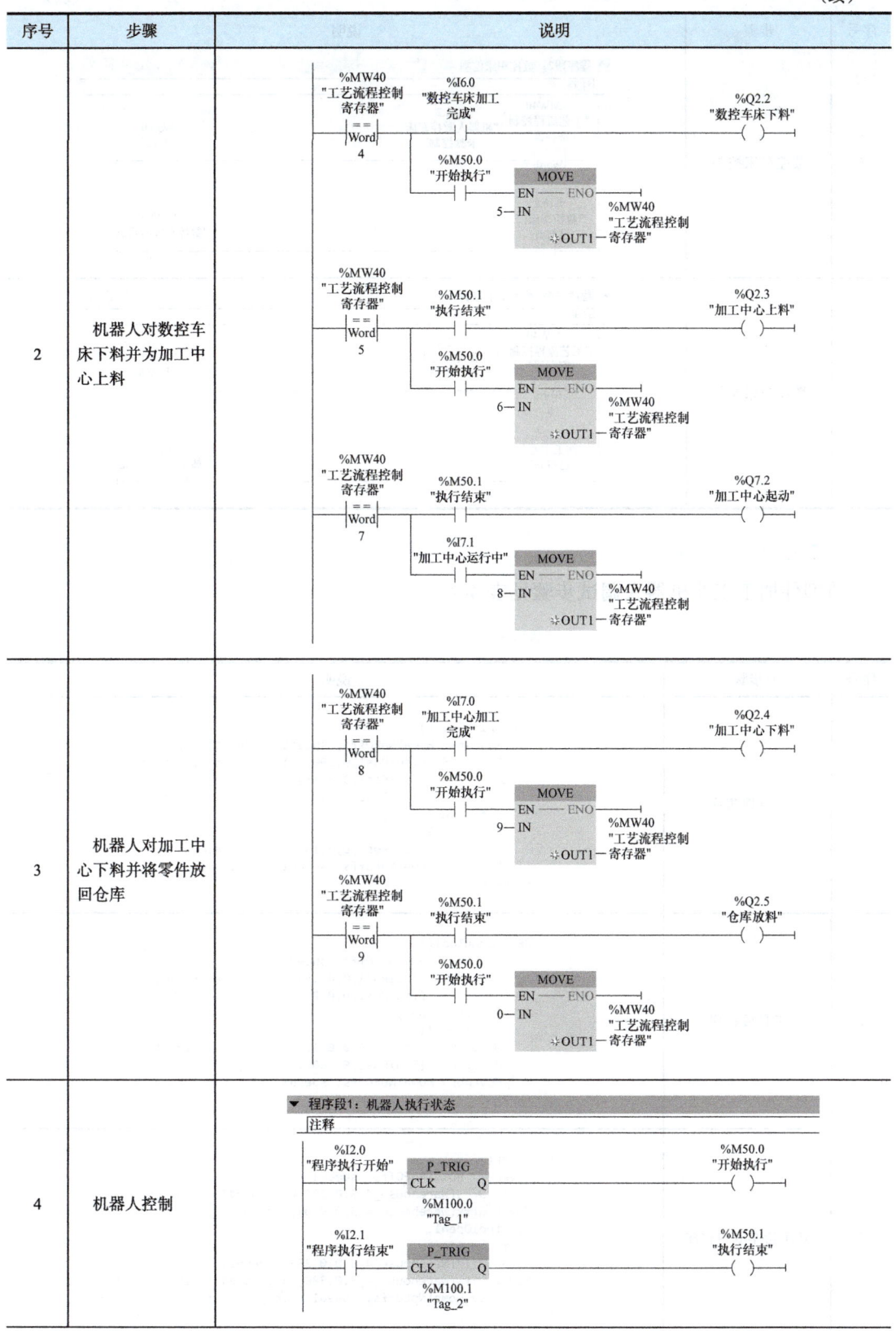
3	机器人对加工中心下料并将零件放回仓库	
4	机器人控制	

(续)

序号	步骤	说明
5	数控车床控制	程序段3：数控车床控制 注释 %MW40 "工艺流程控制寄存器" <> Word 0 —— %I2.2 "机器人数控车床卡盘控制" —/ /— ———— %Q6.0 "卡盘" ( ) %I6.2 "数控车床门已打开" —| |— ———— %Q2.6 "数控车床门状态" ( )
6	数控铣床控制	程序段4：数控铣床控制 注释 %MW40 "工艺流程控制寄存器" <> Word 0 —— %I2.4 "机器人加工中心夹具控制" —/ /— ———— %Q7.0 "夹具控制" ( ) %I7.2 "加工中心门已打开" —| |— ———— %Q2.7 "加工中心门状态" ( )

2. 工业机器人调试

典型件加工工业机器人调试步骤见表 4-7。

表 4-7 典型件加工工业机器人调试步骤

序号	步骤	说明
| 1 | 工具取程序 | ```
PROC PickTool()
    MoveAbsJ Home\NoEOffs, speed1, fine, tool0;
    MoveL Offs(ToolPos1,0,100,15), v50, fine, tool0;
    MoveL Offs(ToolPos1,0,0,15), v50, fine, tool0;
    MoveL Offs(ToolPos1,0,0,0), v50, fine, tool0;
    Reset ChuckOpen;
    WaitTime 1;
    MoveL Offs(ToolPos1,0,0,15), v50, fine, tool0;
    MoveAbsJ Home\NoEOffs, speed1, fine, tool0;
ENDPROC
``` |
| 2 | 工具放程序 | ```
PROC DownTool()
    MoveAbsJ Home\NoEOffs, speed1, fine, tool0;
    MoveL Offs(ToolPos1,0,0,15), v50, fine, tool0;
    MoveL Offs(ToolPos1,0,0,0), v50, fine, tool0;
    Set ChuckOpen;
    WaitTime 1;
    MoveL Offs(ToolPos1,0,0,15), v50, fine, tool0;
    MoveL Offs(ToolPos1,0,100,15), v50, fine, tool0;
    MoveAbsJ Home\NoEOffs, speed1, fine, tool0;
ENDPROC
``` |
| 3 | 立体仓库取料程序 | ```
PROC Pick()
    MoveAbsJ Home\NoEOffs, speed1, fine, tool0;
    MoveL Offs(Warehouse_4_3,0,300,0), speed1, fine, tool0;
    MoveL Offs(Warehouse_4_3,0,0,0), speed1, fine, tool0;
    Set toolOpen1;
    WaitTime 1;
    MoveL Offs(Warehouse_4_3,0,0,35), speed1, fine, tool0;
    MoveL Offs(Warehouse_4_3,0,300,35), speed1, fine, tool0;
    MoveAbsJ Home\NoEOffs, speed1, fine, tool0;
ENDPROC
``` |
```

(续)

序号	步骤	说明
| 4 | 立体仓库放料程序 | ```
PROC Down()
    MoveAbsJ Home\NoEOffs, speed1, fine, tool0;
    MoveL Offs(Warehouse_4_3,0,300,35), speed1, fine, tool0;
    MoveL Offs(Warehouse_4_3,0,0,35), speed1, fine, tool0;
    MoveL Offs(Warehouse_4_3,0,0,0), speed1, fine, tool0;
    Set toolOpen1;
    WaitTime 1;
    MoveL Offs(Warehouse_4_3,0,300,0), speed1, fine, tool0;
    MoveAbsJ Home\NoEOffs, speed1, fine, tool0;
ENDPROC
``` |
| 5 | 数控车上料程序 | ```
PROC LatheIN()
    MoveAbsJ Home\NoEOffs, speed1, fine, tool0;
    WaitDI LatheDoorOpen, 1;
    Set toolOpen1;
    MoveJ Offs(LathePos1,100,-500,0), speed1, fine, tool0;
    MoveL Offs(LathePos1,100,0,0), speed1, fine, tool0;
    MoveL Offs(LathePos1,0,0,0), speed1, fine, tool0;
    Reset toolOpen1;
    WaitTime 2;
    Set toolOpen1;
    WaitTime 1;
    MoveL Offs(LathePos1,100,0,0), speed1, fine, tool0;
    MoveJ Offs(LathePos1,100,-500,0), speed1, fine, tool0;
    MoveAbsJ Home\NoEOffs, speed1, fine, tool0;
ENDPROC
``` |
| 6 | 数控车下料程序 | ```
PROC LatheOUT()
    MoveAbsJ Home\NoEOffs, speed1, fine, tool0;
    WaitDI LatheDoorOpen, 1;
    MoveJ Offs(LathePos1,100,-500,0), speed1, fine, tool0;
    MoveL Offs(LathePos1,100,0,0), speed1, fine, tool0;
    MoveL Offs(LathePos1,0,0,0), speed1, fine, tool0;
    Reset toolOpen1;
    WaitTime 1;
    Set toolOpen1;
    WaitTime 2;
    MoveL Offs(LathePos1,100,0,0), speed1, fine, tool0;
    MoveJ Offs(LathePos1,100,-500,0), speed1, fine, tool0;
    MoveAbsJ Home\NoEOffs, speed1, fine, tool0;
ENDPROC
``` |
| 7 | 加工中心上料程序 | ```
PROC CncIN()
    MoveAbsJ Home\NoEOffs, speed1, fine, tool0;
    WaitDI CncDoorOpen, 1;
    Set toolOpen1;
    MoveJ CncPos1, speed1, fine, tool0;
    MoveL CncPos2, speed1, fine, tool0;
    MoveL Offs(CncPos3,0,100,100), speed1, fine, tool0;
    MoveL Offs(CncPos3,0,0,100), speed1, fine, tool0;
    Reset toolOpen1;
    WaitTime 2;
    Set toolOpen1;
    WaitTime 1;
    MoveL Offs(CncPos3,0,100,0), speed1, fine, tool0;
    MoveJ CncPos2, speed1, fine, tool0;
    MoveL CncPos1, speed1, fine, tool0;
    MoveAbsJ Home\NoEOffs, speed1, fine, tool0;
ENDPROC
``` |

(续)

序号	步骤	说明
| 8 | 加工中心下料程序 | ```
PROC CncOUT()
    MoveAbsJ Home\NoEOffs, speed1, fine, tool0;
    WaitDI CncDoorOpen, 1;
    MoveJ CncPos1, speed1, fine, tool0;
    MoveL CncPos2, speed1, fine, tool0;
    MoveL Offs(CncPos3,0,0,100), speed1, fine, tool0;
    MoveL Offs(CncPos3,0,0,0), speed1, fine, tool0;
    Set toolOpen1;
    WaitTime 2;
    Reset toolOpen1;
    WaitTime 2;
    MoveL Offs(CncPos3,0,0,100), speed1, fine, tool0;
    MoveL Offs(CncPos3,0,100,100), speed1, fine, tool0;
    MoveJ CncPos2, speed1, fine, tool0;
    MoveL CncPos1, speed1, fine, tool0;
    MoveAbsJ Home\NoEOffs, speed1, fine, tool0;
ENDPROC
``` |
| 9 | 主程序 | ```
PROC main()
    WHILE TRUE DO
        IF WarehousPick = 1 THEN
            PickTool;
            Pick;
        ENDIF
        IF INLathe = 1 THEN
            LatheIN;
        ENDIF
        IF OUTLathe = 1 THEN
            LatheOUT;
        ENDIF
        IF INCnc = 1 THEN
            CncIN;
        ENDIF
        IF OUTCnc = 1 THEN
            CncOUT;
        ENDIF
        IF WarehouseDown = 1 THEN
            Down;
            DownTool;
        ENDIF
    ENDWHILE
ENDPROC
``` |

3. 机床调试

（1）数控车调试　为只体现系统联调效果，所以只须机床完成基础的运行程序，具体操作步骤如下：

1）在机床中创建程序并输入以下代码：

```
O6001;              // 程序名
G4 X1;              // 暂停 1s
M17;                // 关闭防护门
G28 U0;             //X 轴返回参考点
G28 W0;             //Y 轴返回参考点
M03 S500;           // 主轴正转，速度 500r/min
G4 X5;              // 暂停 5s
M05;                // 主轴停止
M16;                // 打开防护门
M30;                // 程序结束
```

2）选中程序。

3）将机床的工作模式切换到自动模式。

4）将进给倍率和主轴倍率缓慢转动至 100%。

（2）加工中心调试

1）在机床中创建程序并输入以下代码：

O6001;	// 程序名
G4 X1;	// 暂停 1s
M47;	// 关闭防护门
G28 Z0;	//Z 轴返回参考点
G53G90 X-520Y0;	//X、Y 轴返回工作原点
M03 S500;	// 主轴正转，速度 500r/min
G4 X5;	// 暂停 5s
M05;	// 主轴停止
M46;	// 打开防护门
M30;	// 程序结束

2）选中程序。

3）将机床的工作模式切换到自动模式。

4）将进给倍率和主轴倍率缓慢转动至 100%。

参考文献

[1] 兰虎,鄂世举.工业机器人技术及应用[M].2版.北京:机械工业出版社,2020.
[2] 黄鹏程,王桂锋,肖建章.ABB工业机器人制造系统集成技术应用[M].北京:电子工业出版社,2020.
[3] 张春芝,钟柱培,张大维.工业机器人操作与编程[M].2版.北京:高等教育出版社,2021.
[4] 北京华航唯实机器人科技股份有限公司.工业机器人集成应用(ABB):中级[M].北京:高等教育出版社,2020.
[5] 王卉军,王东哲.工业机器人基础[M].武汉:华中科技大学出版社,2020.
[6] 熊隽,文清平.工业机器人编程与调试(ABB)[M].北京:机械工业出版社,2021.